普通高等教育风景园林专业系列教材

风景园林管理与法规

第 3 版

主　编　高祥斌　黄　凯　张秀省

副主编　刘　昊　邱艳昌　路兴慧
　　　　赵红霞　杨　婧　韩　波
　　　　周传明

参　编　张宝岭　徐海龙　刘　辉
　　　　田思峰　徐法燕

主　审　潘远智

重庆大学出版社

内容提要

本书在参考大量国内外相关资料的基础上,由多位长期在一线从事园林教学、科研和实业的高校教师及管理人员结合实践积累,共同研讨编写而成。全书共8章:第1章介绍了风景园林绿地的类型,综述了风景园林管理与法规体系的现状;第2章介绍了园林绿化行业管理;第3章讲解了园林绿化工程建设市场监管评价体系;第4章简要介绍了风景园林企业内部管理;第5章介绍了风景园林工程管理;第6章详细阐述了风景园林绿地管理;第7章详细介绍了城市绿化法规;第8章简要介绍了城乡规划法规、环境保护法和文物保护法等园林绿化相关法律、法规。

本书是一本系统的、较完备的讲解风景园林管理与法规的教材,旨在培养高校风景园林专业及其他相关专业学生的园林管理能力,也可为风景园林从业人员提供参考。

本书配套有教学数字化资源,包含重点内容延伸,典型案例,相关法律、法规,全书各章PPT课件,每章课后习题及答案、综合试题及答案等,可通过扫描书中的二维码,以及登录出版社官方网站选用及下载。

图书在版编目(CIP)数据

风景园林管理与法规／高祥斌,黄凯,张秀省主编.
3版. -- 重庆 : 重庆大学出版社, 2024. 8. -- (普通高等教育风景园林专业系列教材). -- ISBN 978-7-5689-4840-1

Ⅰ. TU986.3;D922.297

中国国家版本馆 CIP 数据核字第 2024RU4567 号

普通高等教育风景园林专业系列教材

风景园林管理与法规
Fengjing Yuanlin Guanli Yu Fagui
（第3版）

主　　编　高祥斌　黄　凯　张秀省
副 主 编　刘　昊　邱艳昌　路兴慧　赵红霞
　　　　　杨　婧　韩　波　周传明
参　　编　张宝岭　徐海龙　刘　辉　田思峰
　　　　　徐法燕
主　　审　潘远智
责任编辑:张　婷　　版式设计:张　婷
责任校对:王　倩　　责任印制:赵　晟

*

重庆大学出版社出版发行
出版人:陈晓阳
社址:重庆市沙坪坝区大学城西路21号
邮编:401331
电话:(023) 88617190　88617185(中小学)
传真:(023) 88617186　88617166
网址:http://www.cqup.com.cn
邮箱:fxk@ cqup.com.cn(营销中心)
全国新华书店经销
重庆华林天美印务有限公司印刷

*

开本:787mm×1092mm　1/16　印张:13.25　字数:349 千
2013 年 12 月第 1 版　2024 年 8 月第 3 版　2024 年 8 月第 9 次印刷
印数:17 501—20 000
ISBN 978-7-5689-4840-1　定价:39.00 元

总　序

　　风景园林学,这门古老而又常新的学科,正以崭新的姿态迎接未来。

　　"风景园林学"(Landscape Architecture)是规划、设计、保护、建设和管理户外自然和人工环境的学科。其核心内容是户外空间营造,根本使命是协调人与自然之间的环境关系。回顾已经走过的历史,风景园林已持续存在数千年,从史前文明时期的"筑土为坛""列石为阵"到 21 世纪的绿色基础设施、景观都市主义和低碳节约型园林,它们都有一个共同的特点,就是与人们对生存环境的质量追求息息相关。无论东西方都遵循着一个共同规律,当社会经济高速发展之时,就是风景园林大展宏图之日。

　　今天,随着城市化进程的飞速发展,人们对生存环境的要求也越来越高,不仅注重建筑本身,而且更加关注户外空间的营造。休闲意识的增强和休闲时代的来临,使风景名胜区和旅游度假区保护与开发的矛盾日益加大,滨水地区的开发随着城市形象的提档升级受到越来越多的关注,代表城市需求和城市形象的广场、公园、步行街等城市公共开放空间得以大量兴建,居住区环境景观设计的要求越来越高,城市道路在满足交通需求的前提下景观功能逐步被强调……这些都明确显示,社会需要风景园林人才。

　　自 1951 年清华大学与原北京农业大学联合设立"造园组"开始,中国现代风景园林学科已有 59 年的发展历史。据统计,2009 年我国共有 184 个本科专业培养点。但是,由于本学科的专业设置分属工学门类建筑学一级学科下城市规划与设计二级学科的研究方向和农学门类林学一级学科下园林植物与观赏园艺二级学科,本学科的本科名称又分别有园林、风景园林、景观建筑设计、景观学等,加之社会上从事风景园林行业的人员复杂的专业背景,使得人们对这个学科的认知一度呈现出较混乱的局面。

　　然而,随着社会的进步和发展,学科发展越来越受到高度关注,业界普遍认为应该集中精力调整与发展学科建设,培养更多更好的适应社会需求的专业人才,于是"风景园林"作为专业名称得到了共识。为了贯彻《中共中央 国务院关于深化教育改革全面推进素质教育的决定》的精神,促进风景园林学科人才培养走上规范化的轨道,推进风景园林专业的"融合、一体化"进程,

拓宽和深化专业教学内容,满足现代化城市建设的具体要求,编写一套适合新时代风景园林专业高等学校教学需要的系列教材是十分必要的。

重庆大学出版社从2007年开始跟踪、调研全国风景园林专业的教学状况,2008年决定启动普通高等学校风景园林类专业系列教材的编写工作,并于2008年12月组织召开了普通高等学校风景园林类专业系列教材编写研讨会。研讨会汇集南北各地园林、景观、环境艺术领域的专业教师,就风景园林类专业的教学状况、教材大纲等进行交流和研讨,为确保系列教材的编写质量与顺利出版奠定了基础。经过重庆大学出版社和主编们两年多的精心策划,以及广大参编人员的精诚协作与不懈努力,"普通高等教育风景园林专业系列教材"于2011年陆续问世,真是可喜可贺!这套系列教材的编写广泛吸收了有关专家、教师及风景园林工作者的意见和建议,立足于培养具有综合创新能力的普通本科风景园林专业人才,精心选择内容,既考虑了相关知识和技能的科学体系的全面系统性,又结合了广大编写人员多年来教学与规划设计的实践经验,并汲取国内外最新研究成果编写而成。教材理论深度合适,注重对实践经验与成就的推介,内容翔实,图文并茂,是一套风景园林学科领域内的详尽、系统的教学系列用书,具有较高的学术价值和实用价值。

这套系列教材适应性广,不仅可供风景园林及相关专业学生学习风景园林理论知识与专业技能使用,还是专业工作者和广大业余爱好者学习专业基础理论、提高设计能力的有益参考书。

相信这套系列教材的出版,能更好地适应我国风景园林事业发展的需要,为推动我国风景园林学科的建设、提高风景园林教育总体水平起到积极的作用。

愿风景园林之树常青!

编委会主任　杜春兰

编委会副主任　陈其兵

2010年9月

第3版前言

随着国家经济和社会的快速发展,园林绿地分类逐渐明晰,园林行业企业管理更加科学、规范,信息化水平显著提高,与园林行业相关的国家和地方性法规文件逐步完善。为了适应园林管理教学需要,与时俱进,注重理论联系实际,将课程思政融入教材中,通过扩充阅读、引入典型案例,对全书再次进行全面修订。

此次修订,结合国家和地方相继出台的园林相关法律文件,引入典型案例,强调法律意识;结合行业企业的先进管理经验,展示与宣传先进的做法,旨在增强学生主人翁意识,增进学生爱岗敬业的家国情怀。关于本书的具体修订工作,特作以下几点说明:

1. 基本保持原书的体系、结构不变。

2. 第1章扩展阅读:以党的二十大精神为指引,推进"绿水青山就是金山银山"的理念,科学规划,持续推进城市园林绿化工作。

3. 第2章新增2.6国家公园申报与评审办法。增加扩展阅读:相关学会、协会官网,园林城市及国家公园相关评价标准和规范等。

4. 取消园林施工企业资质核准后,为做好市场管理工作,住建部、市场监管总局和中国风景园林学会出台相关规范和标准,共同构成了第3章园林绿化工程建设市场监管评价体系的主要内容。增加扩展阅读:园林市场监管相关规范和标准。

5. 原书中第3章调整为第4章,以此类推,直至原书中第7章调整为第8章。分别增加扩展阅读:行业企业宣传及先进经验;公园管理办法及风景名胜区条例;招投标法解读、参考案例、施工验收规范等;相关法律文件及违法案例;相关法律文件及违法案例等。

本书由高祥斌、黄凯、张秀省任主编。张秀省(聊城大学)编写第1章,刘昊(江西农业大学)编写第2章,高祥斌(聊城大学)编写第3章、第4章和第5章,邱艳昌(聊城大学)编写第4章,黄凯(北京农学院)编写第7章和第8章。由于部分章节内容变化较大,扩展阅读内容较多,由聊城大学的路兴慧补充完善第2章和第4章,赵红霞补充完善第5章和第6章,杨婧补充完善第7章和第8章。济南林业和园林科学研究院韩波参与编写第3章,济南园林开发建设集团

周传明参与编写第 4 章,聊城市城市园林管理服务中心刘辉、田思峰和徐法燕参与编写第 4 章。全书统稿工作由高祥斌负责。

  本着对读者负责的原则,编者对全书通篇进行字斟句酌的考量,力求消除差错和疏漏。研究生高亚、刘宇硕、周圣杰和刘帅迪对书稿进行了校订工作。由于水平所限,书中难免有疏漏之处,敬请读者批评指正。借此机会,向使用本书的广大师生,向给予我们关心、鼓励和帮助的同行、专家、学者致以由衷的感谢!

编　者

2024 年 6 月

第1版前言

　　随着我国风景园林事业迅速发展,高等园林专业教育对园林高级人才的培养越来越受到社会的重视。尤其是在风景园林学成为一级学科的大背景下,风景园林管理亟须规范化和标准化。在现行的风景园林(或园林)本科专业教学方案中,各学校多以《园林管理》《园林经济管理》或《园林法规》等作为相关教材,内容各有侧重,然而比较全面、系统、适用的相关教材长期处于匮乏状态。随着新的风景园林管理条例及园林法规不断地出台,原有教材已不适应专业培养目标和要求。为此,适合于风景园林(或园林)专业本科使用的《风景园林管理与法规》教材建设已刻不容缓。

　　风景园林学科涉及的自然科学范畴的内容(风景园林规划与设计、园林植物栽培与管理、园林生态学等)从理论到实践,已经形成了一套比较完整的体系。但是由于长期以来,对风景园林管理问题的研究一直滞后于风景园林事业的发展,导致风景园林管理还没有形成科学的体系,从而迫切需要加强研究,以提高管理水平,增强自觉性,减少盲目性。风景园林的发展要靠科学,管理者只有通过运用科学的管理技术和法律手段,合理地调整管理体制,才能发挥人、财、物的最大效用,从而提高管理质量和管理效率,创建符合标准和规范的优质产品。因此,高等风景园林专业培养的人才不仅要掌握风景园林规划设计、遗产保护与管理、生态保护与修复、园林工程和园林植物应用等专业核心知识,还要熟悉风景园林相关政策法规和技术规范,才能更好地进行风景园林的管理。

　　本书参考了大量国内外相关资料,由多所高校及管理部门的长期在一线从事园林教学、科研和实业工作的骨干教师与管理者结合实践积累,共同研讨、精心编写而成。本书从内容上把握住深入浅出的原则,简明扼要地阐明基本理论和主要方法,具有科学性、系统性和前瞻性等特点。全书阐述了风景园林行业的管理、企业资质的管理、企业内部的管理、园林工程施工的管理、园林绿地的管理等管理方面的内容,对城市绿化法规、城乡规划法规和园林其他相关法律法规等进行了详细介绍,力求做到思路明确、条理清晰和实用性强。注重实践与宏观管理方面的教学,并附有相关法规供学生参考;每一章开篇均有本章导读,每章之后给出"思考题",以便学

生掌握重点,达到学以致用。本书的教学内容旨在培养高校风景园林专业、园林专业、观赏园艺专业及其他相关专业学生的风景园林管理能力,也可为园林绿化从业人员的实际工作提供参考。

本书大纲确定与编写组织工作由张秀省和黄凯负责,聊城大学张秀省编写第1章和第3章,江西农业大学刘昊编写第2章,聊城大学邱艳昌编写第4章,聊城大学高祥斌编写第5章和第6章,北京农学院黄凯编写第7章和第8章,统稿工作由张秀省负责。

本书的出版得到了来自多方面的支持与帮助。借其出版之际,特向有关单位与人员表示衷心的感谢。感谢中国风景园林协会常务理事、园林植物与古树名木专业委员会主任、山东省园林专家组组长贾祥云老师在百忙之中对全书进行了审阅,并提出了宝贵建议。感谢聊城大学、北京农学院、江西农业大学的大力支持。本书编者在编写过程中参考了大量教材和专著文献,在此对各位作者及相关出版单位表示诚挚的感谢。

由于编写时间紧迫,编者水平有限,加之园林业发展迅猛、所涉生产领域广泛,学科体系的构建难度极大。因此,教材中难免存在疏漏、不足和一些不成熟的看法,竭诚欢迎广大教师、学生及园林工作者批评指正,以便再版时修订。

编　者

2013 年 5 月

目 录

1 绪 论 1

1.1 风景园林的类型 2

1.2 风景园林管理与法规 6

1.3 风景园林管理的目标与程序 15

1.4 风景园林管理存在的问题及其解决办法 19

思考题 22

2 园林绿化行业管理 23

2.1 园林绿化行业管理机构 23

2.2 园林行业内部管理 30

2.3 国家园林城市申报与评审办法 39

2.4 风景名胜区申报与评审办法 45

2.5 国家森林城市申报与评审办法 47

2.6 国家公园申报与评审办法 51

思考题 55

3 园林绿化工程建设市场监管评价体系 56

3.1 园林绿化资质取消 56

3.2 园林绿化工程建设管理规定 57

3.3 园林绿化工程施工招标投标管理标准 59

3.4 园林绿化施工企业信用信息及评价标准 62

3.5 园林绿化工程项目负责人评价标准 64

3.6 园林招标及合同示范文本 68

思考题 69

4 风景园林企业内部管理 ···················· 70
4.1 基础管理 ···················· 70
4.2 财务会计管理 ···················· 72
4.3 劳动管理 ···················· 78
4.4 工程安全管理 ···················· 82
4.5 企业管理软件简介 ···················· 87
思考题 ···················· 89

5 风景园林工程管理 ···················· 90
5.1 风景园林工程管理概述 ···················· 90
5.2 风景园林规划设计管理 ···················· 92
5.3 风景园林建设管理 ···················· 96
5.4 风景园林工程质量管理 ···················· 109
5.5 风景园林工程竣工验收制度 ···················· 112
5.6 城市园林绿化监督管理信息系统 ···················· 121
思考题 ···················· 121

6 风景园林绿地管理 ···················· 123
6.1 风景园林绿地养护管理概述 ···················· 123
6.2 风景园林绿化的标准化管理 ···················· 124
6.3 公园的管理 ···················· 129
6.4 风景名胜区的管理 ···················· 139
思考题 ···················· 150

7 城市绿化法规 ···················· 151
7.1 城市绿化法规概述 ···················· 151
7.2 城市绿化的规划与建设 ···················· 154
7.3 城市绿化的保护与管理 ···················· 159
7.4 违反城市绿化法的法律责任 ···················· 162
思考题 ···················· 166

8 园林绿化相关法律法规 ···················· 167
8.1 城乡规划法规 ···················· 167

8.2 环境保护法 ·· 177

8.3 文物保护法 ·· 182

思考题 ··· 191

附 录 ·· 192

附录 1 相关法律法规 ······································· 192

附录 2 重要文件 ··· 194

参考文献 ··· 195

1 绪 论

【本章导读】

　　通过本章学习,要求掌握风景园林的类型、管理内容和风景园林管理存在的问题与解决办法;熟悉风景园林管理系统和管理机构;了解风景园林法规体系及风景园林管理的目标和程序。

　　中国风景园林简称中国园林。中国园林是中国传统文化的重要组成部分,是具有生命力的文化形态。中国园林随着社会文化的发展及人们对理想家园的追求而逐步成熟,成为可游、可赏、可居的体现人文精神的场所。中国园林文化在发展过程中对东西方造园理论和实践产生了一系列影响。中国积淀深厚的历史文化和钟灵毓秀的大地山川孕育出源远流长、博大精深的园林体系。中国园林是中华优秀传统文化的重要组成部分,它丰富多彩的内容和高超的艺术水平在世界园林中独树一帜。

　　先秦时代,人们山水审美观念已经确定。天人合一思想、君子比德思想和仙山思想等意识形态方面的因素,促进了中国园林的生成和发展。囿、圃、台是中国园林的原始状态。山形水系是构成园林的基本骨架,在中国传统的山水园中,水因山秀,山因水活,发展成变化多样的叠山理水技艺,并成为中国园林独特的艺术特征。秦汉时代是中国园林发展的开始阶段,宫苑这种园林类型已形成,特别是"一池三山"的山水格局,成为中国园林传统格局,并一直影响至今。魏晋南北朝时期是中国园林的转折时期,受儒、释、道思想的影响,园林异彩纷呈,初步形成了皇家、私家、寺观园林体系。隋唐时代园林达到高潮高峰时期,私家园林向人文园林创作方向发展,以诗入园,因园成景的做法在唐代已渐形成。宋代是中国园林的成熟期,此时文化繁昌、科技进步,促进了园林的发展。文人参与造园并赋予园林诗情画意,园林更加重视意境和内涵。明清时期是中国园林史上的又一个高峰,园林形式更加丰富,造园技术更加成熟,促进了皇家园林、私家园林和寺观园林的繁荣,出现了一批不同地域、风格迥异的园林作品,至今尚存,许多明清历史名园被列为世界文化遗产。清末至民国时期,随着社会形态的深刻变化和西方园林文化的影响,公园大量出现。当今为中国园林文化全面大发展时期,随着改革开放,园林迅速发展。园林作为城市基础设施不仅可以改善生态环境、美化城市景观,在发挥游憩功能的同时传承了历史文脉、促进了文化交流,在带动旅游和推动经济发展方面发挥着巨大作用。

中国园林在生成发展过程中,兼收并蓄,传承创新,完美地体现了中国传统的人文精神,散发着文化恒久的魅力和感染力。中国园林在世界园林体系中独领风骚,是东方园林的典型代表,有着极其重要的地位。

园林绿化是一项重要的环境建设工程,是创建健全的生态环境、提高人民生活质量和保障可持续发展的重要条件之一。《中华人民共和国宪法》《中华人民共和国环境保护法》《中华人民共和国城乡规划法》和其他法律、法规都作了加强城市园林绿化建设,保护绿地、树木的规定,从法律上确立了园林绿化在国民经济和社会发展中的地位。园林绿化业包括规划、设计、施工、养护、管理、服务、生产、科研、教育等环节,它们密切相关、互相衔接,在国民经济中,形成了独立的产业体系。园林绿化管理大致包括两个层次:一是研究本行业与全社会各行各业之间相互的关系,通过立法、行政和宣传的手段调动全社会各行各业和广大人民群众的力量,共同实现城市绿化规划目标。这方面的工作,是提高城市绿化水平的关键,也是比较薄弱的一个环节,需要着重开拓。二是研究园林绿化业生产单位和经营单位供、产、销、建设、养护、管理、服务之间的关系,以及经济实体内部的经营管理问题,运用法律、法规、政策、投资、分配、市场、服务等手段推动产业的发展。

长期以来,园林绿化管理问题的研究滞后于事业的发展,存在着理论与实践不相适应的矛盾。迫切需要加强对园林绿化管理问题的研究,以提高管理水平,增强自觉性,减少盲目性。针对风景园林建设工程以及建后的养护管理工程,需要研究在市场经济体制下应该采取的发展策略和管理机制,逐步形成符合中国现实情况的管理理论和管理模式。

1.1　风景园林的类型

1.1.1　园林类型

园林类型按国别分中国园林、英国园林、法国园林、日本园林、印度园林等。中国园林在隋唐以后达到高峰时期,皇家园林、私家园林、寺观园林三大类型基本成熟。到了明清时期,民间造园兴起,各地出现了不同风格的园林,如北方园林、江南园林、岭南园林、川蜀园林、闽南园林和少数民族园林等。它们各具特色,风格多样,丰富多彩。全国名园林立,如颐和园、避暑山庄、拙政园、留园、十笏园、个园等。清末到民国时期,随着社会的变革和西方园林文化的冲击,出现了大量的公共园林,公园这种园林形态出现,如南京中山公园、北京植物园等。

1.1.2　城市绿地分类体系

为统一城市绿地(以下简称为"绿地")分类,依据《中华人民共和国城乡规划法》,科学地编制、审批、实施绿地系统规划,规范绿地的保护、建设和管理,便于改善城乡生态环境,促进城乡的可持续发展,制定绿地分类标准。本标准适用于绿地的规划、设计、建设、管理和统计等工作。绿地分类除执行本标准外,尚应符合国家现行有关标准的规定。

绿地分类应与《城市用地分类与规划建设用地标准》(GB 50137—2011)相对应,它包括城市建设用地内的绿地与广场用地和城市建设用地外的区域绿地两部分。绿地应按主要功能进行分类。绿地分类应采用大类、中类、小类 3 个层次。绿地类别应采用英文字母组合表示,或采用英文字母和阿拉伯数字组合表示。绿地分类应符合表 1.1 的规定。

1.1 城市用地分类与规划建设用地标准

表 1.1　绿地分类

类别代码			类 别	内 容	备 注
大类	中类	小类			
G1			公园绿地	向公众开放,以游憩为主要功能,兼具生态、景观、文教和应急避险等功能,有一定游憩和服务设施的绿地	
	G11		综合公园	内容丰富,适合开展各类户外活动,具有完善的游憩和配套管理服务设施的绿地	规模宜大于 10 hm²
	G12		社区公园	用地独立,具有基本的游憩和服务设施,主要为一定社区范围内居民就近开展日常休闲活动服务的绿地	规模宜大于 1 hm²
	G13		专类公园	具有特定内容或形式,有相应的游憩和服务设施的绿地	
		G131	动物园	在人工饲养条件下,移地保护野生动物,进行动物饲养、繁殖等科学研究,并供科普、观赏、游憩等活动,具有良好设施和解说标志系统的绿地	
		G132	植物园	进行植物科学研究、引种驯化、植物保护,并供观赏、游憩及科普等活动,具有良好设施和解说标志系统的绿地	
		G133	历史名园	体现一定历史时期代表性的造园艺术,需要特别保护的园林	
		G134	遗址公园	以重要遗址及其背景环境为主形成的,在遗址保护和展示等方面具有示范意义,并具有文化、游憩等功能的绿地	
		G135	游乐公园	单独设置,具有大型游乐设施,生态环境较好的绿地	绿化占地比例应大于或等于65%
		G139	其他专类公园	除以上各种专类公园外,具有特定主题内容的绿地。主要包括儿童公园、体育健身公园、滨水公园、纪念性公园、雕塑公园,以及位于城市建设用地内的风景名胜公园、城市湿地公园和森林公园等	绿化占地比例宜大于或等于65%
	G14		游园	除以上各种公园绿地外,用地独立,规模较小或形状多样,方便居民就近进入,具有一定游憩功能的绿地	带状游园的宽度宜大于 12 m;绿化占地比例应大于或等于65%

续表

类别代码			类　别	内　容	备　注
大类	中类	小类			
G2			防护绿地	用地独立,具有卫生、隔离、安全、生态防护功能,游人不宜进入的绿地。主要包括卫生隔离防护绿地、道路及铁路防护绿地、高压走廊防护绿地、公用设施防护绿地等	
G3			广场用地	以游憩、纪念、集会和避险等功能为主的城市公共活动场地	绿化占地比例宜大于或等于 35%;绿化占地比例大于或等于 65% 的广场用地计入公园绿地
XG			附属绿地	附属于各类城市建设用地(除"绿地与广场用地")的绿化用地。包括居住用地、公共管理与公共服务设施用地、商业服务业设施用地、工业用地、物流仓储用地、道路与交通设施用地、公用设施用地等的绿地	不再重复参与城市建设用地平衡
	RG		居住用地附属绿地	居住用地内的配建绿地	
	AG		公共管理与公共服务设施用地附属绿地	公共管理与公共服务设施用地内的绿地	
	BG		商业服务业设施用地附属绿地	商业服务业设施用地内的绿地	
	MG		工业用地附属绿地	工业用地内的绿地	
	WG		物流仓储用地附属绿地	物流仓储用地内的绿地	
	SG		道路与交通设施用地附属绿地	道路与交通设施用地内的绿地	
	UG		公用设施用地附属绿地	公用设施用地内的绿地	

类别代码			类 别	内 容	备 注
大类	中类	小类			
EG			区域绿地	位于城市建设用地之外,具有城乡生态环境及自然资源和文化资源保护、游憩健身、安全防护隔离、物种保护、园林苗木生产等功能的绿地	不参与建设用地汇总,不包括耕地
	EG1		风景游憩绿地	自然环境良好,向公众开放,以休闲游憩、旅游观光、娱乐健身、科学考察等为主要功能,具备游憩和服务设施的绿地	
		EG11	风景名胜区	经相关主管部门批准设立,具有观赏、文化或者科学价值,自然景观、人文景观比较集中,环境优美,可供人们游览或者进行科学、文化活动的区域	
		EG12	森林公园	具有一定规模,且自然风景优美的森林地域,可供人们进行游憩或科学、文化、教育活动的绿地	
		EG13	湿地公园	以良好的湿地生态环境和多样化的湿地景观资源为基础,具有生态保护、科普教育、湿地研究、生态休闲等多种功能,具备游憩和服务设施的绿地	
		EG14	郊野公园	位于城区边缘,有一定规模、以郊野自然景观为主,具有亲近自然、游憩休闲、科普教育等功能,具备必要服务设施的绿地	
		EG19	其他风景游憩绿地	除上述外的风景游憩绿地,主要包括野生动植物园、遗址公园、地质公园等	
	EG2		生态保育绿地	为保障城乡生态安全,提高景观质量而进行保护、恢复和资源培育的绿色空间。主要包括自然保护区、水源保护区、湿地保护区、公益林、水体防护林、生态修复地、生物物种栖息地等各类以生态保育功能为主的绿地	
	EG3		区域设施防护绿地	区域交通设施、区域公用设施等周边具有安全、防护、卫生、隔离作用的绿地。主要包括各级公路、铁路、输变电设施、环卫设施等周边的防护隔离绿化用地	区域设施指城市建设用地外的设施
	EG4		生产绿地	为城乡绿化美化生产、培育、引种试验各类苗木、花草、种子的苗圃、花圃、草圃等圃地	

1.2 风景园林管理与法规

1.2.1 风景园林管理

管理是实现组织目标,利用职权,统筹协调兼顾各方面利益而进行的一种控制过程,其目的是建立一个充满创造力的体系。风景园林管理是指为了达到改善环境、保护生态、发展经济、提高居民生活质量等目的,对风景园林行业中的各种人类行为所进行的程序制定、执行和调节,是对整个风景园林系统进行的经济管理行为。风景园林行业是基础建设的重要构成之一,是以建设、维护和调整并提供技术服务为主要构成(兼文化构成)的包含从业人员及相关物资的系统。

1)风景园林管理系统

组织管理是一项有组织、有目标的社会实践活动,其系统构成包括管理目标、管理者、被管理者、管理对象和管理中介5项要素。风景园林管理作为组织管理的一个分支,也包括上述5项要素。除此之外,必须要有一定的运行机制来保障风景园林管理的顺利进行。在风景园林管理的法律法规和制度政策等的保障下,使运转和操作的协调,防止决策的失误,使管理发挥最大的效能并实现管理目标。通常风景园林管理系统包括决策系统、执行系统、反馈系统和保障系统等。

①决策系统:决策系统中的筹划建设是前期管理工作,审批管理是后期管理,这是一个动态连续的过程,其间包括对规划设计单位的资格审查与选择。

②执行系统:风景园林规划设计实施管理属于执行系统,主要包括规划设计、建设施工、工程监理、组织验收管理等。

③反馈系统:园林产品在生产过程中的监督检查、群众参与,以及建成后的反应反响等,都属于风景园林管理的反馈系统。反馈系统有助于决策系统、执行系统的顺利实施,并能进行合理的修改与完善。

④保障系统:风景园林管理系统的保障条件很多,如组织、人员、体制、财力、物力、技术等。其中,法律法规、制度政策保障最为重要,可以最大限度地减少人为因素的干扰,是风景园林管理实施的基础与关键。

2)风景园林管理的特点

风景园林管理对风景园林行业的质量保证和顺利发展起着至关重要的作用,它有着与其他管理不同的一些特点。

①城市是风景园林行业的主要载体。园林是人们用来改善居住环境和休憩环境的重要手段之一,主要有两大原因:一是人口增长,人类需求增加,原有环境不能满足人类发展需要;二是人类发展破坏了原有环境,日益恶化的环境不再适宜人类的居住与休憩,必须加以改善。这两大因素在城市里显得非常突出,风景园林行业在城市里的发展及管理更为迫切。

②园林既可能是公共产品,也可能是法人产品。所谓公共产品,是政府向居民提供的各种服务的总称;而法人产品则是依法注册的单位或个人通过市场提供的合法产品与劳务。也就是说,园林既可以由政府提供,也可能由单位或个人提供。目前,我国由政府提供的园林产品对于人民群众来说更为主要,也更为重要,它们除了经济效益外,更注重社会效益和生态效益等。

③涉及活物管理。植物是风景园林行业中一种至关重要的元素,除此之外,动物和微生物等也经常成为风景园林行业涉及的内容,在整个管理过程中,大量涉及具有生命的元素,使风景园林行业与众不同。活物管理把生产建设(提供有效生产量)的过程和园林经营(提供实现效益量)的过程紧密衔接在一起。

3)风景园林系统管理机构

由管理人员形成的分工明确的合作性组织(正式组织)称为管理机构。管理机构的基本特征是"分层"和"协调"。分层的层次数目与有关单位的整体规模及工艺技术的复杂程度(结构)直接相关。协调程序是指下层服从上层指挥,同层之间的配合,以及上层对下层建议的反应程度,并与管理水平直接相关。

城市风景园林系统的管理机构如图1.1所示,这是一个可供参考的园林系统机构示意图,其中"市园林局"是体系中的核心管理机构。

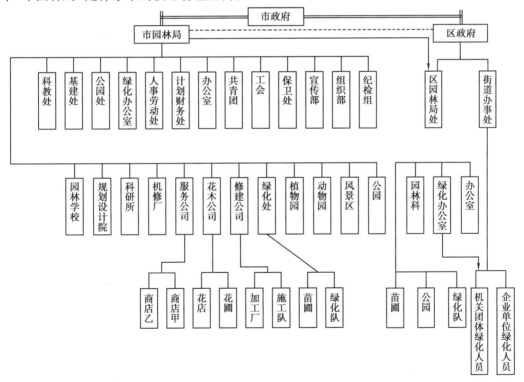

图1.1 城市风景园林系统机构示意

4)风景园林管理的内容

风景园林管理主要包括园林质量管理、园林数量管理、园林决策管理、园林规划设计管理、绿地系统规划管理、园林评价管理、园林建设管理、园林经营管理、物资与产品管理、设备管理、活物管理、基础设施管理、财务管理和人员与信息管理等。它大致分为园林技术管理、园林经济管理和园林生态管理三个方面。

(1)园林技术管理

园林技术管理是风景园林管理工作的重要组成部分,主要作用是加强技术管理,有利于建立良好的生产秩序,提高技术水平和劳动生产率。园林技术管理要求科学地组织各项技术工作,建立良好的技术秩序,保证在风景园林管理过程中符合相关技术规律要求,促进技术不断发展更新。园林技术管理的主要内容除了建立健全管理体系和管理制度、编制远中近期技术发展规划、建立技术信息和技术档案工作外,目前较为重要的是制订技术规范和技术规程,组织技术革新,开展试验研究。技术规范和技术规程是进行技术管理的依据和基础,在技术管理上具有法律作用。在草拟时要以国家技术政策和技术标准为依据,因地制宜,实事求是,既要有严格的技术规范,又要切实可行,防止脱离实际的标准和条件。

园林质量管理是园林技术管理工作的重要组成部分,园林单位要以"全面质量管理"为提高质量的指导思想,在各个生产环节加强措施。园林技术人员要以应用技术研究为主,基础理论研究为辅,密切结合当前园林实践,提出课题,组织研究,并和群众性的技术创新活动相结合,努力把科研成果转换为生产力。园林质量管理一般包括园林决策的质量管理,园林规划设计的质量管理,园林生产、建设(施工)的质量管理,园林养护的质量管理,园林经营的质量管理等。

(2)园林经济管理

园林区域作为一个行业的"产品",既可能是公共产品(非市场性),又可能是法人产品(市场性),其相关产品的生产数量、质量及分配,既可能是独占性、垄断性的,也可能是市场性、竞争性的。从园林的社会效益来看,其管理是非经济的。但从园林的维护、提高等方面的成本与收益核算来说,风景园林管理是典型的经济管理。

园林作为改善居住环境和休憩环境的特种"商品",是以建设、维护、提供环境和休憩服务的相关物资和从业人员集合,把生产建设的过程和园林经营的过程紧密衔接在一起,在基本建设中涉及绿化规划设计及植物栽植养护。而在园林服务中也涉及植物(以及动物)养护及布局调整,这与一般的产品的产销界限分明的情况有所不同,也与一般的基建和服务界限分明的情况不同。一个优秀的园林经营管理人员应该具有较宽的知识面,对园林经济及技术系统具有较全面的理解。

(3)园林生态管理

生态园林不是自然的环境园林,而是园林生产体系的一种高度集约化的生产方式,是开发、改造、利用、保护园林生态系统各种生物资源和非生物资源,发展经济、有益社会、协调环境的生态—经济—社会的系统工程。园林生态管理主要是管理园林生态的系统和结构,制订和实施生态管理与经济管理相结合的措施。根据生态系统内物质循环再生、能量转化、信息传递及物种共生等生态学规律,用系统工程最优化方法,提高太阳能的利用率、生物能的转化率和废弃物的再循环利用率,建立诸产业彼此协调结合,又各有侧重的合理生态园林系统结构。同时,人类在

园林建设中,按照对园林的特殊需求进行建设、生产、投入活劳动和物化劳动,形成人参与的生产过程。进行生产、分配、交换、消费相结合的经济再生产,形成不同的园林经济结构,实现自然再生产与经济再生产的统一。在此基础上充分利用当地的自然资源,使绿色植物的初级生物能沿着食物链各个营养级进行多层次利用,形成生态系统的物能流、能量流和信息流,经济系统的商品流、价值流和经济信息流,实现生态、经济、社会因子相互和谐的良性循环,获得最高的生态效益、经济效益和社会效益。

1.2.2　风景园林法规

"没有规矩不成方圆",凡事照章依法而行,风景园林行业也不例外。规范风景园林行业的相关政策法规是市场经济法律框架体系中一个极其重要的组成部分,是保障园林业健康发展、市场公正的基础,是维护社会经济秩序、保护资源环境可持续发展、改善生态环境、美化人民生活、提高人民生活质量、构建和谐社会的重要途径。风景园林管理者应时刻保持在政策与法治的轨道而不偏离方向,学习并了解相关的政策、法规的基本理论和基础知识,具备相应的运用政策法规指导实际工作的能力。

1)园林政策法规的作用

(1)规范和引导园林行为

园林政策法规为园林活动的行为规范与准则提供了模式和判断标准。符合政策并合法有效的行为将受到保护和鼓励,而违反政策和法规的无效行为则不会受到政策的支持与法律的保护,所造成的后果必然要受到相应的政策追究和依法承担法律责任。可见,园林政策法规的制定和实施,对参与园林活动的各方主体起到规范、引导、教育和威慑的作用。

(2)为园林业的发展提供政策支撑与法律保障

园林政策法规确定了园林活动开展的范畴与政策界限,明确了园林行为各主体的权利、义务、责任和行为规范,对园林活动中的各种社会关系起到了有序的调整作用,对维护风景园林行业发展的正常秩序、园林业的发展提供了政策支撑,奠定了法律基础,提供了政策支撑与法律保障。

(3)对园林业的发展进行有效的宏观调控

国家及相关部门通过制定园林政策与法规,确定园林业发展的基本原则、基本方针和产业政策,对园林业进行有效的宏观调控,把园林业纳入整个社会和经济发展之中,使园林业的发展能够起到促进社会和经济发展的作用。

2)园林政策法规体系

园林是一个涉及第一、第二、第三产业的庞大行业系统,与城市规划、城市的绿化与美化、公园与风景名胜区的建设与管理、文物保护、环境与资源保护等密切相关,不可避免地与一些经济、行政等方面的政策法规相联系。规范园林业正常运行的政策法规也必然是一个复杂的体系。无论是作为公益事业的园林还是作为产业的园林,其自身的实践必须依照相应的政策法规行事,园林政策法规对规范园林业的有序发展有着十分重要的意义。我国园林建设与发展起步

较晚,政策法规体系还不够健全,而现行园林政策法规偏向于城市绿化,急需出台一套能够全面覆盖园林内涵的政策和法规制度。

根据园林政策法规效力的不同,其适用范围与制定主体也将不同。在各行业必须遵守的基本法基础上,园林政策法规体系可分为法律、法律性决议和决定、行政法规(条例)、地方性法规、行政规章等几类,它们之间既相互独立地解决园林某一特定问题,又相互联系,共同构成一个调控园林社会经济活动的政策法规环境。

(1)法律

法律是指由国家机关根据国家建设与发展的实际需要而制定,并由国家强制力保证其实施的一系列行为规范。与园林有关的法律不仅包括与园林有关的资源环境保护方面的法律和与园林有关的行政管理方面的法律,还包括与园林有关的生产、规划等方面的法律,它们在《中华人民共和国宪法》的统领下,各自在不同的方面共同发挥着调控与园林有关的各项事务的强制规范性作用,以确保园林业的建设与发展在法治轨道上有序进行。与园林相关的主要法律见表1.2。

表1.2　与园林相关的主要法律

法律名称	发布机构	发布时间	施行时间
《中华人民共和国文物保护法》	全国人大	1982-11-19 通过 1991-06-29 修正 2002-10-28 修订 2007-12-29 修正 2013-06-29 修正 2015-04-24 修正 2017-11-04 修正	2002-10-28
《中华人民共和国森林法》	全国人大	1984-09-20 通过 1998-04-29 修正 2009-08-27 修正 2019-12-28 修订	2020-07-01
《中华人民共和国土地管理法》	全国人大	1986-06-25 通过 1988-12-29 修正 1998-08-29 修订 2004-08-28 修正 2019-08-26 修正	1999-01-01
《中华人民共和国大气污染防治法》	全国人大	1987-09-05 通过 1995-08-29 修正 2000-04-29 修订 2015-08-29 修订 2018-10-26 修正	2016-01-01
《中华人民共和国标准化法》	全国人大	1988-12-29 通过 2017-11-04 修订	2018-01-01

法律名称	发布机构	发布时间	施行时间
《中华人民共和国野生动物保护法》	全国人大	1988-11-08 通过 2004-08-28 修正 2009-08-27 修正 2016-07-02 修订 2018-10-26 修正 2022-12-30 修订	2023-05-01
《中华人民共和国环境保护法》	全国人大	1989-12-26 通过 2014-04-24 修订	2015-01-01
《中华人民共和国城市规划法》	全国人大	1989-12-26 通过	1990-04-01 2008-01-01 废止
《中华人民共和国固体废物污染环境防治法》	全国人大	1995-10-30 通过 2004-12-29 修订 2013-06-29 修正 2015-04-24 修正 2016-11-07 修改 2020-04-29 修订	2020-09-01
《中华人民共和国行政处罚法》	全国人大	1996-03-17 通过 2009-08-27 修正 2017-09-01 修正 2021-01-22 修订	2021-07-15
《中华人民共和国建筑法》	全国人大	1997-11-01 通过 2011-04-22 修正 2019-04-23 修正	1998-03-01
《中华人民共和国水法》	全国人大	1998-01-21 通过 2002-08-29 修订 2009-08-27 修改 2016-07-02 修改	2002-10-01
《中华人民共和国合同法》	全国人大	1999-03-05 通过	1999-10-01 2021-01-01 废止
《中华人民共和国招标投标法》	全国人大	1999-08-30 通过 2017-12-27 修正	2000-01-01
《中华人民共和国安全生产法》	全国人大	2002-06-29 通过 2009-08-27 修正 2014-08-31 修正 2021-06-10 修正	2002-11-01
《中华人民共和国可再生能源法》	全国人大	2005-02-28 通过 2009-12-26 修正	2006-01-01
《中华人民共和国城乡规划法》	全国人大	2007-10-28 通过 2015-04-24 修正 2019-04-23 修正	2008-01-01

（2）法律性决议和决定

法律性决议和决定是指由全国人大根据国家建设与发展的需要，对确需规范的某项社会事务，或者对现有法律中与现实不相适应的某些条款，或者对现实中已出现而法律又无明文规定的方面所作的一系列决定或决议，这种决定和决议同样具有法律效力。

1981 年 12 月 13 日第五届全国人民代表大会第四次会议通过的《关于开展全民义务植树运动的决议》，揭开了绿化祖国崭新的一页。次年，国务院颁布《关于开展全民义务植树运动的实施办法》，全民义务植树运动进一步走上了法治轨道。各地方人民代表大会或常务委员会陆续通过各自的《义务植树条例》作为补充。

《生物多样性公约》1992 年 6 月 5 日订于里约热内卢，并于 1993 年 12 月 29 日生效。中国政府总理 1992 年 6 月 11 日在里约卢签署该公约。1992 年 11 月 7 日，全国人大常委会决定批准该公约。1993 年 1 月 5 日，中国交存批准书；同年 12 月 29 日，该公约对我国生效。

（3）行政法规（条例）

行政法规是指国务院为领导和管理国家相关行业的行政工作，根据宪法和法律，按照法定程序制定的有关行业的一系列规范性文件。行政法规的效力仅次于法律，是对前述两类法规的重要补充与具体化。与园林相关的主要行政法规见表 1.3。

表 1.3　与园林相关的主要行政法规

行政法规名称	发布机构	发布时间	施行时间
《城市绿化条例》	国务院	1992-06-22 发布 2011-01-08 修订 2017-03-01 修订	1992-08-01
《城市绿化规划建设指标的规定》	建设部	1993-11-04	1994-01-01
《风景名胜区管理处罚规定》	建设部	1994-11-14	1995-01-01 2007-09-21 废止
《中华人民共和国土地管理法实施条例》	国务院	1998-12-27 发布 2011-01-08 修订 2014-07-29 修订 2021-07-02 修订	2021-09-01
《城市绿化工程施工及验收规范》	建设部	1999-02-24	1999-08-01 2013-04-30 废止
《中华人民共和国森林法实施条例》	国务院	2000-01-29 发布 2011-01-08 修订 2016-02-06 修订 2018-03-19 修订	2000-01-29
《风景名胜区条例》	国务院	2006-09-06 公布 2016-02-06 修订	2006-12-01
《中华人民共和国文物保护法实施条例》	国务院	2003-05-18 公布 2013-12-07 修订 2016-02-26 修订 2017-03-01 修订 2017-10-07 修订	2003-07-01

续表

行政法规名称	发布机构	发布时间	施行时间
《风景名胜区条例》	国务院	2006-09-19 公布 2016-02-06 修订	2006-12-01
《国家森林城市称号批准办法》	国家林业局	2016-08	2016
《历史文化名城名镇名村保护条例》	国务院	2008-04-22 公布 2017-10-07 修正	2008-07-01
《园林绿化工程施工及验收规范》	住建部	2012-12-24	2013-05-01
《园林绿化工程建设管理规定》	住建部	2017-12-20	2017-12-27

(4) 地方性法规

地方性法规是由省(直辖市、自治区)及其所在地的市或经国务院批准的较大的市的人民代表大会及其常务委员会根据本行政区域的具体情况和实际需要,在不与宪法、法律、行政法规相抵触的前提下,按法定程序制定的规范性文件。地方性法规协调着广泛的行政关系。如为发展城市园林绿化事业,改善生态环境,美化生活环境,适应公众游憩需要,增进人民身心健康,根据原《中华人民共和国城乡规划法》和国务院《城市绿化条例》等法律、法规,各省、自治区、直辖市在严格贯彻执行国家相关法规的基础上,结合本地实际情况制定出了适用于本地的城市绿化条例等地方性法规。

另外,在城市绿线管理、名木古树保护、城市公园管理、市政设施管理、城市环境卫生管理等多个方面,许多地方政府都相继颁布并实行了一系列与园林相关的地方性法规,这对建立和完善城市风景园林管理体系,提升城市形象,提高城市管理水平,有效提高人民生活质量提供了法治保障。

(5) 行政规章

行政规章包括部门规章和地方人民政府规章。部门规章是指国务院各部门根据法律和国务院行政法规、决定、命令,在本部门的行政管理权限内按照法定程序所制定的规范性文件。地方人民政府规章是指由省(自治区、直辖市)以及省(自治区)人民政府所在地的市或经国务院批准的较大的市的人民政府,根据法律、行政法规和地方性法规,按照规定程序制定的、普遍适用于本地区行政管理工作的规范性文件。

行政规章制定主体涉及面广,主体多元化的特征极其明显,从而导致我国行政规章的数量在行政法律规范中占有较大的比例。与园林相关的主要行政规章见表1.4。

表1.4 与园林相关的主要行政规章

行政规章名称	发布机构	发布时间	实施时间
《城市园林绿化企业资质管理办法》	建设部	1995-07-04 2006-05-23 修订	2006-05-23
《中国森林公园风景资源质量等级评定》	国家质量 技术监督局	1999-11-10	2000-04-01

续表

行政规章名称	发布机构	发布时间	实施时间
《创建国家园林城市实施方案》	建设部	2000-05-11	2000-05-11
《城市古树名木保护管理办法》	建设部	2000-09-01	2000-09-01
《国务院关于加强城市绿化建设的通知》	国务院	2001-05-31	2001-05-31
《城市绿线管理办法》	建设部	2002-09-13 2011-01-26 修正	2002-11-01
《城市紫线管理办法》	建设部	2003-12-17 2011-01-26 修正	2004-02-01
《城市湿地公园规划设计导则(试行)》	建设部	2005-06-24	2005-06-24 2017-10-11 废止
《城市湿地公园设计导则》	住建部	2017-10-11	2017-10-11
《国家重点公园管理办法(试行)》	建设部	2006-03-31	2006-03-31
《关于加强城市绿地和绿化种植保护的规定》	建设部	2006-04-18	2006-04-18 2001-07-16 废止
《城市园林绿化企业资质标准》	建设部	2006-05-23 2009-10-09 修订	2006-05-23 2017-04-14 废止
《工程监理企业资质管理规定》	建设部	2007-06-26	2007-08-01
《建设工程勘察设计资质管理规定》	建设部	2007-06-26	2007-09-01
《园林绿化工程建设管理规定》	住建部	2017-12-20	2017-12-20

1.2.3 风景园林管理与法规的关系

1)风景园林法规的作用

(1)规范指导建设行为

与风景园林相关的各种具体建设行为必须遵循相应的法规、准则进行。

(2)保护合法建设行为

不仅应该对风景园林建设主体的行为加以规范和指导,还应对一切符合本法规的建设行为给予确认和保护。

(3)处罚违法建设行为

实现对风景园林建设行为的规范和指导作用的同时,必须对违法建设行为给予应有的处罚。

2）管理与法规的关系

从作用上看,风景园林法规是一切建设行为和活动的依据和准则。风景园林管理一定是以相应的法规作为基本出发点,对建设活动的全过程进行监督、控制与调整,以保证风景园林从规划、设计、施工到使用、运营、维护等各个环节的科学性与严谨性,最终呈现出高质量的风景园林作品。

从内容上看,风景园林管理是一个实践操作的过程,"实践是检验真理的唯一标准",同样地,实践也是检验法规是否合理的唯一标准。从风景园林管理实践中获得的有益经验,可以促进法规的不断健全与完善,从而使我国的风景园林建设活动进入良性循环。

1.3 风景园林管理的目标与程序

1.3.1 风景园林管理目标的制定

城市园林绿化建设的指导思想是以加强城市生态环境建设、创造良好的人居环境、促进城市可持续发展为中心,坚持政府组织、群众参与、统一规划、因地制宜、讲求实效的原则,以种植树木为主,努力创建总量适宜、分布合理、植物多样、景观优美的城市绿地系统。各地城市经济、社会发展状况和自然条件差别很大,各地应根据当地的实际情况确定不同城市的绿化目标。

1）风景园林管理的目标和任务

管理是人类一种有目的的活动,但是,目的只是人们的一种意识。在管理中把这种意识具体化,变为可掌握、可衡量、可操作的东西,这就是管理目标。管理目标是指人们在管理活动中,运用合理、科学的管理措施所要达到的预期效果,表现为管理的目的和任务。当代行政管理的普遍特点是:管理范围不断扩展,管理内容日益复杂,管理方法更加多样,组织机构空前庞大,行政人员急剧增加,行政关系错综交织,这就需要制订科学的行政管理目标,使行政管理的一切活动循着既定的轨迹进行,最终达到预期的效果。

（1）保障风景园林法律、法规的施行和政令的畅通

风景园林的法律、法规协调风景园林建设和管理中各种社会关系。政府为保证风景园林建设健康有序地进行,还适时地颁布了有关的方针、政策、命令,它们都体现了公众的根本利益,是建设和管理风景园林的根本依据。风景园林管理是一项行政管理工作,无论是设计制定风景园林及其法律规范文件,还是对建设用地和建设活动进行管理,都必须依法执行。它既是管理的方法,又是管理的目的。

（2）保障风景园林综合功能的发挥,促进经济、社会和环境的协调发展

风景园林管理的任务是要不断完善和拓展风景园林功能,不断改善和优化人们的社会生活环境和自然生态环境,促进经济、社会和环境的协调、可持续发展,满足人民日益增长的物质、文化和环境的需要。

（3）保障各项建设纳入风景园林的轨道，促进城市规划的实施

风景园林作为一个实践过程，它包括编制、审批和实施3个环节。有了风景园林设计不等于风景园林自然而然地就会被建设好，还必须通过风景园林实施管理，使各项建设遵循城市规划的要求组织实施。

（4）保障公共利益，维护相关方面的合法权益

风景园林管理是城市政府的行政职能，这就要求风景园林的设计、审批和实施管理必须保障城市发展整体的、长远的利益，体现经济效益、社会效益和环境效益相统一的原则，具有公正性、效益性、民主性。对侵犯公共利益和相关方面权益的行为必须予以制约、协调和监督，保障公共利益和相关方面的权益不受侵犯，正确行使政府管理职能。

2）制定管理目标遵循的原则

（1）实事求是原则

设定我国的风景园林管理目标，要立足于现实国情，并根据不同地区的自然和经济状况区别制定。首先要进行深入细致的调查研究，了解需求的内容和程度，以便根据社会和人民最急切的需要来制定目标；其次要立足于未来，对未来的情况要进行科学的预测，以保障确立的目标现在和将来对社会和人民都有利；最后要立足于自身，摸清本系统内外的现状，扬长避短、趋利避害、量力而行，增强目标的效益价值。

（2）局部服从全局原则

一些管理目标在局部看来是好的、可行的，但在全局看来弊大于利，这样的目标就不能确立，必须重新修订；一些管理目标在局部看来是不好的、不可行的，但对全局十分有利，而且至此又没有更好的目标可代替，这样的目标就必须确立，这就是坚持局部服从全局的原则。

（3）先进性原则

确定的管理目标要成为提高每个人热情和能力的杠杆，要使目标的承担者振奋精神。要坚持管理目标先进性的原则，必须处理好比较的问题，要开阔眼界，找到先进的真正标准。我国的风景园林管理从改革开放以来，已取得了较大的进步，但起步较晚，与许多先进国家相比，仍有较大差距，还需要继续努力。

（4）可行性原则

目标的可行性来源于它的科学性。要在充分尊重现实、精确预测未来的基础上确定目标，为达到目标还要制定切实可行的措施。

1.3.2　风景园林管理目标的实施

1）管理目标的内化

管理目标的内化是指要充分发挥管理目标的凝聚、导向、激励和评价作用，促进每个风景园林管理者将风景园林管理目标转化为个人的理想和信念；使风景园林管理目标成为推动每个风景园林管理者发挥聪明才智和创造性的心理动力；把风景园林管理目标视为每个风景园林管理者指导工作方向的导向标和衡量工作成败的尺度。

2）管理目标的分解

　　一级行政组织的目标可以分解到它管辖的各个部门、各个单位，一个部门、一个单位的目标又可分解到它包括的成员个人。分目标是综合目标的组成部分，各目标之间互相关联、互相依存，各分目标有着内在的从属关系，而综合目标是各个分目标有机联系的集中反映。风景园林管理工作系统是由若干承担不同任务的工作部门和不同的管理层次组成，这就需要将总目标分层次地分解、落实。通过管理目标分解，风景园林管理目标形成"分层次目标结构"，成为一种"目标—手段"链，即下一级目标是实现上一级目标的手段，近期目标是实现远期目标的手段。风景园林管理目标转化的过程，是风景园林管理目标的形态由全局到局部、由抽象到具体、由模糊到精确的运动过程。风景园林管理总目标所指出的抽象理想状态，逐渐变为具体的、短期的、可衡量的作业目标，这一过程就是目标的分解过程。风景园林管理者在实现管理目标过程中，应随时考虑上一级大目标，自觉地把实现目标的管理活动看成实现上级目标的手段，防止发生"目标置换"的错误，而其上级领导者则应注意协调在目标分解中各分目标的冲突，保证总目标的实现。

1.3.3　风景园林管理的程序

　　风景园林的管理程序是指从项目的投资意向和投资机会选择、项目决策、设计、施工到项目竣工、验收、投入生产，整个基本建设全过程中各项工作必须遵循的法定顺序。不同性质、规模、类型的风景园林，涉及建设的复杂程度、地理位置，其程序的繁简程度也有所不同，但其管理程序大体相同。大体而言，风景园林管理程序可分为 5 个步骤，即建设申请、确定规划设计要求、方案审查、建设审批和批后管理。同时，还要加强对违法建设的检查和处理工作。

1）管理程序的必要性

　　管理程序是一种管理秩序，是有序化管理必不可少的组成部分。管理程序对风景园林管理的必要性在于以下 4 个方面：

　　（1）管理程序能保证风景园林管理的科学化、有序化

　　风景园林管理有其自身的客观发展规律，管理程序指导风景园林管理遵循什么方向、顺序和步骤才能实现管理的目标。风景园林管理活动是一个过程，无论是决策、控制、协调、引导、监督，还是管理的指示、规定、会议等，都有一定的程序。风景园林管理实行程序化，可以避免受到个人意志干涉下人为的无序化冲击，使其能够按照一定的秩序有准备、有步骤、有条不紊、循序渐进地进行，从而保证管理活动的正常化、科学化。

　　（2）管理程序是实现风景园林管理法治化、制度化的必然要求

　　风景园林管理是政府的一项职能，是权力的运用，是一种严肃的社会活动。以法律、法规和规章制度为基础的管理程序，严格、明确、具有强制性，会大大减少违法乱纪、主观蛮干现象和行为的产生，进而保障风景园林管理的法治化。

　　（3）管理程序能保证风景园林管理系统功能的发挥

　　风景园林管理是一个工作系统，只有各管理职能部门协调运作，才能发挥风景园林管理系

统的整体效能,以确保管理目标的实现。风景园林管理程序是以风景园林的编制、审批和实施为中心内容的。它的确定,势必带动整个管理系统的各个部门,这就要求在机构的设置、人员的配备、权限的确定等方面从整体上加以考虑,在管理工作中从整体上加以协调,从而使风景园林管理形成一个完整的系统。

(4)管理程序能保证风景园林管理效率的提高

管理高效是风景园林管理的重要目标之一,它能使管理职责分明、层次清晰、环节合理,避免拖沓、模糊、重复、混乱等现象。管理程序化便于管理人员尽快准确、有效地熟悉和掌握自己的业务,从而有利于管理效率的提高。

2)管理程序的设计原则

风景园林管理程序化的关键是设计管理程序。为了保证管理程序的优化,设计管理程序必须遵循以下原则:

(1)目的性原则

管理程序是为了实现风景园林管理目的而制定的,设计管理程序必须以管理目标为中心,服从于管理目的的要求:一是要区别风景园林管理系统中不同管理工作的特点;二是要全面分析实现管理目标涉及的有关因素、步骤和相关管理措施;三是对管理步骤有序安排,前后衔接,不可颠倒、重复。

(2)服务性原则

风景园林管理是为了促进经济、社会和环境协调发展服务的,设计管理程序必须注重服务性的特点:一是尽可能简化管理程序,只保留最必要的程序;二是管理程序必须有利于提高管理效率,管理程序必须具体、准确、快速,必要时除常规程序外,需设置特殊程序,是否符合经济效益的原则等;三是设计管理程序必须分析实施该程序的消耗,是否符合经济效益的原则等。

(3)系统性原则

风景园林管理程序是联结很多具体管理活动的系统,涉及许多管理内容,构成一个网络结构,绝非一来一往的直线形式。这就要求在设计管理程序时,务必充分把握和考虑其复杂的系统结构。

(4)合法性原则

合法性是所有行政管理程序的一个特点,风景园林管理程序亦然。风景园林管理程序一定要以法律、法规、规章制度为依据,不能违背。

3)管理程序的影响因素

风景园林管理程序是由工程项目建设自身所具有的固定性,生产过程的连续性和不可间断性,以及建设周期长、资源占用多、建设过程工作量大、牵涉面广、内外协作关系错综复杂等技术经济特点决定的。它不是人们主观臆造的,是在认识工程建设客观规律的基础上总结提出的,是工程项目建设过程客观规律的反映。

1.4 风景园林管理存在的问题及其解决办法

1.4.1 风景园林管理存在的问题

1）管理体制不顺

管理体制不顺，是造成园林绿化管理出现问题的根源。通过分析政府职能部门和园林绿化单位的内部管理机制，将存在的原因概括为职能部门管理职责不明确、养护作业单位运行机制落后和园林绿化管理市场开放度不够这三个方面。

（1）职能部门管理职责不明确

园林绿化产业化、市场化进程滞缓，绿化发展的要求与风景园林管理体制不相适应。城市园林绿化工作在"政府主导、群众参与，专业绿化和社会绿化相结合"的实践要求方面还有差距。管理模式上，宏观管理落实不够；园林直属单位依赖政府财政补贴、政府投资，发展动力不足，管理效率不高。

（2）养护作业单位运行机制落后

绿化养护管理是城市园林绿化工作的主体，养护作业单位是以财政补贴为主的事业单位，其事业费的投入较低，管理与维护人员缺乏、技术型人员短缺。园林绿化施工管理存在不规范现象，包括施工质量监控缺位、工序混乱与延误、施工安全与环保意识淡薄以及后期养护管理乏力等问题。

相对重建设、轻管理，在养护方面投入不足，往往采用被动式的养护管理。绿化维护经费过低，较难维持好的绿化效果和绿化质量，从而影响城市绿化的发展。缺少统一的养护标准导致管理养护水平参差不齐，随意性大。

（3）园林绿化管理市场开放不够

随着城市化进程的不断加快，园林绿化养护管理行业已经开始实行市场化运作，但市场开放性还不够。一些地区园林养护未实行必要的准入，或者参与企业的质量不高，保证不了国家投资建设的城市绿化保值、增值，一定程度上制约了园林绿化管理的改革发展。

2）法律法规仍待健全，管理环节仍存薄弱

随着社会主义市场经济体制的确立，中国风景园林行业的法治建设经历了从无到有、从地方到全国的过程。一些地方相应的园林绿化行业标准、技术规程等还不够完备。监管机制的落实手段有待创新，园林绿化法律法规的普及工作仍需加强。此外，一些地区在机构设置、人员配置、执法队伍建设等方面存在不足，影响了园林绿化法律法规的有效实施。监督管理缺乏力度，对整个风景园林行业的市场化运作、规范化管理带来不少问题，如园林绿化施工市场管理不规范，绿化执法管理薄弱等。

3）园林绿化管理人员专业素质有待提高

一些园林绿化管理部门和单位仍然缺少具备业务知识及管理技能的专业人才,缺少必要的园林机械,在绿化养护的具体操作中缺乏技术性、针对性的规范养护管理,导致不少新建的绿地植物生长不良,成活率不高,达不到预期的景观效果。在行政执法上,管理人员对相关政策条文的理解不够,对管理中遇到的不良现象处理效果欠佳。

1.4.2　风景园林管理存在问题的解决办法

风景园林管理关键在理顺行业管理关系,实行政事分开、管建分离、管养分离,注重专业人才的培养,制定和完善行业标准和法规体系,提高群众参与园林绿化的意识,加强群众的法治意识等方面采取一些强有力的措施。

1）理顺行业管理关系

从经济属性上,可将园林绿地系统分为可经营性园林绿地和非经营性园林绿地。可经营性园林绿地包括营利性的公园、风景名胜区绿地、动物园、植物园等;非经营性园林绿地包括道路绿地、防护园林绿地、非营利性公园绿地等公共园林绿地。

（1）非经营性园林绿地

非经营性园林绿地主要是指承担美化环境、防灾避难、生态改善等公益性任务的园林绿地,其用途基本上是特定的,不能随意变更,提供的服务不宜直接向服务对象收取费用。这类绿地属于纯公共产品,此类用地建设和保养的资金来源主要是地方政府的财政拨款,其数量和规模主要依靠政府通过税收集中支付和财政预算的方式来形成。虽然园林绿地本身是非经营性的,但是其衍生出的一些产品却是可经营的,如园林绿地的冠名权、广告权等是可以进行拍卖的,所获得的资金用于补充财政资金的不足。非经营性园林绿地国有资产的管理体制可以采取以下模式:园林行政主管部门作为公益性资产的出资人代表,由财政部门行使监督检查的职能;专业化的事业单位负责资产的监管,采用市场化的手段进行公益性资产的维修养护。

（2）经营性和准经营性园林绿地

经营性园林绿地主要是指城市绿地、公园绿地等能够产生效益,其产权主体能够独自利用、其效益能够单独享有的园林绿地。准经营性园林绿地是指园林经营所收取的费用不足以回收投资甚至不能够弥补运营成本的园林绿地。对经营性园林以"谁投资、谁受益"的原则,对园林的开发经营权进行招投标,以一定年限的收益权作为投资的补偿。园林资源开发利用者根据法律、法规设定的程序和要求,经相关部门批准,获得开发园林资源的权利,从事园林资源开发利用,获得相应的收益,并承担相应的义务和责任。

2）实行政事分开

按照政企、政事分开的原则调整管理制度,由侧重于微观管理转向宏观管理,主要进行制定与实施绿化规划,监控和引导绿化市场,制定、修订和实施绿化法规,以及发展科学技术和人才培养等方面的工作。通过运用相应的产业政策、发展规划和发展计划引导市场的运行,运用法

律、法规,规范市场行为,使行业的经营方向、发展规模、资源配置符合城市绿化发展战略的需要。在管理范围上,由侧重行政序列内的管理转向对全社会绿地、树木的管理。在管理手段上,由直接管理转向间接管理,逐步建立市场管理、招投标管理、质量管理、工程监理等中介组织,发挥对城市绿化指导、协调、服务和监督的功能。

在进行风景园林建设工程时要做到合理规划、充分利用现有资源、严格规划审批、严格设计审核和审批制度、严把方案设计关和方案评审关、实施园林企业市场准入制、施工管理备案制和养护管理统一制。城市园林绿化工程建设项目实行招投标制或"代建制"。通过政府采购的招投标,将公共绿地的管养职责社会化。政府部门不再直接负责绿地的养护工作,而是通过向社会公开招投标的方式选择专业的服务企业进行绿地管养工作,并与企业签订管养合同。通过适当地引入竞争机制,降低成本。维修养护承担者通过提供特定的服务,使资产得到良好的维护保养甚至改良,通过服务成本的降低和维护保养成本的降低来获得利润。政府的主要职责转变为保证资金的支付、制定养护标准并对企业的管养质量进行监督管理,如果不能达到规定的养护标准,企业应受到一定的经济惩罚,乃至被收回养护权利。

3) 管建分离、管养分离

园林绿化包括城市绿化管理、监察、种植和养护等工作。在体制改革中要实现"三分开",即事业与企业分开、管理层与作业层分开、园林绿化工程与抚育养护分开。在园林绿化管理上,把管理工作与建养任务分离,变"以费养人"为"以费养事",把管理工作与建养任务分离,在种植和养护工作中要实行承包责任制,推行招标制,建立起园林绿化经营的市场竞争机制。

4) 注重专业人才的培养

园林城市的成败得失,从根本上说取决于人才的有无和多少。风景园林事业所需人才是多类型、多档次的,要按所需类型、档次分别加以培养。在培养专业技术人才过程中,要注重市场运营操作方式,规划、设计、施工等技能的培养,把握行业的动态以及其他相关知识,更要重视品德教育,使其具有创新意识。要加强专业人才的责任意识,要适时地开展素质培训教育,增强个人使命感,不断提高个人修养,做到对自己、社会和他人负责。为了提高园林绿化队伍的整体层次,制定目标责任制,实行定岗定责,运用绩效考核对专业技术人员进行日常管理。通过采取优胜劣汰、择优录用的工作机制,提高工作效率,使专业人员的能力水平得到进一步提高。

5) 制定和完善行业标准和法规体系

法治建设是管理能力的建设,根据市场经济体制和城市绿化事业发展的新阶段,增加了"依法治绿"的迫切性,需要以法治保障绿化事业的发展。面对绿化事业社会化的特点,确立绿化建设在经济社会发展中的地位、社会各方的职责和权益,确立全社会发展绿化和维护绿化的法律保障;对新兴的、发展中的绿化产业,要依法规范市场秩序,建立相应的中介机制、监管机制。

建立园林绿地建设和养护的相关行业标准和制度是风景园林行业管理的基础,包括施工规范、检测标准、各类绿地标准、养护标准、定额等技术法规的制定,据此对参与城市园林工程施工、监理的企业进行规范、监管,建立赏罚法规,来提高城市园林绿化工程质量。一些地区通过制定《园林绿化管养规范》《公园绿地管养检查验收办法》等标准和规范对养护企业实行有效监管,做到有法可依。

6)提高群众参与园林绿化意识

　　建园林城市是一项公益事业,具有社会性、群众性,离开社会和群众的支持参与是不可能办好的。只有在法制健全的前提下,加大对群众参与园林绿化的宣传力度,提高市民的环境意识,鼓励社会全体和个人积极参与园林绿化建设与管理,才能为园林绿化营造一个良好的管理氛围。

1.2　以党的二十大精神为指引务实人与自然和谐共生的现代化生态根基

1.3　坚持科学规划引领城市园林绿化高质量发展

1.4　持续推进城市园林绿化工作

1.5　生态文明建设大背景下城市园林的机遇

1.6　绿水青山就是金山银山

1.7　《中华人民共和国宪法》

思考题

　　1.简述园林绿地分类。

　　2.简述风景园林管理的内容。

　　3.简述风景园林管理的特点。

　　4.简述风景园林法规的作用。

　　5.简述制定风景园林管理目标所遵循的原则。

　　6.简述风景园林管理程序的必要性。

　　7.简述风景园林管理存在的问题及其解决办法。

2 园林绿化行业管理

【本章导读】

　　通过本章的学习,要求掌握国家园林城市、风景名胜区、国家森林城市和国家公园的申报与评审办法;熟悉园林绿化行业管理体制、管理机构及行业内部管理内容;了解园林绿化行业管理机构主要职责。

　　园林绿化作为城市的基础设施,是城市市政公用事业和城市环境建设事业的重要组成部分,是城市生态环境建设的重要内容之一。随着我国经济的持续发展和社会经济的日益繁荣,园林绿化事业的地位和社会需求不断提高。城市园林绿化行业管理就是以精干的政府管理部门和行业组织为主体,涵盖城市园林绿化行业的全局性管理。城市园林绿化行业具有跨多部门和行业的工作性质,主要包括规划、设计、施工、养护、管理、服务、生产、科研和教育等环节,在国民经济中形成了独立的产业体系。同时又与城乡规划和市政、公用设施建设以及园艺、育种、植保、林业、气象、水利、环保、环卫、文化、文物、旅游、商业、服务等事业发展密切相关或相包容,具有一定的综合性。根据我国《国民经济行业分类与代码》(GB/T 4754—2017)的分类标准,城市园林绿化事业具有为其他产业与人民生活服务的性质,是城市社会保障和社会服务系统中的组成部分,园林景观规划设计属于专业技术服务业中的"工程勘察设计",园林的维护和管养则属于公共设施管理业中的"城市绿化管理业",属于第三产业。其中的园林树木、花卉和其他绿化材料的培育、养护属于农业中"园艺作物的种植"和林业中的"林木的培育和种植",具有第一产业的特点。园林绿化施工及专用设备材料制造与建设业和制造业相似,具有第二产业的特点。

2.1　园林绿化行业管理机构

　　我国的园林绿化行业管理机构包括行政管理部门、事业管理机构和中介机构3种类型。

2.1.1　行政管理部门

　　行政管理是运用国家权力对社会事务的一种管理活动,也可以泛指一切企业、事业单位的

行政事务管理工作。行政管理系统是一类组织系统,它是社会系统的一个重要分系统。现代行政管理多应用系统工程思想和方法,以减少人力、物力、财力和时间的支出和浪费,提高行政管理的效能和效率。

《国务院关于开展全民义务植树运动的实施办法》(国发〔1982〕36 号)和《城市绿化条例》(国务院〔1992〕100 号令)两部行政法规规定了我国园林绿化基本的行政管理体制。我国《城市绿化条例》第七条规定:"国务院设立全国绿化委员会,统一组织领导全国城乡绿化工作,其办公室设在国务院林业行政主管部门。国务院城市建设行政主管部门和国务院林业行政主管部门等,按照国务院规定的职权划分,负责全国城市绿化工作。地方绿化管理体制,由省、自治区、直辖市人民政府根据本地实际情况规定。城市人民政府城市绿化行政主管部门主管本行政区域内城市规划区的城市绿化工作。在城市规划区内,有关法律、法规规定由林业行政主管部门等管理的绿化工作,依照有关法律、法规执行。"

我国的园林绿化行政管理部门分为国家管理部门、省市级管理部门和县市(区)级管理机构 3 级。

1)国家管理部门

中华人民共和国国务院设立全国绿化委员会,统一组织领导全国城乡绿化工作,其办公室设在国务院林业行政主管部门。城市园林绿化由中华人民共和国住房和城乡建设部城市建设司宏观管理,城市建设司下设园林绿化处,主要职责为:负责研究拟定全国城市风景园林建设的发展战略、中长期规划、改革措施、规章;指导全国城市园林和城市规划区的绿化工作;负责对国家重点风景名胜区及其规划的审查报批和保护监督工作;指导城市规划区内生物多样性保护工作。

2)省市级管理部门

地方绿化管理体制,由省、自治区、直辖市人民政府根据本地实际情况确定。省(市)级城市园林绿化管理部门一般分两种情况:一种是由省住房和城乡建设厅城市建设处或园林处负责;另一种是由省(市)绿化(园林)管理局负责。城市人民政府城市绿化行政主管部门主管本行政区域内城市规划区的城市绿化工作。

省住房和城乡建设厅城市建设处(园林处)的主要职责为:负责研究制定全省城市园林绿化政策法规、建设发展战略、中长期规划和改革措施;依法指导和管理城市园林绿化工作;主管全省风景名胜区工作,指导城市规划区内绿化和生物多样性保护工作;监督执行城市园林绿化行业的技术标准、设计规范和各项定额。

直辖市的绿化(园林)管理局管理情况,上海和重庆比较相似,而北京和上海的绿化(园林)管理局还包括林业行业管理职能。城市绿化(园林)管理部门的主要职责为:贯彻执行有关城市绿化工作的方针、政策和法律、法规;结合本市实际,研究起草有关地方性法规、规章草案和政策;组织实施有关法规、规章和政策;指导、监督城市绿化行政执法工作;根据本城市总体规划,组织编制城市园林绿化专业规划和绿地系统详细规划,负责编制并监督实施城市绿化中、长期发展规划和年度计划,指导区(县)园林绿化工作;依法审定绿地设计方案;依法负责公园管理工作;制定古树名木保护等级标准,并组织资源调查;指导、检查、监督本市古树名木的保护和管

理工作;组织重点科技项目攻关和科技成果转化推广工作;制订园林绿化行业人才培养规划;指导城市园林绿化行业的多种经营工作,为有关部门制定相关政策提供决策依据;负责有关行政复议受理和行政诉讼应诉工作;组织城市园林绿化宣传工作;组织城市园林绿化统计、成果普查、资源调查和档案管理工作等。

3)县市(区)级管理机构

县市(区)级城市园林绿化管理部门一般也分两种情况:一种是由县市(区)建设或市政部门负责分管;另一种是独立成立县市(区)绿化(园林)管理部门具体负责。其主要职责与省级管理机构大致相同。

2.1.2　事业管理机构

2004年6月27日中华人民共和国国务院令公布《国务院关于修改〈事业单位登记管理暂行条例〉的决定》,自公布之日起施行。第一章 总则,第二条,有"本条例所称事业单位,是指国家为了社会公益目的,由国家机关举办或者其他组织利用国有资产举办的,从事教育、科技、文化、卫生等活动的社会服务组织。"事业单位是相对于企业单位而言的,包括一些有公务员工作的单位,是国家机构的分支。事业单位管理体制是计划经济时期逐步建立并发展起来的,事业单位的组织与管理体制具有典型的计划特征:各类事业机构都为公立机构,资产都属国有;政府决定事业单位的设立、注销以及编制,并对事业单位的各种活动进行直接组织和管理;各类事业单位活动所需的各种经费都来自政府拨款。

园林事业单位管理体制作为整个国家事业管理体制的一个基本组成部分,是计划经济体制下的产物。我国园林绿化事业管理机构分为工程管理机构、执法管理机构和其他管理机构3类。

1)工程管理机构

(1)园林绿化工程交易管理部门

为积极探索园林绿化市场的运行规律,维护市场主体的合法权益,公开、公平、公正地对园林绿化市场进行监督、管理和服务,促进园林绿化事业的可持续发展,规范园林绿化工程项目招标投标活动,各地相继建立了园林绿化工程项目交易管理部门,主要负责对所辖行政区域内园林绿化工程项目的发承包交易活动提供专业服务,包括发布招投标信息和其他应该公开的信息;提供交易场所、设施设备;设立服务区、导办区、抽取专家以及数据统计等。

在园林绿化工程的招标规模和招标范围方面,各地也有相应的规定。园林绿化工程的招标规模和范围随着地点和时间段不同而有所调整。例如,《北京市绿化工程招标投标管理办法》第六条规定:绿化工程达到下列规模标准之一的应当进行招标:(一)施工单项合同估算价在200万元人民币以上;(二)设计、监理等服务的采购,单项合同估算价在50万元人民币以上的;(三)养护管理单项合同估算价在50万元人民币以上的;(四)设备、材料采购,单项合同估算价在100万元人民币以上的;(五)单项合同估算价低于第(一)(二)(三)(四)项规定的规模标准,但符合下列标准之一的:1.项目投资额在3 000万元人民币以上的;2.全部或者部分使用政

府投资或者国家融资的项目中,政府投资或者国家融资金额在 100 万元人民币以上的。

(2)园林绿化工程管理部门

一些城市为了加强对园林绿化企业和工程项目的管理相继成立了园林绿化工程管理部门。例如,《上海市园林绿化工程建设管理办法》规定,上海市绿化和市容管理局(以下简称"市绿化市容局")是本市园林绿化工程建设的行政主管部门。上海市绿化和市容(林业)工程安全质量监督管理站受市绿化市容局委托负责本市园林绿化工程建设市场监督管理工作的具体实施,各区绿化管理部门按照职责分工,负责本辖区的园林绿化工程建设管理,协同做好园林绿化工程监督管理工作。

(3)园林绿化工程安全质量监督站

负责对本市绿化工程办理安全和质量监督登记手续;对绿化工程项目的质量、安全行为及实物质量进行抽查监督;对建设单位组织的绿化工程项目的竣工验收进行监督。

2)执法管理机构

城市园林绿化执法管理机构有政策法规处(科)、法制科、城市管理行政执法局、园林绿化监察机构等。

(1)政策法规处(科)

政策法规处隶属于直辖市政府机构的一个综合行政管理部门,负责拟订园林绿化行业法制工作规划和计划,协调、组织地方性法规和规范性文件的起草、修订、审查和报批;对本部门制定的规范性文件进行合法性审核;负责本部门行政执法监督和政务公开工作;综合管理本行业行政执法、行政执法监督、行政诉讼、行政复议、行政赔偿工作和法治宣传教育;负责政策调研工作。

(2)法制科

城市的执法有专项执法和综合执法两类,因各地的需求不同而不同,这里指的是绿化专业执法,但综合执法是趋势。绿化管理部门的法制科负责指导、协调、监督、检查城市绿化管理各项监察执法工作;负责组织开展城市绿化管理综合整治和专项整治;负责城市绿化管理法律、法规、规章的宣传教育和法治建设,承办受理执法监察过程中的群众来信、来访、投诉和行政诉讼工作;负责执法队伍的培训。

(3)城市管理行政执法局

依据《中华人民共和国行政处罚法》,加强对城市管理行政执法工作的整体协调和监督管理,按照统一管理、提高效能、权责一致和执法重心下移的原则,为了建立统一、规范、高效的城市管理行政执法体制,建设廉洁公正、作风优良、业务精通、素质过硬的城市管理行政执法队伍,降低行政执法成本,提高依法行政水平,各地在开展城市管理综合执法试点工作的基础上,组建的城市管理综合行政执法机构,一般称为城市管理行政执法局。

城市管理行政执法局的一个职能是行使园林绿化管理方面的行政处罚,即行使城市园林绿化管理方面法律、法规、规章规定的行政处罚权;负责贯彻执行国家、省有关城市园林绿化管理行政执法工作的方针政策、法律法规和规章;参与研究制定全市城市园林绿化管理行政执法工作的规范性文件并监督实施;参与城市园林绿化管理行政执法有关政策法规的宣传教育工作;组织查处违反城市园林绿化建设和管理法律法规的案件;负责受理城市园林绿化管理行政执法中的投诉案件;负责有关的行政复议和行政应诉工作。

（4）园林绿化监察机构

为加大绿化管理执法力度，理顺园林绿化管理行为，有些地方成立了园林绿化监察机构，主要负责处罚市所管辖的主干道、广场、公园、绿地中违反当地城市绿化管理条例的违法行为；行使城市园林绿化管理方面法律、法规、规章规定的行政处罚权；对贯彻执行城市园林绿化的法律、法规和规定的情况进行检查；对擅自改变城市规划预留绿地的性质及用途和侵占、损坏城市各类绿地、树木、花草、水体、植被、园林绿化设施以及任意砍伐树木、对古树名木管理不当等方面的违法违章行为行使调查和取证权；负责对本市辖区范围内各类城市绿化工程的规划、设计和施工单位的行为进行监督检查。

3）其他管理机构

（1）城市园林绿化管理技术指导机构

该机构是以园林绿化技术管理、指导与服务为主要职能的机构。技术指导主要包括植物保护、古树名木管理、行道树及公共绿化养管等，提供园林绿化养护技术指导，并开展技术咨询、交流和科研活动。技术管理主要包括负责行业新材料、新品种、新工艺、新标准的收集与推广，负责植物保护预警系统管理、古树名木保护管理。技术服务包括提供植物保护技术、新优苗木品种、绿化养护配套、古树名木复壮、花卉展览策划等的技术、信息服务。技术培训包括负责实施举办各类园林绿化专业岗位培训、技能培训和职业培训。

（2）城市园林绿化科学研究机构

该机构是以与城市园林绿化相匹配的公益性、应用性研究为主要职能的科学研究机构。一般从事园林生态、湿地园林、园林介质、园林质量检测、新优植物引种培育、有害生物预测预报、介质肥料配制、花卉生物技术研究、园林科技信息等应用性开发工作。

（3）公园管理部门

该部门是以负责公园设施管理与维护、公园绿地管理、公园游览与娱乐项目组织管理、动物繁育与饲养、植物栽培与养护、公众绿化科普宣传等为职能，为市民提供休闲场所，丰富人民群众文化生活的机构。

2.1.3　中介机构

中介机构是指依法通过专业知识和技术服务，向委托人提供公正性、代理性、信息技术服务性等中介服务的机构。

在市场经济运行中，中介机构作为政府、市场、企业之间联系的纽带，具有政府行政管理不可替代的作用。协会可以利用其组织优势和组织效率，为政府提供准确的行业信息，协助政府实施园林行业扶持政策，行业协会还可以通过与国内企业的沟通，协调园林产品国内国际市场价格，加强与国际联系，帮助行业开拓国际市场，拓展生存空间。我国园林绿化的中介机构有风景园林学会、园林绿化行业协会、公园协会和插花花艺协会4类。风景园林学会以学术研究为主要目的，如挂靠于住建部的中国风景园林学会。

1）中国风景园林学会

中国风景园林学会（Chinese Society of Landscape Architecture，CHSLA）成立于1989年11

月,是中国科学技术协会主管,由中国风景园林工作者自愿组成,经中华人民共和国民政部正式登记注册的学术性、科普性、非营利性的全国性法人社会团体,是中国科学技术协会和国际风景园林师联合会(IFLA)成员,挂靠单位是中华人民共和国住房和城乡建设部。

学会设有分会:风景园林规划设计分会,花卉盆景赏石分会,菊花分会,女风景园林师分会,园林工程分会。学会设有专业委员会:标准化技术委员会,城市绿化专业委员会,风景名胜专业委员会,国土景观专业委员会,教育工作委员会,经济与管理研究专业委员会,理论与历史专业委员会,文化景观专业委员会,信息专业委员会,园林康养与园艺疗法专业委员会,园林生态保护专业委员会,园林植物与古树名木专业委员会,植物保护专业委员会。学会设有北京中国风景园林规划设计中心、中国园林杂志社两个经济实体;主办《中国园林》等刊物。

中国风景园林学会是产、学、研机构联系科技人员的桥梁纽带,是所在地风景园林科技事业的重要社会力量。风景园林是规划、设计、保护、建设和管理户外自然和人工境域的学科。其核心内容是户外空间营造,根本使命是协调人和自然之间的关系。风景园林包括6个主要研究方向:风景园林规划与设计、风景园林工程与技术、风景园林植物与应用、国土景观保护与生态风景园林规划与设计、风景园林工程与技术、风景园林植物与应用、国土景观保护与生态修复、风景园林历史与理论、风景园林经营与管理。

(1)中国风景园林学会的宗旨

学会的宗旨:坚持以马克思列宁主义、毛泽东思想、邓小平理论、"三个代表"重要思想、科学发展观、习近平新时代中国特色社会主义思想为指导。组织和团结风景园林工作者,继承发扬祖国优秀的风景园林传统,吸收世界先进风景园林科学技术,发展风景园林事业,建立并不断完善具有中国特色的风景园林学科体系,提高风景园林行业的科学技术、文化和艺术水平,保护自然和人文遗产资源,建设生态健全、景观优美的人居环境,促进生态文明和人类社会可持续发展。

(2)中国风景园林学会的办会原则

办会原则:以科学发展观为指导,遵循依法办会、民主办会、自主活动的原则,贯彻"百花齐放、百家争鸣"的方针,开展学术自由讨论;坚持实事求是的科学态度和优良学风;倡导求实、勤学、创新、协作的精神,为繁荣我国风景园林事业而努力。

(3)中国风景园林学会的管理

中国风景园林学会接受业务主管单位中国科学技术协会和登记管理机关民政部的业务指导和监督管理,接受行业主管部门住房和城乡建设部的业务指导。

(4)中国风景园林学会的业务范围

①举办国内外学术交流活动,促进科技合作;

②开展学科和专业教育研究,促进学科发展和专业人才培养;

③开展科普活动,扩大行业的社会影响;

④依照有关规定,编辑出版学术书刊和科普读物,搭建行业信息交流平台;

⑤受政府委托承办或根据市场和行业发展需要,举办专业展览,弘扬中国优秀传统文化;

⑥开展专业培训和继续教育,提高会员专业水平;

⑦发挥专家优势,为政府和社会提供咨询服务;

⑧按照规定经批准,开展专业性竞赛、评优和奖励活动;

⑨承接政府职能或受政府委托开展促进本学科和行业发展的相关活动。

2）中国城市园林绿化行业协会

中国城市园林绿化行业协会是经香港特区政府批准成立,由从事各类城市园林绿地规划设计,组织承担城市园林绿化工程施工及养护管理,城市园林绿化苗木、花卉、盆景、草坪生产、养护和经营,提供有关城市园林绿化技术咨询、培训、服务等业务的企业自愿组成的机构。

协会的宗旨:在马克思列宁主义、毛泽东思想、邓小平理论、"三个代表"重要思想、科学发展观、习近平新时代中国特色社会主义思想指引下,团结和组织广大城市园林绿化企业,实施科教兴国和可持续发展战略。促进城市园林绿化行业繁荣与发展,为我国社会主义现代化建设服务。遵守国家宪法、法律、法规和国家政策,遵守社会主义道德风尚。

3）中国公园协会

中国公园协会成立于1994年,由公园绿地和园林绿化工作相关的单位和个人自愿结成的全国性、行业性社会团体,是非营利性社会组织。具有社团法人资格。中国公园协会登记管理机关是民政部,党建领导机关是中央和国家机关工委。1995年正式加入国际公园与康乐设施协会(IFPRA),成为其团体会员。

（1）公园协会的宗旨

协会宗旨:以习近平生态文明思想为指导,充分发挥桥梁纽带作用,团结和组织全国公园绿地及相关园林绿化行业工作者,协助行业管理部门加强公园绿地和园林绿化管理,提高全行业科学建设与管理水平;组织开展国内外交流与合作,传承保护并发扬光大中国园林文化和造园艺术;做好行业服务,反映会员诉求,建立自律机制,改善生态,美化环境,满足人民日益增长的美好生活需要,构建社会主义和谐社会,为实现中华民族伟大复兴作出贡献。

（2）公园协会的业务范围

协会业务范围:

①调查了解各类公园绿地和园林绿化企事业单位的情况,反映会员的意见和诉求,向有关部门提出意见和建议,提供行业发展情况和资料。

②宣传贯彻党和国家有关方针、政策、法规、标准,组织开展公园绿地规划、建设和经营管理经验交流,互通信息,加强协作。举办全国性或地区性的研讨、讲座,以各种形式促进行业管理水平的提高。

③开展有关科学技术、历史文化知识宣传,促进公园绿地的德育、智育、爱国主义宣传教育。加强对公园绿地、园林动植物物种和生态环境的保护,维护生物多样性,制止侵占公园绿地和破坏绿化成果、自然或文化遗产的行为。

④开展与宗旨相关的咨询和技术服务,组织编制技术标准规范。

⑤开展同国际有关组织机构和专家的交流,发展同有关国际组织和同行业工作者的友好联系,组织参加有关国际会议、展览、信息交流和合作等活动。

⑥加强公园绿地行业自律,组织企业会员制定园林绿化行规行约,规范园林绿化行业市场运营机制,提高企业信誉,维护合法权益。

⑦依照有关规定编辑出版有关信息资料和书刊。

⑧承办行业管理部门及其他社会团体委托事项,开展促进本行业发展的其他活动。

4)中国插花花艺协会

中国插花花艺协会是由中国插花花艺界的教学、科研、经营管理单位、插花花艺家自愿结成的全国性、行业性社会团体。

(1)中国插花花艺协会的宗旨

协会的宗旨:遵守中华人民共和国的宪法、法律、法规和国家政策,遵守社会道德风尚。继承和发扬中国传统插花花艺艺术,学习和吸收国内外插花花艺的有益经验,结合中国现代生活的需要、现代的审美情趣和时尚追求,创立具有中华民族特色、富于时代感的中国插花花艺艺术,促进物质文明与精神文明建设,振兴中国插花花艺事业。

(2)中国插花花艺协会的业务范围

本会业务范围:

①研究中国插花花艺的历史、理论及发展方向;

②普及插花花艺知识和技艺,举办各种类型的插花花艺讲座、培训、竞赛、职业技能等级认定,受政府有关部门委托或根据行业发展需要举办插花花艺展览,提高插花花艺水平;

③开展插花花艺的学术交流活动,不断学习国内外的新知识、新技艺;

④协调和推动插花花艺的科研、生产和应用;

⑤依照有关规定,有计划地编辑出版插花花艺方面的书刊资料;

⑥积极参加国际插花花艺活动,弘扬中国优秀的传统文化艺术;

⑦承办政府及主管部门委托的其他任务。

2.2 园林行业内部管理

2.2.1 行政技术管理

园林绿化行政技术管理可分为宏观控制和微观控制两个方面。宏观控制包括投资计划控制、工程建设控制、建设市场控制、规划管理控制。微观控制的程序、建设规模限制等各地根据本地区的实际情况确定。

园林绿化行政技术管理按建设程序进行管理。建设程序是指建设项目从设想、选择、评估、决策、设计、施工到竣工验收、投入使用整个建设过程中,各项工作必须遵循的先后次序的法则。按照建设项目发展的内在联系和发展过程,建设程序分成若干阶段,这些发展阶段有严格的先后次序,不能任意颠倒,违反建设项目内在的发展规律。现阶段,园林绿化建设项目从建设前期工作到投入使用一般要经历提出项目建议书、编制可行性研究报告、建设项目决策、根据批准的可行性研究报告编制设计文件、施工准备工作、组织施工和竣工验收等程序。

1)项目建议书审批

项目建议书是要求建设某一具体项目的建议文件,是基本建设程序中最初阶段的工作,是投资决策前对拟建项目的轮廓设想。项目建议书的主要作用是为了推荐一个拟进行建设的项目,论述其建设的必要性、技术的可行性和获利的可能性,供基本建设管理部门选择并确定是否进行下一步工作。项目建议书报经有审批权限的部门批准后,可以进行可行性研究工作。

项目建议书首先由项目建设单位通过其主管部门报行业归口主管部门和当地发展计划部门,由行业归口主管部门提出项目审查意见(着重从资金来源、建设布局、资源合理利用、经济合理性、技术可行性等方面进行初审),发展计划部门参考行业归口主管部门的意见,并根据国家规定的分级审批权限负责审、报批。凡行业归口主管部门初审未通过的项目,发展计划部门不予审批。

政府资金投资建设的绿化项目(含政府性企业融资项目和事业单位建设项目)原则上必须进行项目建议书审批,对企业投资建设项目可采用核准制。

项目建议书审批可依据建设项目资金来源,由省市、区县发展计划部门或其委托单位进行,也可依据项目投资规模分别由省市、区县发展计划部门或其委托单位进行。

2)规划选址意见书申领

新建、扩建以及需要改变原有土地使用性质的项目在上报建设项目可行性研究报告前,应向省市或区规划管理部门申报《建设项目选址意见书》。

省市或区规划管理部门受理申报后,经审核同意并批复,同时核定设计范围,提出规划设计要求。项目选址意见书有效期为6个月。

3)建设项目用地预审

新建、扩建项目需办理建设项目用地预审,由各省市(区)相关部门或局负责审批。

4)农用地转用征用土地审批

新建、扩建工程建设占用土地,涉及农用地转为建设用地的,应向各省市相关行政部门办理农用地转用征用土地审批手续。

征收下列土地的,需由国务院批准:征收永久基本农田;永久基本农田以外的耕地超过35 hm^2 的;其他土地超过 70 hm^2 的。

5)环境影响报告审批

根据国家相关规定,大型建设项目必须通过环境影响评价审批。建设项目根据建设内容和对环境影响程度,可以采取环境影响登记表、环境影响报告表和环境影响报告书3种形式,审批单位为各省市、区县环保管理部门。凡单纯性园林项目和综合性园林项目中不涉及对环境有影响的项目,只需填报环境影响登记表;对地形、地貌、水文、土壤、生物多样性等有一定影响,但不改变生态系统结构和功能的风景园林建设项目,需编制环境影响报告表;对环境可能造成重大影响的风景园林建设项目,应编制环境影响报告书,报告书内对建设项目产生的污染和对环境的影响应有全面、详细的评价。

6)报建

建设单位或其代理机构在工程建设项目建议书批准后,须向建设行政主管部门或其授权机构进行报建。未报建的工程建设项目,建设单位不得办理招标、承发包手续,设计和施工单位不得承接该项目的设计和施工任务。工程建设项目总投资额在100万元及以上的,应当办理项目报建。为主体工程配套的绿化工程项目,应提交主体工程项目报建表查验。

7)工程可行性研究报告审批

(1)工程可行性研究报告

项目建议书一经批准,即可着手进行可行性研究。可行性研究是指在项目决策前,通过对项目有关的工程、技术、经济等各方面条件和情况进行调查、研究、分析,对各种可能的建设方案和技术方案进行比较论证,并对项目建成后的综合效益进行预测和评价的一种科学分析方法,由此考查项目技术上的先进性和适用性、经济上的合理性、建设的可能性和可行性。可行性研究是项目前期工作的重要内容,它从项目建设的全过程考察分析项目的可行性,其核心是研究项目是否有必要建设,是否可能建设和如何进行建设的问题,其结论为投资者的最终决策提供直接的依据。凡大中型园林绿化项目,都要进行可行性研究,其他项目有条件的也要进行可行性研究。可行性研究报告是确定建设项目、编制设计文件和项目最终决策的重要依据。要求必须有相当的深度和准确性。承担可行性研究工作的单位必须是经过资格审定的规划、设计和工程咨询单位,要有承担相应项目的资质。可行性研究报告经评估后按项目审批权限由各级审批部门进行审批。要委托有资格的工程咨询公司进行评估。

(2)审批及有关要求

审批权限同项目建议书。工程可行性研究报告必须具备环境影响报告审批,其中新建、扩建项目的工程可行性研究报告必须取得规划选址意见书的审批意见。

8)建设工程规划设计方案审批

新建、扩建、对原平面布局进行较大调整的新建建筑、对原有建筑进行扩建的项目都必须由各省、市、区、县主管部门审批建设工程规划设计方案。建设工程规划设计方案审批前必须先取得工程可行性研究报告的批复。

9)建设用地规划许可证审批

已取得规划选址意见书的项目在完成工程可行性研究报告审批后,应向原规划管理部门申请建设用地规划许可证审批。

10)农用地转用征用土地划拨申请

已取得农用地转用征用土地许可的项目在完成工程可行性研究报告审批后,应向各省市土

地管理部门申请农转用土地划拨。

11) 国有土地划拨

新建、扩建和改建项目性质为城市基础设施用地和公益事业用地,依法改变土地权属和用途的,建设单位应当向各省、市、区土地管理部门申请国有土地划拨。

12) 动拆迁许可证发放

新建、扩建项目建设单位应当到各省、市、区房地产管理部门申请动拆迁许可证,未取得动拆迁许可证的项目不得启动动迁工作,动拆迁应严格按照审批范围和内容实施。

13) 核发建设项目用地批准书

建设单位在取得供地批文和出让合同、土地出让金定金凭证(出让土地)、经各市建设用地事务中心审核签证的征地包干协议、拆迁许可证(包括委托拆迁配套等协议)、社保部门证明(征收土地)后,应向各省、市、区土地管理部门申请核发建设项目用地批准书。

14) 初步设计审批

设计过程分为方案初步设计和施工图设计两个阶段。初步设计的内容依项目的类型不同而有所变化。一般来说,初步设计是项目的宏观设计,即项目的总体设计,它包括工程设计方案工程量及费用的概算。初步设计文件应当满足编制施工招标文件、主要材料订货和编制施工图设计文件的需要,是下一阶段施工图设计的基础。根据审批权限,初步设计(包括项目概算)由发展计划部门委托投资项目评审中心组织专家审查通过后,按照项目实际情况,由发展计划部门或会同其他有关行业主管部门审批。施工图设计(详细设计)的主要内容是根据批准的初步设计,绘制出正确、完整和尽可能详细的图纸。初步设计文件应满足住建部《建筑工程设计文件编制深度规定(2016 年版)》的要求。

15) 建设工程规划许可证(建筑工程)发放

下列建设项目应当向各省、市、区、县规划管理部门申请《建设工程规划许可证》:新建、改建、扩建的建筑工程;文物保护单位和优秀近代建筑大修工程及改变原有外貌或者基本平面布局的装修工程;需要变动主体承重结构的建筑大修工程;各城市内的主要道路或者在广场设置的城市雕塑工程。

16) 施工、监理招投标

①下列绿化工程建设项目,应当按照公开、公平、公正的原则,以招标方式确定设计、施工单位,并实行监理制度:关系社会公共利益和公共安全的大型基础设施绿化工程建设项目;全部或者部分使用国有资金投资或者国家融资的绿化工程建设项目;使用国际组织或者外国政府贷款、援助资金的绿化工程建设项目;法律或者国务院规定的其他绿化工程建设项目。

②工程建设项目施工,除法律、法规规定不适宜招标的特殊工程项目外,均须实行招标投标。

③建设单位应当具备管理其工程建设项目的能力。凡不具备相应管理能力的,须委托具有相应资质的建设监理单位实施建设项目的管理工作。

④园林绿化工程项目总投资在3 000万元以上的项目,必须实施工程监理。

⑤招标投标项目应接受建设行政主管部门或其委托的招标投标管理机构对工程招标投标活动实施全过程监督。

⑥依法必须招标的工程建设项目,应当具备下列条件:招标人已经依法成立;初步设计和概算应当履行审批手续的已获批准;招标范围、招标方式和招标组织形式等应当履行核准手续的已经核准;有相应的资金或资金来源已经落实;有招标所需的设计图纸及技术资料。

⑦工程施工招标分为公开招标和邀请招标。

a.公开招标范围:全部由政府和国有资金投资或国有资金控股或者占主导地位的大型工程建设项目。

b.邀请招标范围:项目资金由集体投资或集体、外商、私人资金超过总数50%。

c.直接发包项目:其范围包括全部由外商和私人投资,或施工单项合同估算价在200万元以下且工程总投资在3 000万元以下的,施工企业自建自用的工程且该施工企业资质等级符合工程要求的,经各省市人民政府依法确认不适宜招标或应急的工程建设项目。

17)合同备案

建设单位和施工单位必须签订工程施工合同。实行招投标的工程项目,应在中标通知书发出后30日内签订合同。合同价应与中标价一致,合同条款应与招标文件内容相吻合。总包单位将承包的工程项目分包给其他单位时,应签订分包合同,并应得到建设单位的认可。分包合同与总包合同的约定应当一致;否则,以总包合同为准。

工程建设项目施工合同的签订,可参照使用各省市工商局、园林绿化行业管理部门制订的《园林绿化施工合同》示范文本。工程建设项目参与各方签订的各类工程合同,包括勘察、设计、监理、招标代理、造价咨询合同实行合同登记制。施工总包、专业分包和劳务合同实行合同备案制。建设单位应在签订勘察、设计、招标代理合同后7个工作日内向各省市建筑建材业行政受理中心登记;签订施工监理、造价咨询合同、施工总包合同后7个工作日内将合同以及施工总平面图和工程项目明细清单向各省市园林绿化工程管理站登记备案,同时领取该项目的有关手册,交施工总包单位用于该项目的分包合同备案。合同登记备案实行网上申报。

18)报监

建设单位应在合同登记备案后、开工前,向建设工程安全质量监督机构办理工程安全质量监督备案手续。

19)施工许可证发放

建设单位在工程项目开工前,须向建设行政主管部门或其授权的机构办理工程建设项目施工许可证。未取得施工许可证的,不得开工。工程建设项目总投资额在 100 万元及以上的应当办理施工许可证。为主体工程配套的绿化工程项目,主体工程已办理施工许可证的,配套绿化工程不再办理施工许可证。

施工许可证申办条件:已经办理工程用地批准手续;已经取得规划许可证;需拆迁的其拆迁进度符合施工要求;已确定施工企业;已办理安全、质量监督备案;建设资金已落实;已办理外来务工人员综合保险。

2.1 《建筑工程设计文件编制深度规定》(2016 版)

2.2.2 园林工程管理

园林工程管理包括园林工程施工管理和项目竣工验收管理。

1)园林工程施工管理

(1)工程发包和分包

①发包建设工程的建设单位应当具备下列条件:有法人资格或者系依法成立的其他组织;有与建设工程相适应的资金;有与建设工程管理相适应的专业技术人员和管理人员,法律、法规、规章规定的其他条件。建设单位不具备前款第 3 项条件的,应当委托有相应资质等级的建设工程发包代理单位(以下简称"发包代理单位")代理发包。

②建设工程勘察或者设计项目应当具备下列条件方可发包:有经批准的建设工程立项文件;有建设工程勘察或者设计所需要的基础资料;有设计要求说明书。

③建设工程施工项目应当具备下列条件方可发包:初步设计方案已获批准;建设工程已列入年度建设计划;有满足施工需要的施工图纸以及有关技术资料;建设工程勘察、设计、施工项目发包给一个建设工程承包单位的,应当满足第 2 条规定。

④建设工程的发包分为招标发包、议标发包和直接发包。大型工程应当采用招标发包和投标承包方式。

⑤一个建设工程的勘察、设计、施工项目,可以全部发包给一个承包单位总承包,也可以将一个建设工程的勘察项目、设计项目、施工项目分别发包给承包单位总包。承包单位可以将部分单位工程或单项工程分包给其他设计或施工单位,但不得将承包的建设工程业务转包给他人。

(2)工程质量和安全

建设工程勘察、设计、施工的质量和施工安全应当符合国家、行业有关标准的要求;没有国家、行业标准的,应当符合当地建设工程地方标准的要求。建设工程勘察、设计文件应当符合有关法律、法规、规章以及建设工程勘察、设计技术标准的规定。设计中对选用的建筑材料、设备等应当注明规格、性能等,并提出质量要求。

2.2 风景园林工程安全事故案例

建设工程施工总包单位应当根据承发包合同的约定,负责建设工程的工程质量和施工安全管理工作。建设工程施工分包单位应当根据分包合同约定,负责本单位承接的施工业务的工程质量和施工安全,并接受施工总包单位的管理。未达到合格标准的建设工程不得交付使用。

（3）工程监理

工程监理是指受建设单位委托,依据国家批准的工程项目建设文件,有关工程建设的法律、法规和工程监理合同及其他工程建设合同,对工程建设实施的监督管理。大、中型工程项目,市政、公用工程项目应该纳入工程建设监理范围。工程建设监理的主要内容是控制工程建设的投资、建设工期和工程质量;进行工程建设合同管理,协调有关单位之间的工作关系。

（4）财务监理

财务监理是指以建设资金的运用为主线,以批准的概算为底线,对建设项目进行全方位、全过程投资监理和基建财务核算管理,保证建设资金合理、合法、正确使用,并在不降低项目使用功能和质量要求的基础上,尽可能降低造价的一种投资管理模式。政府性资金项目可由出资方决定是否委派财务监理,财务监理只对投资人负责,与项目管理单位无直接合同关系。

（5）文明施工

建设工程施工承包单位应当加强文明施工管理,科学组织施工,控制施工现场的粉尘、废气、废水、固体废弃物以及噪声、振动对环境的污染和危害,做好施工现场的管理工作。

（6）清欠问题

政府性投资项目不得以施工企业带资承包的方式进行建设,不得将施工企业带资承包作为投标条件或写入工程承包合同及补充条款。

工程项目开工前,建设单位应当设立专门银行账号(工程建设账户),并将按合同约定的预付建设资金存入该账户。建设工程报建时,对存在拖欠工程款问题的建设单位,应要求其提供由第三方资信评估机构出具的企业资信报告。在施工招投标过程中,对存在拖欠工程款和建筑业外来从业者工资问题的投标单位,可要求其提供由第三方资信评估机构出具的企业资信报告。在受理工程施工许可申请时,应对建设资金落实情况进行审查。

2）项目竣工验收管理

（1）竣工验收

工程建设项目竣工后,施工单位应自查并向建设单位报送工程竣工报告;设计单位经检查后签发质量检查报告;监理单位经检查后签发工程质量评估报告;建设单位应在收到各方提交的相关报告和竣工资料后,在组织安排竣工验收的7个工作日前,向质量监督机构提交报告与资料,经质量监督机构审查同意后,由建设单位组织竣工验收,并作出工程质量合格与否的决定。监督机构对建设单位组织的竣工验收进行监督。

绿化工程竣工验收前,建设单位应当拆除绿地范围内的临时设施。公共绿地建设工程竣工后,各省、市、区、县绿化管理部门应当组织验收,验收合格后方可交付使用。

（2）竣工验收备案

区、县级以上地方人民政府建设行政主管部门负责本行政区域内工程的竣工验收备案管理工作。建设单位应当自工程竣工验收合格之日起15日内,向备案机关申请竣工验收备案,并提交竣工验收报告。工程质量监督机构在工程竣工验收之日起5日内,向备案机关提交工程质量监督报告。

备案机关发现建设单位在竣工验收过程中,有违反国家有关管理规定行为的,责令停止使用,重新组织验收。备案机关经审查竣工验收资料齐全、有效、符合验收规定的发放建设工程竣

工验收备案证明。

（3）档案管理

建设单位应当在工程竣工验收后3个月内,向各省市城建档案馆报送一套符合规定的建设工程档案。凡建设工程档案不齐全的,应当限期补充。对改建、扩建和重要部位维修的工程,建设单位应当组织设计、施工单位据实修改、补充和完善原建设工程档案。凡结构和平面布置等改变的,应当重新编制建设工程档案,并在工程竣工后3个月内向城建档案馆报送。

列入城建档案馆档案接收范围的工程,建设单位在组织竣工验收前,应当提请城建档案管理机构对工程档案进行预验收。预验收合格后,由城建档案管理机构出具工程档案认可文件。建设单位在取得工程档案认可文件后,方可组织工程竣工验收。建设行政主管部门在办理竣工验收备案时,应当查验工程档案认可文件。

2.2.3　城市绿化管理

各大中城市的绿化养护事务由当地的园林绿化主管部门负责,一些地方由城市建设委员会办公室管理。

1）城市绿化规划用地的管理

根据《城市绿化条例》和住建部《关于加强城市绿地和绿化种植保护的规定》的有关规定,对城市绿地和绿化种植的保护措施如下:

①任何单位和个人不得擅自占用城市绿化用地;占用的城市绿化用地,应当限期归还。因道路、建筑等施工需要或其他特殊需要临时占用城市绿化用地的,占用城市绿化用地的单位必须首先向城市绿化行政主管部门申请;其次经城市绿化行政主管部门审查同意,办理临时用地手续并给予补偿后方可用地;最后在临时用地期满后,必须恢复原貌,按期归还。

②任何单位和个人不得擅自改变城市绿化规划用地性质或者破坏绿化规划用地的地形、地貌、水体和植被。因城市总体规划调整,确需占用城市绿化用地的,由城市规划行政主管部门制订调整规划,并须报经原规划审批单位批准后实施;禁止将城市公共绿地、防护绿地、生产绿地、风景林地出租或用作抵押;禁止侵占公共绿地搞其他建设项目,禁止将公园绿地用于合资共建,城市国有土地成片出让时不应包括其中的公共绿地、防护绿地、生产绿地和风景林地。因建设或者其他特殊需要临时占用城市绿化用地,应向城市园林绿化行政主管部门提出申请,落实补偿措施,根据占地规模报经规定的城市建设行政主管部门批准。一次占用城市绿地 $1 \ hm^2$ 以上的,必须经省级主管部门审核并报国务院城市建设行政主管部门批准,方可办理规划用地手续。

2）城市绿化种植的管理

任何单位和个人不得损坏城市树木花草。砍伐城市树木,必须经城市人民政府城市绿化行政主管部门批准,并按照国家有关规定补植树木或者采取其他补救措施。因建设或其他需要必须砍伐城市树木和毁坏绿化种植花草的,必须按规定报经城市绿化行政主管部门批准,并根据

树木或绿化种植的花草价值和生态效益等综合价值加倍补偿。城市树木的大规模的更新,必须经专家论证签署意见后,报省级主管部门批准,并报国务院城市建设行政主管备案。

3) 绿化设施的保护管理

根据《城市绿化条例》的规定对绿化设施的保护管理,城市的绿地管理单位,应当建立健全管理制度,保持树木花草繁茂及绿化设施完好。为保证管线的安全使用需要修剪树木时,必须经城市人民政府城市绿化行政主管部门批准,按照兼顾管线安全使用的树木正常生长的原则进行修剪。承担修剪费用的办法,由城市人民政府规定。因不可抗力致使树木倾斜危及管线安全时,管线管理单位可以先行修剪、扶正或者砍伐树木,但应及时报告城市人民政府城市绿化行政主管部门和绿地管理单位。

4) 古树名木的管理

(1) 古树名木的范围界定

古树名木,据中国有关部门规定,一般树龄在百年以上的大树即为古树;而那些树种稀有、名贵或具有历史价值、纪念意义的树木则可称为名木。古树名木承载着中华文明的悠久历史和灿烂文化,寄托着广大人民群众的乡愁情思,延续着优质的生物基因,被誉为"绿色的国宝""有生命的文物"。习近平总书记在河北正定工作时,曾经说过,"古树承载着厚重的历史文化,是祖先留给后人的财富。不仅要了解它们的历史,更要对它们进行保护"。保护古树名木,就是保护重要物种资源,提升改善生态环境,传承弘扬历史文化,更是留住乡愁记忆,共建美好家园。

(2) 古树名木的管理体制

古树名木的管理体制采用分级分部门管理体制,国务院建设行政主管部门负责全国城市古树名木保护管理工作;省、自治区人民政府建设行政主管部门负责本行政区域内的城市古树名木保护管理工作;城市人民政府城市园林绿化行政主管部门负责本行政区域内城市古树名木保护管理工作。

(3) 古树名木保护的管理原则

古树名木保护管理工作实行专业养护部门保护管理和单位、个人保护管理相结合的原则。

(4) 对古树名木的保护管理措施

建立古树名木的确认、备案和档案措施;设立古树名木价值说明和保护标志;制订养护管理方案,落实养护管理责任制;实行建设工程对古树名木的避让、保护措施;严禁砍伐和擅自移植古树名木,严格特殊情况下的移植批准手续。

2.2.4 苗木生产管理

苗木生产绿地是为城市绿化提供苗木、花草、种子的苗圃、花圃、草圃等圃地。我国的苗木产销由国家林业和草原局国有林场和种苗管理司管理;花卉生产归口地方政府农业主管部门管理。

生产绿地的布局需要综合考虑城市绿地系统规划中近期建设与远期发展的结合,远期要建立的公园、植物园、动物园等绿地,均可作为近期的生产绿地。《园林城市标准》中"国家园林城市标准指标体系"中要求"生产绿地占建成区面积比率(%)不少于2%",也就要求城市绿化行政主管部门对生产绿地进行管理,满足城市绿化苗木的自给率。

2.3　国家园林城市申报与评审办法

自1992年起,国务院建设行政主管部门在总结各地开展建设"园林城市""花园城市"活动和全国城市综合整治工作的基础上,决定开展以建设"园林城市"为目标,提高城市园林绿化水平、改善城市环境和整体素质的活动,出台了《国家园林城市标准》。国家园林城市评选每2年开展一次,到2018年,全国已有200多个城市(城区)获得"国家园林城市(城区)"的称号。

我国创建国家园林城市的相关制度和标准是逐步规范的。1997年,建设部提出了12条国家园林城市评选标准;2000年,建设部发布《关于创建国家园林城市实施方案》和《国家园林城市标准》,在申报范围、程序上进行了规范性要求。2005年,为了更加全面科学地指导和规范国家园林城市的创建活动,引导城市建设的健康合理发展,按照《国务院关于加强城市绿化建设的通知》要求,住房和城乡建设部组织专家对《国家园林城市标准》和《国家园林城市申报与评审办法》进行了修订。2010年,为了更好地开展国家园林城市创建活动,切实推进城市园林绿化事业的发展,结合《城市园林绿化评价标准》(GB/T 50563—2010)的贯彻实施,再次对《国家园林城市申报与评审办法》《国家园林城市标准》进行了修订。2016年,为全面贯彻中央城市工作会议精神,牢固树立和贯彻落实创新、协调、绿色、开放、共享的新发展理念,更好地发挥创建园林城市对促进城乡园林绿化建设、改善人居生态环境的抓手作用,加快推进生态文明建设,住建部对《国家园林城市申报与评审办法》《国家园林城市标准》《生态园林城市申报与定级评审办法和分级考核标准》《国家园林县城城镇标准和申报评审办法》进行了修订,形成了《国家园林城市系列标准》(以下简称《标准》)及《国家园林城市系列申报评审管理办法》(以下简称《办法》)。各地可参照本《标准》和《办法》制(修)订本地区园林城市系列标准及申报评审管理办法。为贯彻落实新发展理念,推动城市高质量发展,发挥国家园林城市在建设宜居、绿色、韧性、人文城市中的作用,规范国家园林城市的申报与评选管理工作,2022年,住房和城乡建设部发布《国家园林城市申报与评选管理办法》。

2.3.1　国家园林城市申报程序

《国家园林城市申报与评选管理办法》对园林城市的申报主体、评选区域范围、申报条件、申报程序和评选时间、申报材料、评选组织管理、评选程序、动态管理及复查工作方面作了规定。

1)申报范围

国家园林城市实行申报制,全国设市城市均可申报。

2) 申报条件

城市人民政府制定了国家园林城市创建工作目标及规划,并实施3年以上;已对照《城市园林绿化评价标准》(GB/T 50563—2010)进行等级评价并达到Ⅱ级以上(含Ⅱ级);已开展省级园林城市创建活动的,获省级园林城市称号两年以上;近3年内未发生破坏园林绿化成果、生态环境保护、城市市政建设、城市管理等方面的重大恶性事件;城市园林绿化等级评价达到Ⅰ级,且获得国家园林城市命名不少于3年的城市可申报国家生态园林城市。

3) 申报时间

国家园林城市评审每两年开展一次,偶数年为申报年,奇数年为评审年。申报城市须在申报年的9月30日前将城市人民政府的申报申请、省级住房和城乡建设主管部门的初审意见及遥感测试基础资料报送住房和城乡建设部城建司。其他申报材料报送截止时间为评审年的3月31日。

4) 申报程序

由申报城市人民政府向住房和城乡建设部提出申请;城市人民政府的申报申请报省级住房和城乡建设主管部门初审,由省级住房和城乡建设主管部门连同书面初审意见一并报送住房和城乡建设部;直辖市的申报申请由城市人民政府直接报住房和城乡建设部。

5) 申报材料

城市人民政府的申报申请及所在省级住房和城乡建设主管部门的初审意见;城市概况(包括城市基础设施情况、城市环境状况等)及最新批准实施的《城市总体规划》、建成区范围图、城市绿地现状图、设区城市行政区划图;城市绿线管制制度建立和实施情况说明、城市绿线图及媒体公示说明;城市园林绿化等级评价达标(Ⅱ级或Ⅱ级以上)自评材料[包括城市园林绿化等级评价表(见表2.1);对照《城市园林绿化评价标准》进行自评的综述;遥感测试基础资料(见表2.2)],遥感测试由住房和城乡建设部统一组织,并须在评审年的3月31日前完成遥感测试数据处理分析,遥感测试基础资料一经上报,不得更改,特殊情况下确需调整,须报经住房和城乡建设部城建司同意;对照《国家园林城市标准》逐项说明材料及相关附件资料;国家园林城市创建工作技术报告(文字材料及DVD音像片,其中DVD音像片时长不超过12 min)。

表2.1 城市园林绿化等级评价表

基本情况			
城 市		自评等级	
所在省份		行政级别	
建成区面积		城区人口	
国家或省级园林城市获得时间		历史文化名城(城区)获得时间	

续表

自评情况			
评价类型	序　号	评价内容	自评结果
综合管理 （7）	1	城市园林绿化建设维护专项资金	
	2	城市园林绿化科研能力	
	3	《城市绿地系统规划》编制	
	4	城市绿线管理	
	5	城市园林绿化制度建设	
	6	城市园林绿化管理信息技术应用	
	7	公众对城市园林绿化的满意率（%）	
绿地建设 （14）	1	建成区绿化覆盖率（%）	
	2	建成区绿地率（%）	
	3	城市人均公园绿地面积（m²/人）	
	4	城市公园绿地服务半径覆盖率（%）	
	5	万人拥有综合公园指数	
	6	城市建成区绿化覆盖面积中乔、灌木所占比率（%）	
	7	城市各城区绿地率最低值（%）	
	8	城市各城区人均公园绿地面积最低值（m²/人）	
	9	城市新建、改建居住区绿地达标率（%）	
	10	园林式居住区（单位）、达标率（%）或年提升率（%）	
	11	城市道路绿化普及率（%）	
	12	城市道路绿地达标率（%）	
	13	城市防护绿地实施率（%）	
	14	植物园建设	
建设管控 （11）	1	城市园林绿化建设综合评价值	
	2	公园规范化管理	
	3	公园免费开放率（%）	
	4	公园绿地应急避险功能完善建设	
	5	城市绿道规划建设	
	6	古树名木和后备资源保护	
	7	节约型园林绿化建设	
	8	立体绿化推广	
	9	城市历史风貌保护	
	10	风景名胜区、文化与自然遗产保护与管理	
	11	海绵城市规划建设	

续表

自评情况			
评价类型	序 号	评价内容	自评结果
生态环境 (9)	1	城市生态空间保护	
	2	生态网络体系建设	
	3	生物多样性保护	
	4	城市湿地资源保护	
	5	山体生态修复	
	6	废弃地生态修复	
	7	城市水体修复	
	8	全年空气质量优良天数(天)	
	9	城市热岛效应强度(℃)	
市政设施 (6)	1	城市容貌评价值	
	2	城市管网水检验项目合格率(%)	
	3	城市污水处理	
	4	城市生活垃圾无害化处理率(%)	
	5	城市道路建设	
	6	城市景观照明控制	
节能减排 (4)	1	北方采暖地区住宅供热计量收费比例(%)	
	2	林荫路推广率(%)	
	3	步行、自行车交通系统	
	4	绿色建筑和装配式建筑	
社会保障 (4)	1	住房保障建设	
	2	棚户区、城中村改造	
	3	社区配套设施建设	
	4	无障碍环境建设	
综合否定项	1	对近两年内发生以下情况的城市，均实行一票否决： ①城市园林绿化及生态环境保护、市政设施安全运行等方面的重大事故； ②城乡规划、风景名胜区等方面的重大违法建设事件； ③被住房和城乡建设部通报批评； ④被媒体曝光，造成重大负面影响	

注：1.定性项目的自评结果填"满足"或"不满足"，"满足"表示符合相应的等级标准要求；定量项目的自评结果直接填写数据。

2.城市园林绿化综合评价值、城市公园绿地功能性评价值、城市公园绿地景观性评价值、城市公园绿地文化性评价值、城市道路绿化评价值、城市容貌评价值等指标通过第三方机构或专家组进行评价；由专家组评价时，专家组原则上不少于5人，并至少含1位市政专家；专家组成员按照《城市园林绿化评价标准》要求独立打分，结果取平均值。

城市人民政府(公章)

年　月　日

表2.2　城市园林绿化遥感测试基础资料内容与要求

序号	基础资料内容	要 求
1	城市地形图	①图件格式:dwg 格式; ②图件比例尺:1:5 000 或 1:10 000; ③地形图范围大于城市建成区范围
2	城市规划区及建成区范围图	①建成区是城市行政区内实际已成片开发建设、市政公用设施和公共设施基本具备的区域。城市建成区界线的划定应符合城市总体规划要求,不能突破城市规划建设用地的范围,且形态相对完整; ②城市规划区及建成区范围图纸一式两份,直辖市由市人民政府加盖公章,其他城市需同时由市人民政府和省级住房和城乡建设(园林绿化)主管部门加盖公章; ③电子图件格式:dwg 格式; ④图件底图:总体规划图
3	规划区及建成区面积、人口说明	①城市各城区的规划区及建成区面积,以及各城区建成区内的城区人口和暂住人口数量纸质说明材料;一式两份; ②直辖市由市人民政府加盖公章;其他城市需同时由市人民政府和省级住房和城乡建设(园林绿化)主管部门加盖公章
4	城市总体规划(文本、说明书及附图集)	①经审批正在实施的《城市总体规划》; ②提交纸质及电子文件,电子图件格式:dwg 或 JPEG 格式
5	城市绿地系统规划(文本及附图集)	①经审批、正在实施的《城市绿地系统规划》; ②提交纸质及电子文件,电子图件格式:dwg 或 JPEG 格式
6	城市步行道、自行车道、林荫路位置图	①包括步行道、自行车道、林荫路位置分布图; ②提交纸质及电子文件,电子图件格式:dwg 或 JPEG 格式
7	建成区内各城区行政区划范围图	①图件底图:城市地形图; ②提交纸质及电子文件,电子图件格式:dwg 或 JPEG 格式
8	城市绿线位置图	①城市划定并公布的绿线位置及范围,并有明确坐标; ②提交纸质及电子文件,电子图件格式:dwg 或 JPEG 格式
9	城市蓝线位置图	①城市划定并公布的蓝线位置及范围,并有明确坐标; ②提交纸质及电子文件,电子图件格式:dwg 或 JPEG 格式
10	建成区内公园绿地分布图	①依据《城市绿地分类标准》,标明各类公园绿地名称、位置及面积; ②提交纸质及电子文件,电子图件格式:dwg 或 JPEG 格式
11	建成区内历史文化街区位置及分布范围图(如有,需提供)	①国家历史文化名城的历史文化街区范围图; ②图件底图:城市地形图; ③提交纸质及电子文件,电子图件格式:dwg 或 JPEG 格式
12	建成区内 2002 年(含)以来新建、改建居住区(小区)位置及分布范围图	①图件底图:城市地形图; ②提交纸质及电子文件,电子图件格式:dwg 或 JPEG 格式

续表

序号	基础资料内容	要 求
13	建成区内园林式居住区（单位）位置及分布范围图	①图件底图：城市地形图； ②提交纸质及电子文件，电子图件格式：dwg 或 JPEG 格式
14	建成区内规划防护绿地位置及分布范围图	①如绿地系统规划中已明确，可不另报； ②图件底图：城市地形图； ③提交纸质及电子文件，电子图件格式：dwg 或 JPEG 格式
15	建成区内主次干道位置分布图	①图件底图：城市地形图； ②提交纸质及电子文件，电子图件格式：dwg 或 JPEG 格式
16	建成区内古树名木分布图（如有，需提供）	①图件底图：城市地形图； ②提交纸质及电子文件，电子图件格式：dwg 或 JPEG 格式
17	规划区内受损弃置地位置图（如有，需提供）	①图件底图：城市地形图； ②提交纸质及电子文件，电子图件格式：dwg 或 JPEG 格式

注：遥感调查与测试基础资料中涉及的数据一律以申报年印发的《中国城市建设统计年鉴》数据为准。

2.3 《国家园林城市申报与评选管理办法》　　　2.4 《国家园林城市评选标准》

2.3.2 国家园林城市评审办法

根据《国家园林城市申报与评选管理办法》，住房和城乡建设部城建司负责组织建立国家园林城市专家委员会，委员会成员包括风景园林、市政、规划、住房等方面的管理和技术人员。国家园林城市专家委员会负责对申报城市进行创建指导服务、审查申报材料、实地考察及综合评审。

1) 评审的组织管理

住房和城乡建设部城建司负责组织建立国家园林城市专家委员会，委员会成员包括风景园林、市政、规划、住房等方面的管理和技术人员。

国家园林城市专家委员会负责对申报城市进行创建指导服务、审查申报材料、实地考察及综合评审。国家园林城市专家委员会每个成员原则上只限参加创建指导、材料审查、实地考察和综合评审中的一项工作。

2) 评审程序

（1）材料审查

住房和城乡建设部城建司负责从国家园林城市专家委员会中抽取有关专家，对申报材料和遥感测试基础资料的完整性和真实性进行审查。

（2）问卷调查

对申报国家生态园林城市的城市，须在实地考察前进行问卷调查。问卷调查由住房和城乡建设部统一组织，由专业社会调查机构具体实施，问卷调查分析报告须在实地考察 10 天前完成。调查问卷的主要内容包括：对国家生态园林城市创建活动的总体评价；对城市绿地数量、分布、功能等方面的评价；对城市园林绿化规划、建设和管理情况的评价；对城市人居生态环境状况的评价。

（3）实地考察

经过遥感测试达标的申报城市，住房和城乡建设部城建司组织专家考察组进行实地考察。实地考察采取既定线路与随机抽查相结合的方式进行，抽查主要针对遥感测试结果进行，抽查线路及内容由专家组组长确定。

申报城市至少应在专家考察组抵达前两天，在当地不少于两种主要媒体上向社会公布考察组工作时间、联系电话等相关信息，便于考察组听取各方面的意见和建议。专家考察组须在实地考察结束后一周内，将经考察组所有成员签字确认的书面考察意见交住房和城乡建设部城建司。

（4）综合评审

住房和城乡建设部城建司负责组织召开国家园林城市综合评审会，从国家园林城市专家委员会中抽取评审委员，对申报城市的创建工作进行综合评审。参加综合评审会的评审委员不少于 21 人，且为奇数。

评审委员通过查看申报城市园林绿化等级评价材料、国家园林城市创建申报材料，观看创建工作技术报告 DVD 音像片，听取实地考察评估意见和综合评议等评审程序，对申报城市进行投票和打分，形成综合评审意见。实地考察专家组只负责汇报实地考察情况，不参与综合评审的投票打分。国家生态园林城市问卷调查综合得分占综合评审得分的 40%。

3）评审结果公示

国家园林城市综合评审意见经住房和城乡建设部常务会议研究确定后，在住房和城乡建设部网站上公示 10 个工作日。

4）命名通报

公示结束后，住房和城乡建设部对审核通过的城市进行命名通报。对已命名的国家园林城市采取"城市自查、省级普查、部级抽查"相结合的方式进行动态监管。省级普查每 5 年开展一次，部级抽查根据实际情况定期、不定期进行。凡抽查合格的，保留"国家园林城市"称号；抽查不合格的，将予以书面警告，限期整改；整改仍不合格的，将公告撤销其称号。

2.4 风景名胜区申报与评审办法

《风景名胜区条例》所称风景名胜区，是指具有观赏、文化或者科学价值，自然景观、人文景观比较集中，环境优美，可供人们游览或者进行科学、文化活动的区域。

2.4.1　风景名胜区申报程序

我国的风景名胜区分为国家级风景名胜区和省级风景名胜区。自然景观和人文景观能够反映重要自然变化过程和重大历史文化发展过程,基本处于自然状态或者保持历史原貌,具有国家代表性的,可以申请设立国家级风景名胜区;具有区域代表性的,可以申请设立省级风景名胜区。

1)国家级风景名胜区的申报

设立国家级风景名胜区,由省、自治区、直辖市人民政府提出申请,国务院建设主管部门会同国务院环境保护主管部门、林业主管部门、文物主管部门等有关部门组织论证,提出审查意见,报国务院批准公布。

2)省级风景名胜区的申报

由县级人民政府提出申请,省、自治区人民政府建设主管部门或者直辖市人民政府风景名胜区主管部门,会同其他有关部门组织论证,提出审查意见,报省、自治区、直辖市人民政府批准公布。

2.4.2　风景名胜区评审办法

2.5　《风景名胜区条例》

1)提交材料

《风景名胜区条例》第九条规定,申请设立风景名胜区应当提交包含下列内容的有关材(一)风景名胜资源的基本状况;(二)拟设立风景名胜区的范围以及核心景区的范围;(三)拟设立风景名胜区的性质和保护目标;(四)拟设立风景名胜区的游览条件;(五)与拟设立风景名胜区内的土地、森林等自然资源和房屋等财产的所有权人、使用权人协商的内容和结果。

为了进一步规范国家重点风景名胜区申报审查工作,住建部制定了《国家重点风景名胜区审查办法》《国家重点风景名胜区审查评分标准》及《国家重点风景名胜区申报书》。

2)评审指标

(1)国家级风景名胜区

《国家重点风景名胜区审查评分标准》规定国家重点风景名胜区评审指标由资源价值、环境质量和管理状况三个部分组成,其下又分14项具体指标。根据各评审指标的重要程度,分别赋予一定的分值,总分100分。

①资源价值(70分):包括典型性(15分)、稀有性(15分)、丰富性(10分)、完整性(10分)、科学文化价值(5分)、游憩价值(10分)、风景名胜区面积(5分)。

②环境质量(15分):包括植被覆盖率(6分)、环境污染程度(6分)、环境适宜性(3分)。

③管理状况(15分):包括机构设置与人员配备(5分)、边界划定和土地权属(4分)、基础工作(3分)、管理条件(3分)。

根据《国家重点风景名胜区审查评分表》总分得分小于60分或资源价值得分小于50分时，具有否决意义。

（2）省级风景名胜区

我国对省级风景名胜区的评审没有国家标准，各省相应出台了地方性的法规来指导当地风景名胜区的申报与评审，如《浙江省省级风景名胜区审查办法》《青海省省级风景名胜区审查办法》《湖南省省级风景名胜区审查办法》等。

2.5　国家森林城市申报与评审办法

国家森林城市，是指城市生态系统以森林植被为主体，城市生态建设实现城乡一体化发展，各项建设指标达到国家森林城市评价指标并经国家林业主管部门批准授牌的城市。国家森林城市创建极大地促进了森林资源增长，成为全社会办林业的有效载体。创建"国家森林城市"是坚持科学发展观、构建和谐社会、体现以人为本，全面推进中国城市走生产发展、生活富裕、生态良好发展道路的重要途径，是加强城市生态建设，创造良好人居环境，弘扬城市绿色文明，提升城市品位，促进人与自然和谐，构建和谐城市的重要载体。

从2004年起，全国绿化委员会、国家林业局启动了"国家森林城市"评定程序，并制定了《"国家森林城市"评价指标》和《"国家森林城市"申报办法》。国家林业局批准《国家森林城市评价指标》（LY/T 2004—2012）行业标准，自2012年7月1日起实施。2016年8月8日，国家林业局发布关于《国家森林城市称号批准办法》（征求意见稿）公开征集意见的通知。2019年3月25日，国家林业和草原局发布《国家森林城市评价指标》（GB/T 37342—2019）国家标准，自2019年10月1日实施。2023年8月6日，国家标准化管理委员会下达《国家森林城市评价指标》修订计划给中国林业科学研究院林业研究所、国家林业和草原局城市森林研究中心承担，由国家林业和草原局归口的推荐性国家标准《国家森林城市评价指标》修订项目，项目周期12个月，计划号：20230477-T-432。

目前已建成219个国家森林城市，为我国经济社会可持续发展提供了良好的生态支撑。近二十年的建设实践证明，大力发展森林城市，已成为我国新时代城市与森林和谐共存、人与自然和谐相处的发展方向。

2.5.1　国家森林城市申报程序

1）申报范围

地级及以上市、地区、自治州、盟，直辖市所辖区县，县级市、县、自治县、旗、自治旗。

2.6　全国共建成
国家森林城市

2.7　《国家森林
城市评价指标》

2）申报程序

申报城市人民政府向省级林业和草原主管部门提交建设备案申请、基本现法和《评价指

标》对照表(见表2.3)等申报材料。

省级林业和草原主管部门负责对申报城市提交的申报材料进行审核。对数据真实、具备条件的,向国家林业和草原局报送申报材料。

国家林业和草原局负责审查申报材料,对林草建设成效明显、自然生态禀赋良好的城市优先予以备案。

已备案的城市应当参照《国家森林城市建设总体规划编制导则》,编制规划期限10年以上的国家森林城市建设总体规划。

国家森林城市建设总体规划编制完成后,组织编制机关应当将总体规划草案予以公告,征求公众意见,完善总体规划。公告时间不得少于10个工作日。

城市人民政府将总体规划报送省级林业和草原主管部门审核。审核通过的,由省级林业和草原主管部门将总体规划报送国家林业和草原局进行预审。

国家林业和草原局负责组织专家对申报城市的国家森林城市建设总体规划进行预审。预审通过的,经国家林业和草原局同意,由申报城市组织召开规划评审会;预审未通过的应对规划进行修改;三次预审仍未通过的,应重新编制规划。

国家森林城市建设总体规划经评审通过后,由申报城市批准实施,批准实施文件和文本经省级林业和草原主管部门报送国家林业和草原局。

国家森林城市建设总体规划一经批准实施,不得擅自调整。因重大项目建设、行政区划调整、《评价指标》修订等确需调整规划的,须经规划批准机关同意后,按程序进行调整。

2.5.2　国家森林城市评审办法

1)提交材料

申请国家森林城市称号应提交以下材料:①省级林业和草原主管部门出具的国家森林城市称号申请函;②申报城市依据《操作手册》编制的书面审评材料;③省级林业和草原主管部门对申报城市书面审评材料和《操作手册》国家森林城市称号申请负面清单所列问题的审核报告;④其他应当提交的材料。

2)评价指标

2012年国家森林城市评价指标包括国家森林城市建设总体要求以及城市森林网络、城市森林健康、城市林业经济、城市生态文化和城市森林管理等指标。具体要求见表2.3。

表2.3　国家森林城市评价指标

序　号	国家森林城市评价指标
(一)	总体要求
1	**形成森林网络空间格局**　在市域范围内,通过林水相依、林山相依、林城相依、林路相依、林村相依、林居相依等模式,建立城市森林网络空间格局

续表

序　号	国家森林城市评价指标
2	**采取近自然建设模式**　按照森林生态系统演替规律和近自然林业经营理论,因地制宜,确定营林模式、树种配置、管护措施等,使造林树种本地化、林分结构层次化、林种搭配合理化,促进生态系统稳定性
3	**坚持城乡统筹发展**　对市域范围内的城乡生态建设统筹考虑,实现规划、投资、建设、管理的一体化
4	**体现鲜明地方特色**　从当地的经济社会发展水平、自然条件和历史文化传承出发,实现自然与人文相结合,历史与城市现代化建设相交融
5	**推广节约建设措施**　推广节水、节能、节力、节财的生态技术措施和可持续管理手段,降低城市森林建设与管护成本
6	**实现建设成果惠民**　坚持以人为本,在森林城市的规划、建设和管理过程中,充分考虑市民的需求,最大限度地为市民提供便利
（二）	城市森林网络
7	**市域森林覆盖率**　年降水量800 mm以上地区的城市市域森林覆盖率达到35%以上,且分布均匀,其中2/3以上的区、县森林覆盖率应达到35%以上
8	**新造林面积**　自创建以来,平均每年完成新造林面积占市域面积的0.5%以上
9	**城区绿化覆盖率**　城区绿化覆盖率达到40%以上
10	**城区人均公园绿地面积**　城区人均公园绿地面积达到11 m^{2}以上
11	**城区乔木种植比例**　城区绿地建设应该注重提高乔木种植比例,其栽植面积应占到绿地面积的60%以上
12	**城区街道绿化**　城区街道的树冠覆盖率达到25%以上
13	**城区地面停车场**　绿化自创建以来,城区新建地面停车场的乔木树冠覆盖率达30%以上
14	**城市重要水源地**　森林植被保护完好,功能完善,森林覆盖率达到70%以上,水质净化和水源涵养作用得到有效发挥
15	**休闲游憩绿地建设**　城区建有多处以各类公园为主的休闲绿地,分布均匀,使市民出门500 m有休闲绿地,基本满足本市居民日常游憩需求;郊区建有森林公园、湿地公园和其他面积20 hm^{2}以上的郊野公园等大型生态旅游休闲场所5处以上
16	**村屯绿化**　村旁、路旁、水旁、宅旁基本绿化,集中居住型村庄林木绿化率达30%,分散居住型村庄达15%以上
17	**森林生态廊道建设**　主要森林、湿地等生态区域之间建有贯通性的森林生态廊道,宽度能够满足本地区关键物种迁徙需要
18	**水岸绿化**　江、河、湖、海、库等水体沿岸注重自然生态保护,水岸林木绿化率达80%以上。在不影响行洪安全的前提下,采用近自然的水岸绿化模式,形成城市特有的水源保护林和风景带
19	**道路绿化公路、铁路等道路绿化**　注重与周边自然、人文景观的结合与协调,因地制宜开展乔木、灌木、花草等多种形式的绿化,林木绿化率达80%以上,形成绿色景观通道
20	**农田林网建设**　城市郊区农田林网建设按照《生态公益林建设技术规程》(GB/T 18337.3—2001)要求

续表

序 号	国家森林城市评价指标
21	**防护隔离林带建设** 城市周边、城市组团之间、城市功能分区和过渡区建有生态防护隔离带,减缓城市热岛效应、净化生态功效显著
(三)	城市森林健康
22	**乡土树种** 使用植物以乡土树种为主,乡土树种数量占城市绿化树种使用数量的80%以上
23	**树种丰富度** 城市森林树种丰富多样,城区某一个树种的栽植数量不超过树木总数量的20%
24	**郊区森林自然度** 郊区森林质量不断提高,森林植物群落演替自然,其自然度应不低于0.5
25	**造林苗木** 使用城市森林营造应以苗圃培育的苗木为主,因地制宜地使用大、中、小苗和优质苗木。禁止从农村和山上移植古树、大树进城
26	**森林保护** 自创建以来,没有发生严重非法侵占林地、湿地,破坏森林资源,滥捕乱猎野生动物等重大案件
27	**生物多样性保护** 注重保护和选用留鸟、引鸟树种植物以及其他有利于增加生物多样性的乡土植物,保护各种野生动植物,构建生态廊道,营造良好的野生动物生活、栖息自然生态环境
28	**林地土壤保育** 积极改善与保护城市森林土壤和湿地环境,尽量利用木质材料等有机覆盖物保育土壤,减少城市水土流失和粉尘侵害
29	**森林抚育与林木管理** 采取近自然的抚育管理方式,不搞过度的整齐划一和对植物进行过度修剪
(四)	城市林业经济
30	生态旅游加强森林公园、湿地公园和自然保护区的基础设施建设,注重郊区乡村绿化、美化建设与健身、休闲、采摘、观光等多种形式的生态旅游相结合,积极发展森林人家,建立特色乡村生态休闲村镇
31	林产基地建设特色经济林、林下种养殖、用材林等林业产业基地,农民涉林收入逐年增加
32	林木苗圃全市绿化苗木生产基本满足本市绿化需要,苗木自给率达80%以上,并建有优良乡土绿化树种培育基地
(五)	城市生态文化
33	**科普场所** 在森林公园、湿地公园、植物园、动物园、自然保护区的开放区等公众游憩地,设有专门的科普小标识、科普宣传栏、科普馆等生态知识教育设施和场所
34	**义务植树** 认真组织全民义务植树,广泛开展城市绿地认建、认养、认管等多种形式的社会参与绿化活动,建立义务植树登记卡和跟踪制度,全民义务植树尽责率达80%以上
35	**科普活动** 每年举办市级生态科普活动5次以上
36	**古树名木** 古树名木管理规范,档案齐全,保护措施到位,古树名木保护率达100%
37	**市树市花** 经依法民主议定,确定市树、市花,并在城乡绿化中广泛应用
38	**公众态度** 公众对森林城市建设的支持率和满意度应达到90%以上
(六)	城市森林管理
39	**组织领导** 党委政府高度重视,按照国家林业和草原局正式批复同意开展创建活动两年以上,创建工作指导思想明确,组织机构健全,政策措施有力,成效明显

序　号	国家森林城市评价指标
40	**保障制度**　国家和地方有关林业、绿化的方针、政策、法律、法规得到有效贯彻执行,相关法规和管理制度建设配套高效
41	**科学规划**　编制《森林城市建设总体规划》,并通过政府审议、颁布实施两年以上,能按期完成年度任务,并有相应的检查考核制度
42	**投入机制**　把城市森林作为城市基础设施建设的重要内容纳入各级政府公共财政预算,建立政府引导,社会公益力量参与的投入机制。自创建以来,城市森林建设资金逐年增加
43	**科技支撑**　城市森林建设有长期稳定的科技支撑措施,按照相关的技术标准实施,制订符合地方实际的城市森林营造、管护和更新等技术规范和手册,并有一定的专业科技人才保障
44	**生态服务**　财政投资建设的森林公园、湿地公园以及各类城市公园、绿地原则上都应免费向公众开发,最大限度地让公众享受森林城市建设成果
45	**森林资源和生态功能监测**　开展城市森林资源和生态功能监测,掌握森林资源的变化动态,核算城市森林的生态功能效益,为建设和发展城市森林提供科学依据
46	**档案管理**　城市森林资源管理档案完整、规范,相关技术图件齐备,实现科学化、信息化管理

3)评审程序

国家林业和草原局对申报城市组织审评,审评程序包括:组织专家依据《操作手册》对书面审评材料进行审查、并根据专家建议开展现场考查;委托第三方对申报城市社会公众态度进行问卷调查;组织专家综合书面审评、现场考查、问卷调查情况进行打分排名。

国家林业和草原局根据审评情况,确定拟批准国家森林城市称号公示名单。拟批准国家森林城市称号的公示名单,在国家林业和草原局政府网站等媒体上公示 10 个工作日。公示无异议的,国家林业和草原局批准授予国家森林城市称号。

2.5.3　国家森林城市管理办法

国家林业和草原局设立国家森林城市专家库,负责国家森林城市建设的决策咨询、规划评审、技术指导、材料审评等工作。

已备案和获得称号的城市应及时上报森林城市建设动态信息,于每年 12 月 10 日前将本年度森林城市建设情况报经省级林业和草原主管部门汇总后,报送国家林业和草原局。

国家林业和草原局对国家森林城市获得称号 3 年后组织一次复查。复查合格的,保留国家森林城市称号;复查不合格的,予以警告,限期整改。整改后仍不合格或逾期不整改的,撤销国家森林城市称号,且 2 年内不允许申报。

2.6　国家公园申报与评审办法

国家公园(National Park)是指由国家批准设立并主导管理,边界清晰,以保护具有国家代表性的大面积自然生态系统为主要目的,实现自然资源科学保护和合理利用的特定陆地或海洋区域。世界自然保护联盟将其定义为大面积自然或近自然区域,用以保护大尺度生态过程以及这一区域的物种和生态系统特征,同时提供与其环境和文化相容的精神的、科学的、教育的、休闲的和游憩的机会。

国家公园是保护区的一种类型,最早起源于美国,后为世界大部分国家和地区所采用。2017 年 9 月,中共中央办公厅、国务院办公厅印发《建立国家公园体制总体方案》。2019 年 6 月,中共中央办公厅、国务院办公厅印发的《关于建立以国家公园为主体的自然保护地体系的指导意见》。2021 年 10 月 12 日下午,国家主席习近平以视频方式出席在昆明举行的《生物多样性公约》第十五次缔约方大会领导人峰会并发表主旨讲话。习近平主席提出令人瞩目的"中国行动"——率先出资 15 亿元人民币,成立昆明生物多样性基金;加快构建以国家公园为主体的自然保护地体系;构建起碳达峰、碳中和"1+N"政策体系……

2022 年,国家林业和草原局、财政部、自然资源部、生态环境部近日联合印发《国家公园空间布局方案》,遴选出 49 个国家公园候选区(含正式设立的 5 个国家公园),总面积约 110 万平方公里。

2.8 中国首批国家公园名单

2.9 央视纪录片《国家公园:万物共生之境》

2.10 高质量推动国家公园建设解读《国家公园空间布局方案》

2.6.1 国家公园申报程序

国家林业和草原局(国家公园管理局)依据国土空间规划和国家公园设立标准,编制国家公园空间布局方案,按程序报批。国家林业和草原局(国家公园管理局)根据经批准的国家公园空间布局方案,组织开展国家公园设立前期工作,编制设立方案,按程序报国务院审批。国家林业和草原局(国家公园管理局)依据国务院批复的设立方案和国家有关规定,向社会公开国家公园范围边界、面积和管控分区。

2.11 《国家公园总体规划技术规范》

2.12 中国国家公园诞生周年大事速览

2.13 怎么才能入选国家公园?国家林业和草原局详解 5 项标准

2.6.2 国家公园评审办法

1)国家公园准入条件

(1)国家代表性

具有中国代表意义的自然生态系统,或中国特有和重点保护野生动植物物种的聚集区,且具有全国乃至全球意义的自然景观和自然文化遗产的区域。

（2）生态重要性

生态区位极为重要,基本维持大面积自然生态系统结构和大尺度生态过程的完整状态,地带性生物多样性极为富集,大部分区域保持原始自然风貌,或轻微受损经修复可恢复自然状态的区域,生态系统服务功能显著。

（3）管理可行性

在自然资源资产产权、保护管理基础、全民共享等方面具备良好的基础条件。

2）国家公园认定指标

（1）国家代表性指标

①生态系统代表性:生态系统类型或生态过程是中国的典型代表,可以支撑地带性生物区系,至少应符合以下1个基本特征:生态系统类型为所处生态地理区的主体生态系统类型;大尺度生态过程在国家层面具有典型性;生态系统类型为中国特有,具有稀缺性特征。

②生物物种代表性:分布有典型野生动植物种群,保护价值在全国或全球具有典型意义,至少应符合以下1个基本特征:至少具有1种伞护种或旗舰种及其良好的栖息环境;特有、珍稀、濒危物种集聚程度极高,该区域珍稀濒危物种数占所处生态地理区珍稀濒危物种数的50%以上。

③自然景观独特性:具有中国乃至世界罕见的自然景观和自然遗迹,至少应符合以下1个基本特征:具有珍贵独特的天景、地景、水景、生景等,自然景观极为罕见;历史上长期形成的名山大川及其承载的自然文化遗产,能够彰显中华文明,增强国民的国家认同感;代表重要地质演化过程、保存完整的地质剖面、古生物化石等典型地质遗迹。

（2）生态重要性指标

①生态系统完整性:自然生态系统的组成要素和生态过程完整,能够使生态功能得以正常发挥,生物群落、基因资源及未受影响的自然过程在自然状态下长久维持。生态区位极为重要,属于国家生态安全关键区域,至少应符合以下1个基本特征:生态系统健康,包含大面积自然生态系统的主要生物群落类型和物理环境要素;生态功能稳定,具有较大面积的代表性的自然生态系统,植物群落处于较高演替阶段;生物多样性丰富,具有较完整的动植物区系,能维持伞护种、旗舰种等种群生存繁衍;具有顶级食肉动物存在的完整食物链或迁徙洄游动物的重要通道、越冬（夏）地或繁殖地。

②生态系统原真性:生态系统与生态过程大部分保持自然特征和进展演替状态,自然力在生态系统和生态过程中居于支配地位,应同时符合以下基本特征:处于自然状态及具有恢复至自然状态潜力的区域面积占比不低于75%,或连片分布的原生状态区域面积占比不低于30%;人类生产活动区域面积占比原则上不大于15%;人类集中居住区占比不大于1%,核心保护区没有永久或明显的人类聚居区,有戍边等特殊需求的除外。

③面积规模适宜性:具有足够大的面积,能够确保生态系统的完整性和稳定性,能够维持伞护种、旗舰种等典型野生动植物种群生存繁衍,能够传承历史上形成的人地和谐空间格局,基本特征为:总面积一般不低于500 km²;原则上集中连片,能支撑完整的生态过程和伞护种、旗舰种等野生动植物种群繁衍。

（3）管理可行性指标

①自然资源资产产权：自然资源资产产权清晰，能够实现统一保护，至少应符合以下1个基本特征：全民所有自然资源资产面积占比60%以上；集体所有自然资源资产具有通过征收或协议保护等措施满足保护管理目标要求的条件。

②保护管理基础：具备良好的保护管理能力或具备整合提升管理能力的潜力，应同时符合以下基本特征：具有中央或省级政府统一行使全民所有自然资源资产所有者职责的基础；人类生产生活对生态系统的影响处于可控状态，未超出生态承载力，人地和谐的生产生活方式具有可持续性。

③全民共享潜力：独特的自然资源和人文资源能够为全民共享提供机会，便于公益性使用，应同时符合以下基本特征：自然本底具有很高的科学研究、自然教育和生态体验价值；能够在有效保护的前提下，更多地提供高质量的生态产品和自然教育、生态体验、休闲游憩等机会。

3）国家公园调查评价

（1）评估区域

将拟设立国家公园的区域确定为评估区域。

（2）调查

由专业团队对评估区域进行综合调查，收集自然、社会、经济等各方面资料，初步划定评估区域边界，开展自然资源与生态本底考察，对照国家公园准入条件和认定指标，调查提取相关信息。

（3）评价

在评估区域调查的基础上，分析并撰写符合性认定报告，论证评估区域是否符合设立国家公园标准。符合性认定报告应包括如下内容：评估区域基本情况，包括评估区域范围、自然资源、人文资源、社区经济发展等方面情况；国家代表性描述及评价，包括生态系统分布情况及其代表性评价、物种分布情况及其代表性评价、自然景观和自然文化遗产情况及其独特性评价等；生态重要性描述及评价，包括生态区位重要性评价、生态系统组成要素和生态过程评价、生物多样性分布情况及其评价、面积规模情况及其适宜性评价等；管理可行性描述及评价，包括自然资源资产权属及其评价、保护管理体制机制情况及其评价、生态产品提供和国民素质教育等全民共享的可行性评价等；认定结论与建议。

（4）符合性认定

采取指标认证法，对照认定指标体系逐项进行的符合性认定，指标认定要求见表2.4。所有准入条件全部符合的评估区域，列为候选国家公园。

对于因科学考察不充分、报告不完善、评估范围划定不合理的评估区域，拟补充或修改后再行认定。

表2.4　国家公园认定指标体系和认定要求

准入条件	编　码	认定指标	认定要求
国家代表性	A1	生态系统代表性	2项指标任选1项符合要求给予认定
	A2	生物物种代表性	
	A3	自然景观独特性	符合要求，给予认定

续表

准入条件	编码	认定指标	认定要求
生态重要性	B1	生态系统完整性	3 项指标同时符合要求给予认定
	B2	生态系统原真性	
	B3	面积规模适宜性	
管理可行性	C1	自然资源资产产权	3 项指标同时符合要求给予认定
	C2	保护管理基础	
	C3	全民共享潜力	

2.14 　《国家
公园设立规范》

2.15 　国家公园标准解读
《国家公园设立规范》

2.16 　《国家公园
考核评价规范》

2.17 　《国家公园资源
调查与评价规范》

2.18 　《国家
公园监测规范》

2.19 　《自然保护
地勘界立标规范》

2.20 　《国家公园
功能分区规范》

2.21 　《国家公园
总体规划技术规范》

2.22 　《国家公园
勘界立标规范》

2.23 　《国家
公园标识规范》

2.24 　共同构建人与自然
生命共同体——在"领导
人气候峰会"上的讲话

思考题

1. 简述园林绿化行业管理机构的组成。

2. 简述国家园林城市的申报程序与评审办法。

3. 简述风景名胜区的申报程序与评审办法。

4. 简述园林工程管理的内容。

5. 简述国家森林城市的申报程序与评审办法。

6. 简述国家公园准入条件。

3 园林绿化工程建设市场监管评价体系

【本章导读】

通过本章学习,要求掌握园林绿化工程建设管理规定、园林绿化工程施工招标投标管理标准、园林绿化施工企业信用信息和评价标准和园林绿化工程项目负责人评价标准的主要内容;了解园林绿化资质取消面临的问题、园林绿化工程施工招标资格预审文件示范文本和园林绿化工程施工招标文件示范文本的相关要求。

取消园林施工企业资质核准后,为做好市场管理工作,住建部印发了《园林绿化工程建设管理规定》,重点是做好管理方式的转变。中国风景园林学会相继颁发了《园林绿化工程施工招标投标管理标准》(T/CHSLA 50001—2018)《园林绿化施工企业信用信息和评价标准》(T/CHSLA 10001—2019)《园林绿化工程项目负责人评价标准》(T/CHSLA 50004—2019)等团体标准,共同构建园林绿化工程建设市场竞争新型评价体系。住建部、市场监管总局组织编制了《园林绿化工程施工合同示范文本(试行)》(GF—2020—2605)、中国风景园林学会出台了《园林绿化工程施工招标资格预审文件示范文本》(T/CHSLA 100004—2020)和《园林绿化工程施工招标文件示范文本》(T/CHSLA 100005—2020)为园林绿化工程施工招标文件编制提供了有效的技术支撑。

3.1 园林绿化资质取消

3.1.1 园林绿化资质取消的目的

2017 年 3 月,《国务院关于修改和废止部分行政法规的决定》(国务院令第 676 号)公布,删去《城市绿化条例》第十一条第三款、第十六条("城市绿化工程的施工,应当委托持有相应资格证书的单位承担")。住建部下发了《住房城乡建设部办公厅关于做好取消城市园林绿化企业

资质核准行政许可事项相关工作的通知》(建办城〔2017〕27号),文件规定"不得以任何方式,强制要求将城市园林绿化企业资质或市政公用工程施工总承包等资质作为承包园林绿化工程施工业务的条件"。

取消园林施工企业资质是落实简政放权、放管结合、优化服务改革的重要举措,有利于园林建设市场进一步开放。

3.1.2　园林绿化资质取消面临的问题

①旧的秩序被打破,新的秩序尚未建立,市场缺乏统一评价标准,政府主管部门、社会、企业一时无所适从。②大量非专业施工企业挤占专业企业市场。建设单位为了规避矛盾和责任,常以市政、水利、房建等其他资质来开展园林绿化项目的招标,或将园林工程转变为其他工程的附属工程,造成大量非园林企业承担园林工程建设。③市场门槛降低,从事园林绿化工程施工企业爆发式增长十多倍,在激烈竞争背景下,行业竞相压价、恶性竞争、低价中标,严重影响工程质量。长此以往,许多园林施工企业被迫转向,专业人才不断流失,园林行业被弱化。

3.2　园林绿化工程建设管理规定

3.2.1　立项背景

为贯彻落实国务院推进"放管服"改革要求,做好城市园林绿化企业资质核准取消后市场管理工作,加强园林绿化工程建设事中、事后监管。住建部于2017年12月印发了《园林绿化工程建设管理规定》(建城〔2017〕251号)(下文简称《规定》)。

3.1　《园林绿化工程建设管理规定》

3.2.2　管理方式的转变

1)从侧重事前审批转向加强事中、事后监管

转变过去的资质管理是一种设定"门槛"的事前管理方式,企业要想进入该领域首先要获得资质这个"入场券",各级行业主管部门对市场的管理主要停留在核准审批企业资质等方面,重审批轻监管的问题普遍存在。

在缺乏事中、事后监管的大环境下,一些企业在获得资质后,通过减少专业技术力量来降低企业经营成本,造成技术管理力量不足,甚至通过出借资质收取管理费牟利,引发工程质量和安全问题。资质取消及《规定》的出台,消除了市场准入门槛,让更多具备相应能力的企业可以参与市场竞争,促使行业企业根据自身经营情况配置专业力量,合理分配社会资源。而如何确保工程质量,要求各级园林绿化主管部门通过工程实施过程中的质量安全监督和竣工后的综合评价等事中、事后监管措施来实现。还可借助信用信息数据库等诸多事后监管平台构建的企业大

数据全景信息视图,从而让更多具备相应能力的园林绿化企业参与市场竞争。

2)从全面考核企业条件转向重点考核企业承担工程的能力

之前的全面考核包括考核企业固定资产、注册资金、苗木基地等各方面内容,而《规定》则更加侧重于企业履约能力的考察。《规定》明确了承包园林绿化工程相匹配的专业管理技术人员和技术储备要求,目的是要选择有能力且信用记录良好的企业。园林绿化工程施工管理同其他工程相比,需要施工单位具备一定的现场二次设计能力,这就需要配备专业的工程管理技术人员。其中,工程项目负责人应当具备园林绿化专业知识背景和园林专业技术职称,并应具有相应工程管理的经验;对于相对复杂的园林绿化工程,施工企业还应具有一定的技术储备,如类似工程业绩、工法等。以上可以看出,《规定》的要求是与时俱进的,因为决定企业能否承担工程的最重要的因素是能力,只要具备了相应能力,就可以参与市场竞争。理论上,企业没有资金可以贷款,没有设备可以租赁,没有苗圃可以在苗木市场购买苗木,等等,这些不再作为事先设立的可能阻碍企业参与市场竞争的条件。《规定》的相关条款符合全国深化"放管服"改革的要求,也符合新形势下规范市场的客观要求。

3)从相对集中在上层的管理转向注重工程实践的质量管理

改革前,一级企业资质的由住建部核准,二级以下企业资质的由省、自治区、直辖市建设主管部门核准。相对上层管理机构,基层管理部门对园林绿化工程实际情况更为了解,更有发言权,发挥基层管理部门的监管作用是保证园林绿化建设质量和水平的关键环节。《规定》强调提高监管质效,提高园林绿化工程的质量和安全,推动形成更加自由、更有活力、更加有序的市场秩序。

4)从注重企业条件管控转向注重企业行为结果评价管理

与前置性审批的管理方式不同,《规定》要求住房城乡建设部门通过建立信用管理体系、开展信用管理的方式来实施市场监管。《规定》中明确了各级主管部门的工作分工,最后还确定"园林绿化市场信用信息系统中的市场主体信用记录,应作为投标人资格审查和评标的重要参考"。其强调了事中、事后监管,评价结果要与企业参与市场竞争的条件挂钩。建立园林绿化市场信用管理体系,是符合现代社会管理方式的大趋势,是各行业都在积极推进的一项重要工作,也是园林绿化工程建设管理的新探索。将大数据信息技术引入园林绿化行业管理,有助于提高行业管理的科学性、统一性、完整性、规范性,符合统一开放、竞争有序的全国大市场的管理需要。

3.2.3 保证措施

为防止变相使用资质条件,《规定》明确园林绿化工程不得以市政工程等其他资质作为投标人资格条件。各地在贯彻过程中,要严格维护园林绿化工程的专业性、完整性,不得将园林绿化建设内容拆解或将其视为建筑、市政等工程的附属,从而变相以建筑、市政等工程进行招标投标。

要抓紧开展以下工作以保证《规定》切实贯彻落实到位。一是出台全国统一的信用信息管理办法和信用系统建设标准,建立信用信息管理系统平台,并组织开展信用信息归集、认定、公开、评价和使用,确保信用信息管理系统建成后有效成为创新管理方式的平台并取得实际良好效果。二是出台园林绿化工程招标文件范本和园林绿化工程合同范本,规范招投标工作,维护竞争有序的市场秩序。三是指导各地建立完善园林绿化工程质量安全监督管理的体制机制,落实相关机构和人员,切实承担起园林绿化工程的事中、事后监管,同时开展工程质量综合评价,形成完整的信用数据。

3.3 园林绿化工程施工招标投标管理标准

中国风景园林学会于2018年聚焦城市园林绿化施工企业资质取消后园林绿化行业改革需求,旨在实现园林绿化工程施工招标投标工作的有序衔接,进一步规范招标投标行为,促进市场有序发展,维护公平竞争,保障工程施工质量和品质,提升行业技术水平。根据相关法律法规和政策的规定,结合园林绿化行业特点,制定《园林绿化工程施工招标投标管理标准》(T/CHSLA 50001—2018)(下文简称《标准》),于2018年12月正式发布,2019年1月1日起实施。标准适用于各类园林绿化工程的施工招标投标管理。园林绿化工程的施工招标投标活动,除应符合本标准外尚应符合国家现行有关标准的规定。

3.2 《园林绿化
工程施工招标
投标管理标准》

3.3.1 目的和意义

标准的制定是适应当前园林工程建设市场对科学化、标准化、规范化管理的需要,也是探索园林绿化行业深化改革、创新园林绿化工程建设市场管理机制的新尝试。新标准将在招投标使用中得到不断的完善,并为形成非资质管理市场环境下招投标工作新机制提供重要动力。

标准的制定是适应制度改革模式的创新体现,为建立市场竞争新规则,探索工程建设非资质管理新模式,弱化造价竞争的唯一性,更加注重施工企业承担相应工程的技术条件、管理水平、行为信用和履约能力,有利于遴选优秀企业,提升行业技术水平,建设优质工程,从而引导行业健康发展。

3.3.2 特点

《标准》突出了园林绿化工程建设的特点,结合实际情况和发展需要,探索创新,全面考虑行业动向和发展趋势,具体制定管理规则。

①实行园林工程分类管理:根据工程内容、规模、复杂性、特点等将园林工程划分为4类,有利于招标人根据不同类型工程对投标人承包工程的综合或专项能力提出不同要求,分类实施管理。

②推进项目负责人制度:明确项目负责人的基本条件和要求与项目负责人人才评价条件一致,要求不同类型园林工程选取不同等级项目负责人,对项目负责人的知识能力、工作经验、能

力水平、业绩积累等提出基本要求,招投标时,可根据实际要求对投标项目负责人进行答辩考核。明确项目负责人仅能承担1项施工项目,确保项目负责人能够将充分的精力投入到工程中去,真正承担起工程建设的全面责任。为保障大中型项目建设技术管理,提出技术负责人负责工程技术的管理要求。

③重视现场技术和管理力量的配备:现场技术管理力量配备是工程技术的主要保障,《标准》对现场管理机构的人员配备、岗位配备提出了明确规定,对不同类型工程技术工人数和工种配备提出了相应要求。

④鼓励企业技术创新与储备:推进企业施工技术规范化、标准化,鼓励企业重视工程技术能力的积累。提出投标人应具有与工程建设活动相匹配的技术储备,包括企业工法、施工技术规程(标准)、专项工艺、技术要点等。承担大型和特殊园林工程的企业应有解决专类问题和特殊复杂问题的技术能力,如专项工法、专项工艺、标准等。提出对工法、专项工艺标准加分。工法是成熟、先进、高效的施工经验等形成的施工标准,规范施工操作是施工企业的核心竞争力。通过把工法转化为企业标准,提升核心竞争力,把专项优势集合而变为企业优势。二次设计是园林施工过程中因地制宜的再创造、再设计,关系到园林景观、生态效应的艺术再现和升华。要求承担大型和特殊工程项目企业具有二次设计深化能力,招标人可根据项目需要将设计能力纳入评标分值。鼓励施工企业根据现场实际情况,通过现场设计再创造,提高工程质量品质。特殊复杂工程应当要求编制专项施工技术方案。对危险性较大、特殊复杂分部分项工程,投标人应编制专项施工方案。

⑤重视企业信用与实绩考核:园林绿化工程招标应将企业市场主体信用情况纳入评审要求,并作为投标人资格审查和评标的依据。园林绿化施工企业应在园林绿化信用新型管理体系中录入基本信息。园林工程招标时,根据工程情况可要求投标人及项目负责人具有相应的工程业绩。

⑥强化技术评标:改变目前以商务标评标为主的做法,提倡大中型园林工程实行综合评标法,明确技术评审内容,包括施工组织设计、技术能力、业绩评价、企业信用评价、项目负责人答辩等。加大了技术标的评标权重,综合考量投标企业的实际履约能力,更加注重园林工程建设质量品质的保证。

⑦工程造价合理且严控低价中标:提出投标报价不得低于成本,合理报价不应低于控制价的85%。低价必须提供风险担保,对于中标价低于控制价85%的,中标人应额外提供保函等形式的风险担保或具有相应功能的保险。

3.3.3 主要内容

《标准》主要内容共有8章。针对园林工程实际需求,根据园林绿化工程的建设规模、复杂性、特殊性,对招标投标管理中的一般规定、工程类型、技术规定、商务规定、资信要求、评标规则等要点进行总结,提出相关的技术指标,便于建设单位择优选择好的施工单位,提高园林绿化工程质量和效率,提升园林绿化品质,加快全国城市园林建设和生态环境建设。

1)总则

本标准适用于各类园林施工项目的招标投标管理。达到一定规模且符合国家对必须招标的工程项目有关规定的园林项目,应按园林绿化的类别实施招标。

2）术语

列出了本标准所涉及的术语和定义,对术语的概念、应用特点及范围进行界定。对"园林绿化工程""附属绿地工程""工法""园林绿化信用信息管理系统"的概念作了详细解释。

3）基本规定

明确了园林绿化工程的施工招标应按照国家简政放权的要求,减少行政壁垒,不得对投标人资质设定要求。应当符合国家和各地政府建设工程招标投标管理办法的规定,并对投标人的企业与个人的资格、技术能力、资金、设备,项目负责人、技术负责人、管理人员、技术工人、工程业绩、信用记录等作了一般性规定。鼓励一定规模以及技术复杂的园林绿化工程,可以根据工程特点采用设计施工一体化的工程总承包发包方式。建议将园林绿化信用信息评价管理作为投标人资格审查和评标的重要参考。

4）工程类型

为了便于指导全国园林绿化招标投标管理,提高标准的科学性和可操作性,该章根据工程规模、特点、造价以及施工技术难易,规定了Ⅰ类、Ⅱ类、Ⅲ类、Ⅳ类工程,以合理划分招标标段,明确界定招标范围。不同类型园林绿化项目,对施工企业所具备的项目管理机构、技术工人、类似业绩、技术储备等能力要求不同。

5）技术能力

园林绿化工程是集景观性、艺术性、功能性、生态性的综合体,因此,施工技术能力是工程顺利开展的核心和关键。针对施工企业、项目管理机构(项目负责人、技术负责人、管理人员)、技术工人、工程业绩、技术储备等作了具体规定。企业应当重视项目负责人、管理人员、技术工人的技术培训,重视工程技术的总结、研究、实践,加强在工艺、工法、企业标准等方面的科技研究。对Ⅲ类、Ⅳ类园林绿化工程,企业应有解决专类问题和特殊复杂问题的技术能力,且有一定的技术储备,包括相似工程业绩、工法、技术标准等。

6）商务报价

针对商务报价提出应结合园林绿化工程项目的特点、要求,招标人应在招标文件中明确商务标中工程发承包计价以及报价评审办法。投标报价应当依据工程量清单、工程计价有关规定、企业定额和市场价格信息等编制;投标报价不得低于工程成本,不得高于最高投标限价。

7）资信评价

提出从事园林绿化工程建设的施工单位及其项目负责人应当具备良好的信用记录。企业及人员的市场行为记录、履约记录、工程质量评价、技术水平、工程获奖等主要信息应在园林绿化工程建设信用信息管理系统中记录。园林绿化行业的市场主体信用记录应作为投标人资格审查和评标的依据。

8）评标规则

包括评标委员会、资格审查、符合性评审、详细评审、评标分值的相关内容。对资格审查、技术要点、投标报价的评审分别提出了评审要求。规定了资格审查的基本要求，资格审查应按照现行的国家和地方招标投标有关法规、政策和管理办法执行。审查投标人对招标文件的响应，不符合要求的可以否决其投标。其形式可分为形式评审、资格评审、响应性评审等。

3.4 园林绿化施工企业信用信息及评价标准

根据《国务院关于建立完善守信联合激励和失信联合惩戒制度 加快推进社会诚信建设的指导意见》（国发〔2016〕33 号）、《国务院关于加强政务诚信建设的指导意见》（国发〔2016〕76 号）以及《住房城乡建设部印发〈园林绿化工程建设管理规定〉的通知》（建城〔2017〕251 号）等文件要求和相关法律法规及政策规定，及时响应住房和城乡建设部取消城市园林绿化施工企业资

3.3 《园林绿化施工企业信用信息和评价标准》

质，国务院推进"放管服"改革和园林绿化行业市场改革，同时为促进建立园林绿化行业市场信用管理体系，降低入市门槛，强化园林绿化工程建设事中、事后监管，维护市场公平竞争秩序，打破地方保护壁垒，鼓励和引导园林绿化施工企业自觉诚实守信，服务园林绿化行业高质量发展，发挥园林绿化行业在生态文明建设工作中的重要作用，中国风景园林学会于 2019 年 12 月发布了《园林绿化施工企业信用信息和评价标准》（T/CHSLA 10001—2019）（下文简称《标准》），2020 年 5 月 1 日起实施。

3.4.1 目的和意义

《标准》本着全面包容、主次分明的原则，明确信用信息内容，解决"评什么"的问题；本着客观公正、切实可行的原则，确定评分指标及分值设置，解决"怎么评"。《标准》为建立园林绿化行业市场主体信用评价体系提供了技术支撑，填补了我国园林绿化施工企业信用市场的标准建设空白，有效填补了园林绿化施工市场新旧秩序交替时期缺乏统一评价标准的空白，与团体标准《园林绿化工程施工招标投标管理标准》（T/CHSLA 50001—2018）互为补充，为住房和城乡建设部建立新的市场管理秩序、创新城市园林绿化建设市场管理方式提供了技术支撑。

3.4.2 创新点

一是搭建了全国统一的信用体系参考框架，明确了全国"一把尺子"，消除地方壁垒，同时兼顾地方差异性，强调实施细则由各地区结合当地实际情况来研究制定，给各地留足余地。二是信用信息全面包容，并突出人才实力和工程业绩两大核心。三是设置基础得分易获得的"低进入门槛"，结合事中、事后全过程监管，鼓励企业发展与自律。四是营造"诚信激励、失信惩戒"奖罚分明的市场价值导向，促进形成"联合激励、联合惩戒"的行业管理态势。五是注重信

息共享和全社会监督,保障信息易获取、评价易操作。

3.4.3　主要内容

《标准》主要内容包括:总则、术语和定义、基本要求、信用信息分类、信用评价指标以及信用评价计分规则六个部分。

1)总则

本标准规定了园林绿化施工企业的信用信息分类和内容标准,以及信用评价的原则、评价指标和计分规则等。本标准适用于园林绿化施工企业的信用信息归集和信用评价。

2)术语和定义

列出了本标准所涉及的术语和定义。对"园林绿化施工企业""园林绿化施工企业信用信息""园林绿化施工企业信用评价""园林绿化施工企业从业人员""园林绿化工程项目负责人""园林绿化工程技术负责人""园林绿化工程技能人员"的概念作了详细解释。

3)基本要求

①园林绿化施工企业信用评价应遵循依法、公开、公平、公正、客观的原则,构建"政府主导、行业自律、企业参与、社会监督"的评价体系,实现信息共享、合规应用和联合奖惩的园林绿化市场监管目标。②信用评价周期不应超过6个月。③信用信息及评价的结果应在当地公共信息平台上公布,并及时更新;信用评价过程应主动接受社会监督。

4)信用信息分类

信用信息分类包括:4.1 一般要求;4.2 企业基本信息;4.3 企业人员信息;4.4 工程项目信息;4.5 业技术储备信息;4.6 企业从业行为信息。

5)信用评价指标

信用评价指标包括:5.1 从业能力;5.2 从业行为。

6)信用评价计分规则

信用评价计分规定包含:6.1 一般要求(①各地制定的评价细则宜符合本标准设置的分值框架和计分方法,②各地信用评价实施细则应适用于参与本地区园林绿化工程建设活动的所有施工企业);6.2 分值设置。

3.5 园林绿化工程项目负责人评价标准

3.5.1 立项背景

3.4 《关于分类推进人才评价机制改革的指导意见》

1)国家人才评价制度改革需要

2018年2月26日,中共中央办公厅 国务院办公厅印发《关于分类推进人才评价机制改革的指导意见》(下文简称《意见》),要求各地区各部门结合实际认真贯彻落实。

《意见》指出:人才评价是人才发展体制机制的重要组成部分,是人才资源开发管理和使用的前提。建立科学的人才分类评价机制,对于树立正确用人导向、激励引导人才职业发展、调动人才创新创业积极性、加快建设人才强国具有重要作用。

《意见》的总体要求:全面贯彻党的十九大精神,以习近平新时代中国特色社会主义思想为指导,认真落实党中央、国务院决策部署,按照统筹推进"五位一体"总体布局和协调推进"四个全面"战略布局要求,落实新发展理念,围绕实施人才强国战略和创新驱动发展战略,以科学分类为基础,以激发人才创新创业活力为目的,加快形成导向明确、精准科学、规范有序、竞争择优的科学化社会化市场化人才评价机制,建立与中国特色社会主义制度相适应的人才评价制度,努力形成人人渴望成才、人人努力成才、人人皆可成才、人人尽展其才的良好局面,使优秀人才脱颖而出。

《意见》"五、健全完善人才评价管理服务制度"中提出"发挥市场、社会等多元评价主体作用,积极培育发展各类人才评价社会组织和专业机构,逐步有序承接政府转移的人才评价职能。"

2)解决本行业面临问题的需要

园林绿化企业,特别是民营园林绿化企业遇到了前所未有的生存困境,表现在:①市场由有序变成了无序甚至混乱,投标没有依据;②园林施工企业短期内猛增;③拥有资质的市政、建筑、林业、水利等类企业侵占园林项目;④园林绿化行业影响力进一步被弱化;⑤人才流失严重。

3)园林绿化高质量发展需要

主管部门要高度重视园林绿化行业存在的问题,加强管理和服务,确保公平公正的营商环境。因此,开展人才评价是风景园林行业未来发展的需要。

4)园林绿化企业发展需要

专业技术人才是企业的核心竞争力,企业只有树立正确的用人导向,才能激励引导人才成长,促进提高技能人才待遇水平和社会地位,才能让真正的人才脱颖而出。壮大自己的人才队

伍,提升竞争力。

　　总之,园林绿化工程项目负责人是园林绿化企业的重要管理+技术岗位,无论是对于保证工程质量、工期、安全,还是对于保证成本控制和经济效益,都是至关重要的关键人物。中国风景园林学会于 2019 年 12 月发布了《园林绿化工程项目负责人评价标准》(T/CHSLA 50004—2019)(下文简称《标准》),2020年 10 月 1 日起实施。

3.5　《园林绿化工程项目负责人评价标准》

3.5.2　目的和意义

　　为推动园林绿化行业人才队伍的职业化建设,建立科学的从业人员人才评价制度,加强行业自律和科学管理,通过公平、公正、科学的人才考核评价,根据园林绿化工程管理要求和国家有关职业技能评价制度规定以及《国家职业技能标准编制技术规程(2018 年版)》,结合园林绿化行业特点,制定本标准,从而提高园林绿化工程项目负责人评价工作的质量水平,激励行业人才脱颖而出,促进园林绿化行业高质量发展,本标准适用于园林绿化工程项目负责人的培训、评价及管理。

3.5.3　主要内容

　　《标准》主要内容包括:总则;术语;一般规定;评价内容和指标;能力、知识权重与考核科目;申报条件;考核评价;培训与继续教育。

1)总则

　　项目负责人评价标准是用于技术技能型人才的评价,要突出实际操作能力和解决关键生产技术难题要求,突出掌握运用理论知识,指导项目管理,创造性地开展工作。

2)术语

　　列出了本标准所涉及的术语和定义。"园林绿化工程""园林绿化工程项目负责人""高级园林绿化工程项目负责人""职业能力"和"职业能力评价"的概念作了详细解释。

3)一般规定

　　(1)职业功能

　　园林绿化工程项目负责人应以项目责任制为核心,对园林绿化工程进行质量、进度、成本、安全、文明施工等管理控制,全面提高项目管理水平,确保项目按合同约定完成验收并交付使用。园林绿化工程项目负责人应系统掌握园林绿化工程项目管理的相关专业知识和具备丰富的工程项目管理经验,具有较强的统筹计划、组织管理、协调控制、自主学习及创新能力。

　　(2)职业等级

　　园林绿化工程项目负责人设两个等级,分别为项目负责人和高级项目负责人。造价大于等于 3 000 万元的大型工程,或者技术特别复杂、施工难度大、专业综合性强的园林绿化工程的项目管理宜由高级项负责人承担。园林绿化工程类型的划分应符合现行团体标准《园林绿化工程施工招标投标管理标准》(T/CHSLA 50001—2018)的规定。

（3）职业道德

园林绿化工程项目负责人应具有良好的职业道德,必须遵纪守法、爱岗敬业、诚信为本、追求品质。

（4）工作内容

园林绿化工程项目负责人可从事园林绿化建设和养护工程项目管理、园林绿化工程经济技术咨询,以及法律法规规定的其他业务。阐述了项目负责人可从事的工作以及工作范围。

（5）基础知识

基础知识应包括项目管理知识和园林绿化专业知识两部分。项目管理知识应包括工程经济、法律法规和工程项目管理知识。园林绿化专业知识应包括园林土建工程、园林建筑、园林植物及种植、养护工程、园林艺术及相关的标准规范、新材料、新工艺、新技术等内容。

4）评价内容和指标

①工程招标投标阶段评价内容:投标、现场踏勘、项目分析及风险评估、合同及资料研究、项目部组建。

②施工准备阶段评价内容:图纸审查、施工组织设计、资源配置、开工准备。

③施工组织管理阶段评价内容:施工部署、进度控制、质量控制、安全生产、合同管理、成本控制。

④竣工验收及项目结算阶段评价内容:竣工验收、竣工资料、项目结算、项目总结。

⑤管理养护阶段评价内容:养护管理、项目移交。

详见相应标准表。

5）能力、知识权重与考核科目

（1）能力与知识权重

项目管理各阶段对项目负责人职业能力和相关知识考核权重的分配是根据项目管理各阶段工作在整个施工过程中的重要性来进行的,倾向于实操技术环节。详见相应标准表。

（2）考核科目设置

项目负责人评价考试科目应分为三科,包括下列内容:"园林绿化工程经济和法律法规""园林绿化工程施工组织管理""园林绿化工程专业知识"三科的权重占比为3:3:4。

6）申报条件

①凡遵守国家法律法规的园林绿化行业从业人员,可申请园林绿化工程项目负责人能力评价,年龄不应超过60周岁。

②申请参加项目负责人的考核评价:风景园林及其相近专业(园艺、植物保护、林学)从业人员应符合下列条件之一:取得中专、中技学历,从事园林绿化工程项目施工、养护或者管理工作满5年;取得大专学历,从事园林绿化工程项目施工、养护或者管理工作满4年;取得本科及以上学历,从事园林绿化工程项目施工、养护或者管理工作满2年。

非风景园林及其相近专业从业人员应符合下列条件之一：取得中专、中技学历，从事园林绿化工程项目施工、养护或者管理工作满 7 年；取得大专学历，从事园林绿化工程项目施工、养护或者管理工作满 6 年；取得本科及以上学历，从事园林绿化工程项目施工、养护或者管理工作满4 年。

③申请项目负责人考核评价部分科目免考的条件：已经取得二级建造师证书的非风景园林及相近专业从业人员，在园林绿化行业从业满 5 年的，可免"园林绿化工程施工组织管理"和"园林绿化工程经济和法律法规"的考试，但应当参加"园林绿化工程专业知识"的考试。

具有风景园林及相近专业（园艺、植物保护、林学）中级（含）以上职称，或者具有园林绿化技师、高级技师证书的从业人员，从业满 5 年的，可以免园林绿化工程专业知识的考试，但应当参加园林绿化工程施工组织管理和园林绿化工程经济和法律法规的考试。

7）考核评价

（1）评价原则

园林绿化工程项目负责人评价应坚持"统一标准、自愿申报、地方培训、集中评价、科学公正、保证质量"的原则。园林绿化工程项目负责人评价应符合园林绿化行业高质量发展的需要。

（2）评价组织

中国风景园林学会与地方风景园林行业组织合作开展项目负责人评价工作。中国风景园林学会和地方风景园林行业组织应分别成立人才评价委员会和人才评价专家委员会，具体负责相关工作。

（3）考试答辩

项目负责人考核评价应采取计算机线上考试方式。考试科目应符合本标准第 5.2 节的要求，考试合格者由中国风景园林学会颁发《园林绿化工程项负责人》人才评价证书。

8）培训与继续教育

①符合条件的园林绿化从业者参加项目负责人和高级项目负责人能力评价考核之前，可自愿参加相应的培训；参加集中授课或者线上教育不宜少于 40 标准学时（5 天）；已经取得《园林绿化工程项目负责人》证书，申报高级项目负责人证书的从业者宜参加集中授课或者线上教育不少于 24 标准学时（3 天）。

②培训教师应具备系统的园林绿化工程项目管理、工程经济及园林绿化专业技术知识，具有良好的知识传授能力；培训项目负责人的教师，应从事园林施工、养护或者管理工作 10 年以上，且具有高级项目负责人评价证书或风景园林及相关专业副高以上（含副高）专业技术职称；培训高级项目负责人的教师，应从事园林施工、养护或者项目管理 15 年以上，且具有高级项目负责人评价证书或风景园林及相关专业正高技术职称。

③园林绿化工程项目负责人能力评价证书有效期应为 5 年。有效期之内，持证人应参加相关继续教育；有效期逾期之前，持证人应提供满足 40 学时的继续教育相关证明；参加各类园林绿化业务培训、业务交流、学术会议等均可视为继续教育。

④对已获得园林绿化工程项目负责人证书的从业人员，在承担工程项目管理过程中，出现一般质量安全问题或者失信行为的，项目负责人申报高级项目负责人证书时从业年限应延长 3

年;高级项目负责人在证书 5 年到期时应参加《园林绿化法律法规和标准规范》科目的考试,考试合格则证书继续有效,否则降级为项目负责人。

⑤持有项目负责人和高级项目负责人证书期间,在主持工程管理过程中违反相关法律法规造成重大事故或者损失情节严重,被有关行政管理部门处罚的园林绿化工程项目负责人,中国风景园林学会应视情况注销其证书并进行公告。

3.6　园林招标及合同示范文本

1)施工合同示范文本

为指导园林绿化工程施工合同当事人的签约行为,维护合同当事人的合法权益,依据《中华人民共和国民法典》《中华人民共和国建筑法》《中华人民共和国招标投标法》以及相关法律法规,2020 年 10 月住房和城乡建设部、市场监管总局组织编制了《园林绿化工程施工合同示范文本(试行)》(GF—2020—2605)(下文简称《合同示范文本》),2021 年 1 月 1 日起实施。

(1)《合同示范文本》的组成

《合同示范文本》由合同协议书、通用合同条款和专用合同条款三部分组成。

①合同协议书共计 16 条,主要包括:工程概况、合同工期、质量标准、签约合同价与合同价格形式、承包人项目负责人、预付款、绿化种植及养护要求、其他要求、合同文件构成、承诺以及合同生效条件等重要内容,集中约定了合同当事人基本的合同权利与义务。

②通用合同条款共计 20 条,采用《建设工程施工合同(示范文本)》(GF—2017—0201)的"通用合同条款"。

③专用合同条款共计 20 条,是对通用合同条款原则性约定的细化、完善、补充、修改或另行约定的条款。合同当事人可以根据不同建设工程的特点及具体情况,通过双方的谈判、协商对相应的专用合同条款进行修改补充。

在使用专用合同条款时,应注意以下事项:专用合同条款的编号应与相应的通用合同条款的编号一致;合同当事人可以通过对专用合同条款的修改,满足具体建设工程的特殊要求,避免直接修改通用合同条款;在专用合同条款中有横道线的地方,合同当事人可针对相应的通用合同条款进行细化、完善、补充、修改或另行约定;如无细化、完善、补充、修改或另行约定,则填写"无"或划"/"。

(2)《合同示范文本》的性质和适用范围

《合同示范文本》为非强制性使用文本。《合同示范文本》适用于园林绿化工程的施工承发包活动,合同当事人可结合园林绿化工程具体情况,参照本合同示范文本订立合同,并按照法律法规规定和合同约定承担相应的法律责任及合同权利义务。《合同示范文本》中引用的规范、标准中,未备注编制年号的,均采用现行最新版本。

2)招标等示范文件

为深化城市园林绿化施工企业资质取消后园林绿化行业改革措施,进一步规范园林绿化工程建设市场的招标投标行为,紧抓工程建设实施的关键一环,切实保障工程的施工质量和品质,在住房和城乡建设部城建司的领导下,2020年9月中国风景园林学会组织编制了《园林绿化工程施工招标资格预审文件示范文本》(T/CHSLA 100004—2020)和《园林绿化工程施工招标文件示范文本》(T/CHSLA 100005—2020)(以下简称"两个示范文本")两项团体标准,以期为园林绿化市场主体提供依法合规、规范严谨、便捷易用的示范文本,自2021年4月1日起实施。

两个示范文本以国家及地方现行的相关法律规范标准为依据,重点参照了国家发改委等九部委联合制定发布的《标准施工招标文件资格预审文件》和《标准施工招标文件》,充分结合园林绿化工程特点和实践需要,并贯彻落实国家"放管服"改革和优化营商环境等系列新政策新规定,同时前瞻性地借鉴了招标投标法修订征求意见稿的部分规定、招标文件示范文本的合同部分,全文引用了住房和城乡建设部、国家市场监管总局联合制定的《园林绿化工程施工合同示范文本(试行)》(GF—2020—2605)。整个编制过程规范严谨,框架清晰,表述规范准确,体现了公平、公正、诚实信用、科学择优的市场精神。

两个示范文本有效解决了2017年4月园林绿化资质取消以来如何编制一份优秀的招标文件的难题。两个示范文本的制定与实施,与中国风景园林学会已经发布的团体标准《园林绿化工程施工招标投标管理标准》(T/CHSLA 50001—2018)《园林绿化施工企业信用信息和评价标准》(T/CHSLA 10001—2019)一同构成了一整套的园林绿化建设市场标准体系,将系统地引导、规范园林绿化工程施工建设市场行为,营造公平有序的营商环境,促进园林绿化行业的高质量发展。

| 3.6 《园林绿化工程施工合同示范文本(试行)》 | 3.7 《建设工程施工合同(示范文本)》 | 3.8 《园林绿化工程施工招标资格预审文件示范文本》 | 3.9 《园林绿化工程施工招标文件示范文本》 |

思考题

1. 简述园林绿化资质取消面临的问题。
2. 简述园林绿化工程施工招标投标管理标准的特点。
3. 简述园林绿化施工企业信用信息及评价标准的创新点。
4. 简述园林绿化工程项目负责人评价标准的立项背景。

4 风景园林企业内部管理

【本章导读】

通过本章学习,要求掌握园林生产计划的编制、劳动管理的各个环节、安全管理的主要内容;了解财务会计管理、安全生产和安全检查的相关知识,了解当前流行的项目管理软件及资料管理软件的使用。

4.1 基础管理

4.1.1 基础管理的内容

城市园林绿化行业,是由许多性质不同的经济实体组成的。它们对社会肩负的任务不同,在经营制度上有的是企业单位,有的是事业单位。它们的生产方式不同,有的以物质产品为主,有的以服务产品为主,还有的以商业贸易为主。无论哪种性质的单位,在生产经营过程中都离不开劳动、土地、资本和技术,生产经营的目的都要为生产要素的投入获取相应的价值回报。

城市园林绿化的投资主体来自不同方面:一是国家有计划的绿地建设和养护投资;二是各行各业结合建设事业的发展和人民改善生活环境的需要进行的绿地建设和养护的投资。国家和社会对园林绿化财力、人力、物力和土地的投入,与其他经济部门一样,都必须获取相应的效益回报,只是效益的表现形式不同罢了。有的表现为加强养护管理,提高环境效益;有的表现为提高工程质量降低成本;有的表现为提高植物成活率,减少经济损失;有的表现为提高服务质量,满足人们游览休憩的要求。但是,一切生产、经营活动都是为了追求投入产出的效果,争创好的经济效益。

每一个生产经营单位,都要通过基础管理掌握生产经营的运行。基础管理的主要内容包括调查研究科学决策,制订生产、经营计划;组织劳动管理,提高劳动生产率;严格财务管理,实行经济核算;实行质量管理,提高产品质量;实行设备、物资管理,降低成本;引用先进技术,争创领先水平;运用信息技术,迎接时代挑战。

4.1.2　生产计划管理

1) 计划是管理的基本职能

计划是一种科学的、及时的预测,制订未来的行动方案,目的在于达到最好的经济效益。城市园林绿化业的生产、经营目标,都体现在计划里,大到整个城市绿地系统的建设规划,小到一个单位、一个部门的生产经营活动。计划工作无处不在,无时不在。无论是哪个组织,还是哪个层次的管理者,要实施有效的管理,就必须做好计划工作。

绿化建设在城市建设中占有一定的比例,它是国民经济计划的一部分,它从属于国民经济的发展水平,受国民经济计划的制约。多年来的实践表明,园林绿化事业的发展,除了受政治形势和思想路线的影响,还与国民经济的发展水平有着密切的关系,一般按照一定的比例平行上升或下降:如果与其他建设事业配合主动,计划周密,预测准确,在同样情况下,就可以得到协调发展;如果与相关的建设事业脱节,将难以开展。为此,做好计划管理有着重要意义。确定城市园林绿化工作目标,构筑工作框架,制订方针、政策,建立激励制度,都需要有计划的指导。

2) 做好计划管理要掌握的几个环节

(1) 树立全局观点

所谓全面计划管理是指在国家计划指导下,根据社会对园林绿化的需要,统筹安排各项生产要素,在综合平衡的基础上制订全面的生产、建设和业务计划,并且通过计划管理的专业机构,把各项计划任务落实到各个业务部门、各个基层单位和各个生产岗位,形成上下贯通的计划工作体系。通过计划的制订、执行和检查,建立一套完整的计划管理制度。在执行计划过程中,局部的目标要保证整体目标的实现,短期计划要保证长期计划的实现,要把局部计划和整体目标紧密地结合起来。

(2) 做到计划的系统化

计划的种类有很多:按计划的时间可分为长期计划、年度计划和作业计划;按计划的范围可分为全行业计划和基层单位计划;按计划的领导方式可分为直接计划和间接计划;按业务内容可分为建设计划、养护管理计划、服务计划等。

不同的计划,反映各自不同的专业要求。长远计划一般是指 5 年、10 年较长时间的计划,它是规定在一个较长时间内发展远景的纲领性文件,也称为远景规划。它规定了发展的方向和任务。城市园林绿化长远规划是在城市的总体规划的指导下,与有关部门协作配合下制订的。长期计划能使计划执行者站得高、看得远、目标明、决心大,是制订年度计划的依据。年度计划是指根据长远规划和国家下达的计划任务,具体规定年度内生产、业务、财务等各方面任务的计划。年度计划在各种计划中占有重要的位置,作用在于落实一年内的工作部署,涉及园林专业系统内各个单位、各个部门,也涉及园林专业系统以外的有关单位和部门的协调关系,是园林部门年度的行动纲领,计划管理的中心环节。

(3) 做好计划的编制、执行和检查工作

编制计划是计划工作的开始,执行计划是计划管理的目的。检查计划执行情况是为了更好

地执行计划。

①编制计划:要研究上级下达的任务和有关指示,明确计划期内的指导思想和方针方向;研究长期计划规定的分年度目标,明确计划期内的具体任务;研究上期计划完成情况;收集生产、建设、业务活动的有关预测资料;掌握财力、物资的保证程度;掌握各种技术经济指标、技术力量和协作条件。在充分掌握资料的基础上进行综合分析,预计生产能力,衡量人力、物力、财力、技术力量,提出任务和完成任务的措施。

②执行计划:执行计划的基本要求是全面地完成各项计划指标,及时完成各项任务。必须做好作业计划和调度计划,做到层层落实、随时掌握工作进度,及时解决工作进行中发生的问题。要把计划任务分解落实下去。把年度、季度的总任务变为各级组织各个部门的行动计划和工作目标。只有层层分解落实,才能保证计划的完成。

③检查计划:检查计划是对计划的执行情况进行定期和经常分析,发现计划执行中存在的问题,并及时采取措施加以解决,以保证计划顺利执行。检查计划的依据是计划指标、定额和质量标准。用这些标准从不同角度反映计划执行情况。要搞好检查,必须建立和健全数据反馈系统,加强原始记录和统计制度,以及时准确地反映情况。

4.2　财务会计管理

园林绿化单位财务管理,是指生产、经营过程中有关经费的领拨、运用、管理、缴销和监督。

4.2.1　财务管理的职能

1)财务工作坚持的原则

财务管理要做到面向生产、支持生产、参与生产、促进生产,要严格遵守国家的方针、政策和具体规定,正确处理国家、单位、个人三者的利益关系。

(1)坚持为生产服务的原则

发展城市绿地面积、提高城市的绿化覆盖率、提高园林绿地质量是园林部门的中心任务,财务管理首先要为这个中心任务服务。从财务上给予保证和支持,这就是生产观点的具体表现。

(2)坚持勤俭办事业的原则

精打细算、用较少的钱办较多的事、提高资金使用效率是发展事业、提高质量的有效方法。要坚持勤俭办一切事业的原则,厉行节约,反对浪费。

(3)坚持民主理财的原则

把专业管理和群众管理结合起来,实行经济民主,促使每个部门和职工关心财务的运行情况。

2)财务管理的职能

(1)有计划地、合理地分配和供应资金

根据国家投资和收支情况,按照计划,进行合理分配和预算平衡,保证生产建设计划的顺利进行。

（2）财务的监督作用

财政资金的合理分配和使用,是财务管理的重要环节。分配和使用是否得当,直接关系事业发展的进程。应对财政资金的运转过程,尤其是对资金的使用进行管理和监督,以提高资金的使用效果。认真执行预算,严格执行财政制度,对违背国家计划,违反财政政策、财经纪律,浪费国家资金的行为进行监督。

（3）合理地组织收入

从实际情况出发,充分发挥行业优势,在为人民提供优质服务、丰富人民文化生活、满足社会需要的前提下,增加收入。通过组织收入,减轻国家的负担,以更有效地加速园林绿化事业的发展。

4.2.2　财务管理的模式

对于城市园林绿化事业整体来说,它是城市公用事业的一部分,公共绿地养护管理单位是不以营利为目的的事业单位。它的经费来源,主要是国民收入分配中用于社会公用事业,满足人民共同需要的"必要扣除"中的一部分,就是常说的"取之于民,用之于民"。虽然国家对城市园林绿化建设和养护管理的投资,逐年有所增加,但是国家还不富裕,财力有限,还不可能充分满足事业发展的需要。为此,要坚持科学理财,以最少的投入,争取最大的效益。

园林绿化行业内部有各种不同性质的生产、经营单位,财务管理制度也各不相同。凡属园林绿化建设工程,按照增加固定资产投资的程序有计划地进行投资;养护管理费用,按照国家批准的预算,由上级财政部门提供资金。由于生产经营性质不同,预算管理方法也各不相同。例如,公园是为人民群众提供休息游览的公益性事业单位,其经费开支是由预算拨款的。但是有的公园有门票收入,还可以结合公园业务特点开展多种经营,有一定数量的收益,采取收支相抵差额补贴的方式。街道绿化、行道树是市政设施的一部分,没有固定收入或收入极微,它的经常养护管理开支几乎全部由预算拨款。绿化材料生产单位的产品作为商品进入市场,一般按照企业管理的要求进行核算,承担一定的上缴任务。但是,由于经营管理水平等客观条件的限制,虽然进行成本核算,有的还暂时地实行收支差额的管理方式。园林部门所属的商业、工业性质的生产单位,实行企业管理,对国家承担一定的利税上缴任务。总的来说,园林绿化单位收入、支出相抵之下,不足之数,实行差额管理。国家每年拨付一定数量的园林绿化养护管理费。在深化改革的过程中,对事业单位的预算管理有所改进。按照养护管理任务的数量多少、质量要求、依照定额核定投资金额,把"以费养人"变为"以费养事",这种预算管理模式与过去相比是一大进步。

4.2.3　财务管理的几个环节

有了健全的财务管理制度,才可能及时供应、合理安排、节约使用各种资金,保证生产、建设和经营活动的正常运行。财务管理是直接关系事业发展的重要职能。

1）预算管理

预算是根据业务的实际需要编制的,预算是业务计划以资金形式的体现,是实现计划的资金保证,是计划期内资金安排及业务活动规模和方向的反映。预算管理是以预算为依据,对财

务活动的管理。

园林绿化单位预算管理类型有多种:有的单位有收入有支出,有的单位有支出无收入(或基本无收入);有些单位支大于收,有些单位收大于支。为了充分发挥各单位生产业务的积极性,合理地组织收入,严格地节约支出,根据各单位不同类型和收支情况,确定不同的预算管理形式。

(1)全额管理

这种管理形式一般适用于没有经常性收入的单位,如行道树养护单位等。单位的各项收入全部纳入预算,所需支出全部由预算拨款,所取得的各种收入全部上缴。采取这种管理形式,有利于国家对单位的收支进行全面的管理和监督,同时,使单位的支出得到充分的保障。

(2)差额管理

这种管理形式适用于有经常性业务收入的单位,如公园等。以自己的收入抵补支出,支大于收的差额由预算拨款,收大于支的差额上缴预算。

(3)企业化管理

有一些附属在事业单位之内的经营部门和商业服务部门,为了适应这些部门的特点,这些单位应按照企业要求承担一定的利税任务。

2)支出管理

支出是为实现计划,开展生产经营活动所必需的资金保证,是发展社会生产力,改善生产、生活条件必不可少的费用开支。国家对园林事业实行厉行节约,保障供给的方针。一方面要保障提供资金;另一方面又必须贯彻勤俭建国,勤俭办一切事业的方针。财务部门要及时供应资金,同时,生产业务部门要严格按照上级批准的计划开展工作。做好支出管理要注意以下两点:

(1)精打细算,把钱用在刀刃上

风景园林行业的普遍矛盾是要做的事很多,但是国家用于园林事业的拨款是有限的,不可能面面俱到。要把有限的资金用到最需要的地方,区别轻重缓急,精打细算,讲究经济效益。

(2)按计划、按规定用款

根据批准的预算和用款计划支出,对各项支出,必须按照规定的开支范围和开支标准执行。用款要按照事业进度领拨,不能提早和推后,既要保证资金及时供应,又要防止资金的积压。要划清资金渠道,基本建设拨款和专项事业拨款与经常费用不能互相挤占。预算内的资金严禁用到预算外。对没有预算、没有计划和不符合规定的开支,要守住口子。严守费用开支标准,费用开支标准是财务管理的重要环节之一,是国家为控制和掌握费用开支的统一规范。

3)收入管理

收入管理是指在生产、经营活动中因向社会提供服务、产品或行使行政管理,根据国家规定而取得收入。应该按照物价政策"应收则收,合理负担""谁受益,谁负担"的原则办事。收入要讲政策。按标准收费,是一项政策性很强的工作,要贯彻执行物价和收费政策,做到该收的收,不该收的坚决不收。各类收费标准都要依照审批权限报经有关机关审批。审批权限应根据"统一领导,分级负责"的原则执行。有的由园林部门审批,有的由物价管理部门审批,有的还要经上级机关审批,以便做好综合平衡工作。

4）财务监督

财务监督是财务工作的组成部分。它的目的在于保证方针、政策、财经纪律和规章制度的贯彻执行,促进增收节支,合理使用资金,讲究经济效益,全面完成国家计划。通过财务监督,保证按国家的规章制度办事,防止发生违反制度、违反纪律的行为。

4.2.4　经济核算

1）经济核算是解剖经济运行的手段

经济核算是在经济理论指导下,对各类经济活动的分析。可以是定期的经济活动分析,也可以是对某一特定项目的专题分析。通过经济核算掌握经济主体的经济发展过程、发展速度、各部门之间的联系、比例关系和经济效益,为经营者的决策提供科学依据,为提高管理水平创造条件。经济核算是经济管理基础工作之一。

园林绿化业的各种经济主体从事不同的经济活动,所从事的经济活动可以分为物质生产部门和非物质生产部门,还可以分为以营利为目的的企业单位和不以营利为目的的事业单位。它们共同的特点是都必须投入相当的生产要素,都是为了创造经济效益。随着管理科学的发展,为了争取更高的经济效益,无论是以营利为目的的企业单位,还是以非营利为目的事业单位,都需要推行经济核算制度,用以考核在生产经营活动中,在固定资产、流动资金占用下,活劳动和物化劳动投入后,所形成经济效益的高低。经济核算可以反映经济管理的成果,监督生产、经营活动的运行。

2）经济核算的主要指标

经济效益是指人们在经济活动中的劳动消耗或劳动占用与所获得的符合社会需要的成果之间的比较。所谓符合社会需要的成果,是指在质量、品种等方面符合市场需要的成果。评价经济效益的范围不同和经济效益的表现形式不同,成果可以是物质产品,也可以是各种不同的使用价值。所谓劳动消耗,是指活劳动和物化劳动在经济活动中的消耗。所谓劳动占用,是指经济活动中固定资产、流动资金等的占用。讲求经济效益,就是要以少量的劳动消耗(或劳动占用)生产出更多符合社会需要的商品。

经济效益分析是以数据来评价和研究经济效益的。这种研究需要通过设置经济效益计算指标来体现。园林绿化业中常用的指标如下:

(1)劳动生产率

劳动生产率反映活劳动消耗所形成的经济效益。它是指在一定时期内生产有用成果与同期活劳动消耗总量的比率。其计算公式为:

$$劳动生产率 = \frac{一定时期收入额}{同期生产劳动者人数}$$

(2)成本净产值率

成本净产值率反映全部劳动消耗的经济效益,成本是指用货币表示的活劳动消耗和物化劳

动的消耗的总和。其计算公式为：

$$成本产值率 = \frac{一定时期生产收入额}{一定时期生产部门的总成本}$$

为了提高成本净产值率，一方面要增加生产收入，积极发展生产，另一方面要减少成本支出，努力降低劳动消耗。成本净产值率这一指标可以反映增产节约的经济效益。

（3）成本利税率

成本利税率反映全部成本投入形成的经济效益。其计算公式为：

$$成本利税率 = \frac{一定时期上缴的利润和税金}{同期总成本}$$

式中，分子采用上缴而不是实现利润、税金，因为只有上缴的利润和入库的税金，才能形成社会效益。

（4）资金产值率

资金产值率反映资金占用所形成的经济效益。其计算公式为：

$$资金产值率 = \frac{一定时期生产收入额}{同期生产资金占用额}$$

式中，分母指固定资产平均净值与定额流动资金平均余额之和。

（5）资金利税率

资金利税率反映一定时期内每百元（或万元）资金占用所提供的上缴利税额，反映资金对国家财政作的贡献。其计算公式为：

$$资金利税率 = \frac{一定时期上缴利税额}{同期生产资金平均占用额}$$

（6）技术进步经济效益

技术进步经济效益是通过同一时期生产收入增长额与新增生产资金的比率来衡量的，它表明一定时期物质生产部门投入的固定资产和流动资金引起的生产收入的增长。其计算公式为：

$$技术进步经济效益（元／百元）= \frac{报告期生产收入增长额}{报告期固定资产增加额 + 报告期流动资金增长额}$$

技术进步的经济效益指标有一定的假定性，并不是所有新动用的生产资金在技术上都是完善和先进的。但从总体看，它能概括地表明采用新材料、新设备对生产收入增长的影响程度。

3）经济核算的方法

园林绿化业中有物质生产部门、非物质生产部门，其中，有营利的非物质生产部门，也有非营利的物质生产部，都应该进行经济核算以考核其经营成果，但是所采取的核算方法是不同的。

（1）物质生产部门的核算方法

从生产角度考察生产总值。其计算公式为：

$$总产出 - 中间投入 = 总产值$$

总产出：核算期内全部生产活动的总成果，也称总产品。它包括本期生产的已售出和可供出售的物质产品的总价值。

中间投入：在生产过程中消耗或转换的物质产品和服务的价值。计入中间投入要具备两个条件：一是与总产出相对应的生产过程所消耗和转换的物质产品和非物质服务；二是本期消耗

的不属于固定资产的非耐用品。

从宏观上说,各个生产部门增加值之和就是国内生产总值。国民生产总值＝国内生产总值+来自居民在国外的净要素收入-非居民在国内的收入

（2）非物质生产部门的核算方法

营利性单位的核算:其经济活动中发生的费用来源于业务收入。这类单位的总产出即其业务(营业)收入,没有提取固定资产折旧的单位,应加上虚拟的固定资产折旧。

$$增加值 = 总产出 - 中间投入$$

非营利性单位的核算:一般没有经营收入或有收入但抵不了支出。其总产出是核算期内提供服务的总费用。总产出以经常性支出加固定资产虚拟折旧的办法计算。需要说明的是,不属于经常性支出的(如设备购置、零星土建工程费用)要扣除。

$$总产出 = 劳动者收入 + 业务费 + 其他费用 + 预算外支出 + 固定资产虚拟折旧$$

中间投入是指在从事其业务活动中消费的物质产品和服务。具体包括办公费、修理费、租赁费、低值易耗品、书报费、运输费、宣传费等。

4）推行经济核算制度

经济核算并不只是财务部门的事,财务部门是经济核算的组织者。通过财务计算反映各项经济活动的情况。把经营管理与经济核算紧密地结合起来,才能对各项生产业务活动进行经济评价。经济核算概括了一切经济活动的成果,它监督各项工作的进行。正确运用经济核算手段,全面推行经济核算制是提高经营管理水平的一项重要措施。

（1）推行责任制是推行经济核算的基础

各个生产、经营部门和生产岗位要克服职责不清,任务不明,干好干坏一样吃"大锅饭"的状况,这是保证经济核算工作持续发展、不断巩固提高的重要条件。建立责任制,才有可能把各项经济技术指标实行分级分口管理,才有可能把计划指标分解到各单位、各部门,才有可能考核它们完成任务的情况、经济效益的大小。

（2）建立健全规章制度

严格的规章制度是进行正常生产经营活动的必要条件。所有单位都应该根据自己的实际情况,在计划、生产、服务、技术、劳动、物资、财务等方面建立规章制度,并且严格按照规章制度办事。

要对材料消耗、工时消耗、设备利用、物资储备、流动资金占用、费用开支等制订合理的定额,建立完整先进的定额体系。定额是计划管理的基础,也是搞好经济核算的条件,没有定额就像没有尺子一样,没有核算的依据。要按定额制订计划、安排生产、考核工作效率和经济成果。

在生产经营的各个环节中,所反映的数量、质量和人力、物力、财力的消耗,都要有原始记录,准确、完整、及时地反映生产经营情况,同时对物资的购进、领用、运输、生产过程中的转移,要实行计量验收制度,既要验量,又要验质,做到准确无误。

在经济运行过程中定期进行经济活动分析,是检查经营成果的重要方法,通过分析才能发现问题,揭露矛盾,及时进行调整、控制,避免造成终期不可挽回的失误。

4.3 劳动管理

4.3.1 园林绿化业生产劳动的特点

为了合理地组织劳动,达到提高劳动生产率的目的,要研究劳动对象和生产劳动的特点。

1)劳动对象

因其主要对象是植物,故园林绿化劳动具有较强的季节性。各项工作也因季节不同而有很大的变化,繁殖、栽培、种植、养护等生产活动都要紧跟季节的变化安排,往往因生产时节掌握不准而事倍功半,甚至造成全盘失败。

2)生产劳动的特点

(1)园林绿化的生产周期比较长

园林绿化的生产周期比工业生产和农业生产周期都长。有的甚至经过几年才能反映出它的劳动成果或劳动质量。园林生产是由许多不同的但又互相联系的劳动过程组成的。例如,从采种、播种到培育,从出圃定植到养护管理,每个工序的劳动质量,不仅影响下一个阶段的劳动质量,而且直接影响生产的最终目的的实现。在实行劳动管理、考核劳动生产率时,既要注意从阶段上考核它的成果,又要注意从全局上考核它的效益。

(2)园林绿化劳动具有较大的分散性

园林绿化劳动分散在城市的各个角落,就是在同一块绿地上进行生产劳动也是单独的、分散的操作较多,集体的、大生产式的劳动较少,这是由风景园林行业的业务特性决定的。要根据这个特点,制订相应的管理制度,实行相应的管理方法。

(3)园林绿化劳动基本都是露天操作

园林绿化劳动受气候条件和土壤、光照等环境条件的影响很大。以同样劳动代价在不同的客观条件下和不同的环境中,所获得的效果往往很悬殊。对劳动的安排和评价,要注意客观因素的影响。

(4)工种繁多,性质差异很大

园林绿化业的工种有植物繁殖栽培、建筑修缮、行政管理、商业服务等。要因时因地制宜,采取不同的管理方式,不能一刀切。

(5)现阶段园林绿化生产手工操作的比重较大

随着技术水平的提高,要注意实践经验的积累,由熟练逐步达到精巧。园林操作和植物生长周期一样,一般一年才有一次实践的机会,如嫁接、修剪、采种、播种等。重复实践的机会较少,所以给提高劳动者的技术水平带来困难。在安排劳动者技术培训时应该注意这个特点。

4.3.2　提高劳动生产率

园林绿化业的生产、经营活动和其他生产部门一样,追求经济效益是基本要求。劳动管理的任务,在于通过对劳动者的组织工作和管理工作,正确处理劳动者、劳动工具和劳动对象三者之间的关系,充分发挥劳动者在生产中的积极作用,用较少的劳动消耗,完成较多的生产任务,从而达到提高劳动生产率的目的。

劳动生产率取决于多种因素,有社会经济方面的因素,有科学技术方面的因素,也有自然条件方面的因素。其中"人"是最主要的因素。提高劳动生产率的手段有很多,包括增加劳动者人数、延长劳动时间和提高劳动强度。通过完善生产关系,国家、集体、个人三者利益得到了合理调整,使生产者从物质利益上关心劳动生产率的提高,能够在全社会范围内合理地使用人力、物力、财力。生产技术的革新和推广,已成为社会经济发展的需要和劳动者的共同要求。实行全员培训、提高技术水平是提高生产效率的重要措施。员工教育是开发智力、培养专业人才的重要途径。一个生产经营单位,生产水平的高低和员工能力的总和成正比。

建立高效的园林绿化业,需要一支有科学文化知识、有专业技术和经营管理能力的职工队伍,需要有一大批具有各种专业知识和技术能力的专门人才。但是,职工队伍的现有水平,同现代化建设的要求,还不相适应。员工科学技术文化水平的高低,在很大程度上决定了经营管理水平的高低、劳动生产率的高低和发展速度。

4.3.3　健全劳动组织

1) 劳动组织的含义

劳动组织是指有意识地协调两个或两个以上人的行动和力量的协作系统。劳动组织至少包含着三层意义:一是它必须为了实现某种任务,达到一定的目标;二是它为了实现某种任务,在共同目标的限定下,有各个部门乃至各个岗位的分工和相互之间的协作关系;三是要赋予不同工作部门和工作岗位以处置工作的权力,同时要明确各自的责任。

园林绿化业一般以一个经济核算单位为管理基础。按照业务活动的需要,建立劳动组织是一项基础管理工作,可以发挥超出 1+1>2 的力量。每一个生产、经营单位都有许多性质不同的业务部门,有许多工种同时进行生产业务活动,要使生产劳动有秩序地进行,必须要有科学的分工。有不同生产部门的分工;有同一生产部门,从事于不同作业的分工;有同一作业不同岗位的分工。实行劳动分工具有重要意义,只有劳动分工,才能有条不紊地进行生产,才能习有所长、熟练劳动,发挥劳动者的技术专长,才有利于建立生产责任制,提高劳动生产率。

2) 劳动组织的定员

在建立劳动组织的同时,必须实行定员。所谓"定员",就是根据生产任务或业务范围,制订一个单位必须配备各类人员的数量标准。它是人员配备的数量界限,它表明保持正常的生产业务活动需要配备具有什么专业的人员,配备多少人员。定员是劳动管理的基础工作,也是合理用人的标准,能够促进改善劳动组织,建立和健全岗位责任制。编制定员的标准必须是先进合理的,既要保证生产需要,又要防止人员的浪费。各类人员之间保持适当的比例,能够以较高的工作效率完成既定的生产任务。

(1)定员的编制方法

各个单位的具体情况不同,各类人员的工作性质的特点不同,定员的方法也不一样,一般可以按劳动效率定员、按机器设备定员、按岗位定员、按比例定员、按业务分工定员等。在园林事业单位中,一般是将以上几种方法结合起来运用,进行分析研究,综合平衡。

(2)编制定员时要注意的问题

生产工人与非生产工人的比例关系;确保生产第一线生产工人配备的优势。掌握主业与副业人员配备的比例,贯彻主业副业兼顾的原则,使主业保持充分的劳动配备。管理机构的设置要精减,层次要减少,配备要精干。

4.3.4　劳动定额

劳动定额是指劳动者在一定工作条件下,使用一定的生产工具,按照一定的质量标准,在一定的时间内所应完成的工作量。

1)劳动定额的作用

劳动定额是实行科学管理的基础,是有计划地使用劳动力、制订生产计划和劳动计划的依据;是考核劳动者劳动成果,实行劳动报酬的基础;是建立责任制,实行经济核算的条件。有了劳动定额,劳动者就有了奋斗目标。劳动定额有一定的激励作用。

2)制订劳动定额的方法

制订劳动定额要先进合理,要具有动员作用和激励作用;要规定质量标准,确定质量标准在园林生产经营过程中的重要意义;要简单明了,容易理解和运用。劳动定额要由粗到细,由局部到全面,逐步前进。

制订劳动定额的方法有估计法、试工法、技术测定法等。园林绿化受自然因素的影响很大,在不同条件下,完成同样一项作业,差别很大。这就要求制订不同作业条件下的差别定额。影响定额的因素错综复杂,差别定额只能根据影响最大的条件来制订。制订差别定额,首先要确定在各种不同条件下对定额影响的差别系数,其次将基本定额乘以差别系数,就可以算出同一作业在不同条件下的差别定额。

3)劳动定额的修订

为防止追求数量、忽视质量的倾向,需要建立检查验收制度,以保证定额的正确运用。劳动定额制订以后,经过一定时间的实践,需要进行修订,使它经常保持在先进合理的水平上。

劳动定额的修订分为定期修订和不定期修订两种。定期修订是全面系统的修订,为了保持定额的相对稳定性,修订不宜过于频繁,一般以一年修订一次为宜。不定期修订是当生产条件(如操作工艺、技术装备、生产组织、劳动结构)发生变化时,对定额进行局部修订或重新制订。

修订定额和制订定额一样,必须经过调查研究,认真分析,反复平衡,要报请上级领导批准后执行。

4.3.5 生产责任制

责任制是巩固劳动组织、加强劳动管理、提高劳动生产率的基础工作。责任制是生产经营单位加强管理的基础制度。建立责任制的目的是把建设、生产、养护、管理、服务各项任务,以及对这些任务的数量、质量、时间要求,由生产者或经营者按照要求保证完成任务,并建立相应的考核制度和奖惩制度。建立责任制,可以把单位内错综复杂的各种任务按照分工协作的要求落实下去,克服无人负责的现象,保证全面、及时地完成各项任务,达到预期的要求。

建立责任制主要包括3个基本环节:

①生产任务是责任制的中心内容。它应该规定承担生产任务的单位和个人,在一定时期内应该完成的任务数量和质量。所定的生产指标要积极可靠,一般采取平均先进指标,既具有先进性又具有可行性,做到经过努力可以完成,有产可超。

②劳动和物资消耗指标。消耗指标规定了劳动用工数量和物资、能源消耗数量,通常用生产费用来表示。消耗的高低,由承担的生产任务大小及其技术措施的要求而定。消耗指标一经确定,一方面交代任务的单位要保证供给;另一方面承担任务的单位和个人要按照指标的规定,实行包干。

③奖惩制度是贯彻责任制的重要措施。这有利于承担任务的单位和个人,从物质利益上关心生产成果。考核制是落实责任制的基本保证,只有对各个岗位的工作任务逐项进行考核,并把考核结果,用作衡量贡献大小和按劳分配的标准,才能推动责任制逐步完善。如果考核制度不严格,即使建立了责任制,也可能落空。奖惩制度是完善责任制必不可少的组成部分。它把单位中各个部门和职工个人的责任、经济效益与经济利益紧密联系起来,克服平均主义,保证按劳分配原则的贯彻。

以上3方面体现了责、权、利的结合,承担生产任务的单位或个人,在活劳动和物化劳动消耗指标内,有权因地制宜、因时制宜地安排生产。奖惩制度使劳动与劳动成果联系起来,体现物质利益原则。生产责任制中"责、权、利"3方面是互为条件、互相依存的,缺少任何一个方面,都不能充分发挥责任制的作用。

4.3.6 企业激励机制

人们进行社会活动,参加生产劳动,都直接或间接地与物质利益联系在一起,要最大限度地满足职工的需求以激励职工的士气。物质利益除了经济方面的作用,还有安全的、尊重的、自我实现的需求。即使在个人物质利益比较充裕的情况下,物质利益的原则也不能忽视。人们比较普遍地存在着需要公平的心理倾向。公平往往是在比较中获得的,人们注重的不只是所得的绝对量,更注重可比的相对量。管理者应充分考虑一个群体内以及群体外相关人员激励的公平性。激励的本质是满足人们的需求,而人们的需要是多种多样的,不断发展变化的。激励方式要注重多样化,对不同的人、不同的事采取不同的激励方式。

在生产、经营单位内,惩罚违反组织规则的职工是必不可少的纪律措施。惩罚是为了维护

生产秩序,目的是改进人们未来的行为,无论是对被惩罚者,还是对组织中的其他人,都是为了避免同类问题重复出现。在生产、经营活动之前要使有关人员知道应该怎样做,不应该怎样做。当错误发生以后要及时调查清楚,选择最佳的处理时机,以引起其他人的注意,防止再发生类似的问题。处理问题要前后一致,一视同仁,不带个人感情。这种做法可称为"热炉子法则",无论是谁去摸一下热炉子所得到的惩罚都是立即的、事先确知的、前后一致的和不带个人感情的。

4.4 工程安全管理

4.4.1 工程安全管理的内容与要求

安全管理是企业生产管理的重要组成部分,是一门综合性的系统科学。安全管理的对象是生产中一切人、物、环境的状态管理与控制,安全管理是一种动态管理。要做到防患于未然,贯彻"安全第一,预防为主"的方针。

1)安全管理的基本特点

从过去的事故发生后吸取教训为主转变为预防为主;从管事故变为管酿成事故的不安全因素,把酿成事故的诸因素查出来,抓主要矛盾,发动全员、全部门参加,依靠科学的安全管理理论、程序和方法,让施工生产全过程中潜伏的危险处于受控状态,消除事故隐患,确保施工生产安全。其目的是通过安全管理,创造良好的施工环境和作业条件,使生产活动安全化、最优化,减少或避免事故发生,保证职工的健康和安全。推行安全管理时,应该注意做到"三全、一多样",即全员、全过程、全企业的安全管理,所运用的方法必须是多种多样的。

2)安全管理的内容

(1)建立安全生产制度

安全生产制度必须符合国家和地区的有关政策、法规、条例和规程,并结合本施工项目的特点,明确各级各类人员安全生产责任制,要求全体人员必须认真贯彻执行。

(2)贯彻安全技术管理

编制施工组织设计时,必须结合工程实际,编制切实可行的安全技术措施。要求全体人员必须认真贯彻执行。在执行过程中发现问题,应及时采取妥善的安全防护措施。要不断积累安全技术措施在执行过程中的技术资料,进行研究分析,总结提高,以利于以后工程的借鉴。

(3)坚持安全教育和安全技术培训

组织全体人员认真学习国家、地方和本企业的安全生产责任制、安全技术规程、安全操作规程和劳动保护条例等。新工人进入岗位之前要进行安全纪律教育,特种专业作业人员要进行专业安全技术培训,考核合格后方能上岗。要使全体职工经常保持高度的安全生产意识,牢固树立"安全第一"的思想。

(4)组织安全检查

为了确保安全生产,必须要有监督监察。安全检查员要经常查看现场,及时排除施工中的

不安全因素,纠正违章作业,监督安全技术措施的执行,不断改善劳动条件,防止工伤事故的发生。

(5)进行事故处理

人身伤亡和各种安全事故发生后,应立即进行调查,了解事故产生的原因、过程和后果,提出鉴定意见。在总结经验教训的基础上,有针对性地制订防止事故再次发生的可靠措施。

另外,要将安全生产指标作为签订承包合同时的一项重要考核指标。

3)安全管理的基本要求

(1)安全管理是要求全体职工参加的安全管理

安全管理是一项系统工程。企业中任何一个人和任何一个生产环节的工作,都会不同程度、直接或间接地影响着安全工作,必须把所有人员的积极性充分调动起来,强化职工的安全意识,牢固树立"安全第一"的思想,全体参加安全管理。同时开展岗位责任承包,单位和个人每年都要相互签订包保合同,实行连锁承包责任制,把安全目标管理落到实处。通过各方面的共同努力,才能做好安全管理工作。

(2)安全管理范围是全过程

安全管理的范围是设计、施工准备、生产安装、竣工验收的全过程的安全管理,即对每项工作、每种工艺、每个施工阶段的每一步骤,都要抓好安全管理,它是纵向一条线的安全管理。安全管理是施工企业全体职工及各部门同心协力,把专业技术、生产管理、数理统计和安全教育结合起来,建立起从签订施工合同,进行施工组织设计、现场平面设置等施工准备工作开始,到施工的各个阶段,直至工程竣工验收活动全过程的安全保证体系,采用行政的、经济的、法律的、技术的和教育的等手段,有效地控制设备事故、人身伤亡事故和职业危害的发生,实现安全生产、文明施工。

(3)安全管理要求是全企业的安全管理要求

"全企业"的含义就是要求企业各管理层次都有明确的安全管理活动内容。每个施工企业的管理,都可以分为上层、中层、基层管理,每个层次都有自己的安全管理活动重点内容。上层管理侧重于安全管理决策,并统一组织、协调企业各部门、各环节、各类人员的安全管理活动,保证实现企业的安全管理目标;中层管理要实施领导层的安全决策,执行各自的安全职能,进行具体的安全业务管理;基层管理要求职工严格按规章制度、操作规程施工,完成具体的安全生产任务。

综上所述,"全员""全过程""全企业"三个方面的安全管理,编织成纵横交错的安全管理网络,囊括企业全部安全管理工作的内容。

4)科学进行安全管理

随着现代科学技术的发展,对施工安全提出越来越高的要求,影响施工安全的因素也越来越复杂:既有人的因素,又有物质的因素;既有管理组织的因素,又有技术的因素;既有企业内部的因素,又有企业外部的因素。要把这一系列的因素系统地控制起来,全面管好,必须根据不同情况区别不同的影响因素,灵活运用各种现代化管理方法加以综合治理。

在运用科学方法过程中,必须坚持以下要求:

①坚持实事求是的工作作风。在安全管理过程中,要深入施工现场进行调查研究,掌握第一手资料,进行科学的分析、预测,制订有效的防范措施,纠正过去那种凭感觉、经验的工作方法,树立科学的工作作风,使安全管理建立在科学的基础上。

②正确实施安全评价。安全评价是对施工生产过程中存在的危险性进行定性和定量分析,得出该过程发生危险的可能性及其程度的评价,以寻求最低事故率、最少的损失和最优的安全投资效益。安全评价的方法包括评价总体方案、评价工作程序、评价技术三个方面的内容。根据不同的评价对象,可选择一种或几种适用的方法。

③广泛运用科学技术的新成果。全员安全管理是现代化科学技术和现代化施工生产发展的产物,应该广泛地运用科学技术的新成果,分析事故因素,研究防范措施,如系统安全检查表法、危险性分析法、事故树分析法、类比和转移矩阵预测法等科学管理方法。

4.4.2 安全生产责任制

安全生产责任制是企业经济责任制的重要组成部分,是安全管理制度的核心。建立和落实安全生产责任制,就要求明确规定企业各级领导、管理干部、工程技术人员和工人在安全工作上的具体任务、责任和权力,以便把安全与生产在组织上统一起来,把"管生产必须管安全"的原则在制度上固定下

4.1 安全事故案例

来,做到安全工作层层有分工,事事有人管,人人有专责,办事有标准,工作有检查、考核。以此把与安全直接有关的领导、技术干部、工人、职能部门联系起来,形成一个严密的安全管理工作系统。一旦出现事故,可以查清责任,总结正反两方面的经验,更好地保证安全管理工作顺利进行。

实践证明,只有实行严格的安全生产责任制,才能真正实现企业的全员、全方位、全过程的安全管理,把施工过程中各方面的事故隐患消灭在萌芽状态,减少或避免事故的发生。同时,还要使上至领导干部,下到班组职工都明白该做什么,怎样做,负什么责,做好工作的标准是什么,为搞好安全施工提供基本保证。

1)各级领导在安全生产方面的主要职责

(1)项目经理

项目经理是施工项目管理的核心人物,也是安全生产的首要责任者,要对全体职工的安全和健康负责。项目经理必须具有"安全第一,预防为主"的指导思想,并掌握安全技术知识,熟知国家的各项有关安全生产的规定、标准,以及当地和上级的安全生产制度,要树立法治观念,自觉地贯彻执行安全生产的方针、政策、规章制度和各项劳动保护条例,确保施工的安全。

其主要安全生产职责是:在组织和指挥生产过程中,认真执行劳动保护和安全生产的政策、法令和规章制度;建立安全管理机构,主持制订安全生产条例,审查安全技术措施,定期研究解决安全生产中的问题;组织安全生产检查和安全教育,建立安全生产奖惩制度;主持总结安全生产经验和重大事故教训。

(2)技术负责人

其主要安全生产职责是:对安全生产和劳保方面的技术工作负全面领导责任;组织编制施工组织设计或施工方案时,应同时编制相应的安全技术措施;当采用新工艺、新技术、新材料、新

设备时,应制订相应的安全技术操作规程;解决施工生产中的安全技术问题;制订改善工人劳动条件的有关技术措施;对职工进行安全技术教育,参加重大伤亡事故的调查分析,提出技术鉴定意见和改进措施。

（3）作业队长

其主要安全生产职责是:对施工项目的安全生产负直接领导责任;在组织施工生产的同时,要认真执行安全生产制度,并制订实施细则;进行分项、分层、分工种的安全技术交底;组织工人学习安全技术操作规程,做到不违章作业;要经常检查施工现场,发现隐患要及时处理,发生事故要立即上报,并参加事故调查处理。

（4）班组长

其主要安全生产职责是:遵守安全生产规章制度,熟悉并掌握本工种的安全技术规程;带领本班组人员遵章作业,认真执行安全措施,发现班组成员思想或身体状况反常时,应采取措施或将其调离危险作业部位;定期组织安全生产活动,进行安全生产及遵章守纪的教育,发生工伤或事故应立即上报。

2）各专业人员在安全生产方面的主要职责

（1）施工员

其主要安全生产职责是:认真贯彻施工组织设计或施工方案中安全技术措施计划;遵守有关安全生产的规章制度;加强施工现场管理,建立安全生产、文明施工的良好生产秩序。

（2）技术员

其主要安全生产职责是:严格遵照国家有关安全的法令、规程、标准、制度,编制设计、施工和工艺方案,同时编制相应的安全技术措施;在采用新工艺、新技术、新材料、新设备及施工条件变化时,要编制安全技术操作规程;负责安全技术的专题研究和安全设备、仪表的技术鉴定。

（3）材料员

其主要安全生产职责是:保证按时供应安全技术措施所需要的材料、工具设备;保证新购买的安全网、安全帽、安全带及其他劳动保护用品、用具符合安全技术和质量标准;对各类脚手架要定期检查,保证所供应的用具和材料的质量。

（4）财务员

其主要安全生产职责是:按照国家规定,提供安全技术措施费用,并监督其合理使用,不准挪作他用。

（5）劳资员

其主要安全生产职责是:配合有关部门做好新工人、调换新工作岗位的工人和特殊工种的工人进行安全技术培训和考核工作;严格控制加班加点,对因工伤或患职业病的职工建议有关部门安排适当的工作。

（6）安全员

其主要安全生产职责是:做好安全生产管理和监督检查工作;贯彻执行劳动保护法规;督促实施各项安全技术措施;开展安全生产宣传教育工作;组织安全生产检查,研究解决施工生产中的不安全因素;参加事故调查,提出事故处理意见,制止违章作业,遇有险情有权暂停生产。

3) 工作岗位安全生产责任制

每个工作岗位是落实企业安全生产的基础,要保证企业安全生产顺利开展,就得要求每个工作岗位履行安全职责,其内容是:积极参加各项安全教育活动,刻苦学习安全理论、安全技术知识和安全操作技能,提高安全意识和安全施工的能力;自觉遵守执行各项安全规章制度,服从干部、专职安全人员和其他人员的领导和劝告,及时纠正违章行为。同时,有责任劝阻和纠正共同作业者的错误操作;积极参加群众安全管理活动和安全技术革新活动,对企业所用的设备进行改造,装配先进的安全装置,确保施工生产安全;抵制不符合安全规定的上级指示,并越级或直接向安全管理部门反映情况;发生事故后应立即进行抢救,积极保护好现场,并及时报告上级,实事求是地向上级和调查组反映事故发生的前后情况。

4.4.3 安全检查

1) 安全检查的目的

安全检查是安全管理的重要内容,是识别和发现不安全因素,揭示和消除事故隐患,加强防护措施,预防工伤事故和职业危害的重要手段。安全检查工作具有经常性、专业性和群众性特点。实施安全检查的目的是:通过检查增强广大职工的安全意识,促进企业对劳动保护和安全生产方针、政策、规章、制度的贯彻落实,解决安全生产上存在的问题,有利于改善企业的劳动条件和安全生产状况,预防工伤事故发生;通过互相检查、相互督促、交流经验,取长补短,进一步推动企业搞好安全生产。

2) 安全检查的类型

安全检查根据其对象、要求、时间的差异,一般可分为两种类型。

(1) 定期安全检查

即依据企业安全委员会指定的日期和规定的周期进行安全大检查。检查工作由企业领导或分管安全的负责人组织,吸收职能部门、工会和群众代表参加。每次检查可根据企业的具体情况决定检查的内容。检查人员要深入施工现场或岗位实地进行检查,及时发现问题,消除事故隐患。对一时解决不了的问题,应制订出计划和措施,定人、定位、定时、定责加以解决,不留尾巴,力求实效。检查结束后,要作评语和总结。各级定期检查具体实施规定:工程局每半年进行一次,或在重大节假日前组织检查;工程处每季度组织一次检查;工程段每月组织一次检查;施工队每旬进行一次检查。

(2) 非定期安全检查

鉴于施工作业的安全状态受地质条件、作业环境、气候变化、施工对象、施工人员素质等复杂情况的影响,工伤事故时有发生,除了开展定期安全检查,还要根据客观因素的变化,开展经常性安全检查,具体可分为施工准备工作安全检查、季节性安全检查、节假日前后安全检查、专业性安全检查、专职安全人员日常检查。

3）安全检查的内容

安全检查的内容丰富,归纳起来,主要是查思想、查管理、查制度、查隐患和查事故处理。

（1）查思想

检查企业各级领导和广大职工安全意识强不强。对安全管理工作认识是否明确,贯彻执行党和国家制定的安全生产方针、政策、规章、规程的自觉性高不高,是否树立了"安全第一,预防为主"的思想。

（2）查管理、查制度

检查企业在生产管理中,对安全工作是否做到了"五同时"（即在计划、布置、检查、总结、评比生产工作的同时,要计划、布置、检查、总结、评比安全工作）；在新建、扩建、改建工程中,是否做到了"三同时"（即在新建、扩建、改建工程中,安全设施要同时设计、同时施工、同时投产）；是否结合本单位的实际情况,建立健全了安全管理制度。

（3）查隐患

深入施工现场,检查企业的劳动条件、劳动环境有哪些不安全因素。检查人员对随时发现的可能造成伤亡事故的重大隐患,有权下令停工,并报告有关领导,待隐患排除后才能复工。

（4）查事故处理

检查企业对发生的工伤事故是否按照"找不出原因不放过,本人和群众受不到教育不放过,没有制订出防范措施不放过"的原则,进行严肃认真的处理,是否及时、准确地向上级报告和进行统计。检查中如发现隐瞒不报、虚报或者故意延迟报告的情况,除责成补报外,对单位负责人应给予纪律处分或刑事处理。

4.5　企业管理软件简介

随着园林绿化工程行业竞争的加剧,市场日趋饱和,粗放式管理的缺陷日益暴露,导致园林绿化工程行业企业利润不同程度下滑,要想满足园林绿化工程行业客户个性化的需求,适应未来的发展,急需一整套园林绿化工程行业系统软件管理体系,提供整体的园林绿化工程行业信息化解决方案。百年基业,信息为本。目前,市场上流行的主要项目管理软件有:泛普软件公司的泛普绿化工程项目管理软件、速达 PM2 项目管理软件、和谐万维 X-ONE 项目管理软件,主要工程资料软件有:新达园林绿化工程资料管理软件、筑业园林绿化工程资料管理软件等。

4.2　行业企业
管理动态

4.5.1　泛普绿化工程项目管理软件

泛普绿化工程项目管理软件是中国第一款 B/S 架构,并专为从事园林绿化的企业开发的一套园林工程项目管理软件。这个平台系统,不仅可以解决园林绿化工程项目管理有关的立项、进度、文档、问题、费用、资源、考核管理,还提供了一些可选择使用的扩充功能,如客户管理、合同管理、成本费用管理、物资管理、协同办公、人力资源、财务管理等。泛普园林绿化行业管理软件的设计思想是"高效协同、精细管理",它最大化地协调各方面资源、提高协同工作效率、提升管理。其主要功能如图4.1所示。

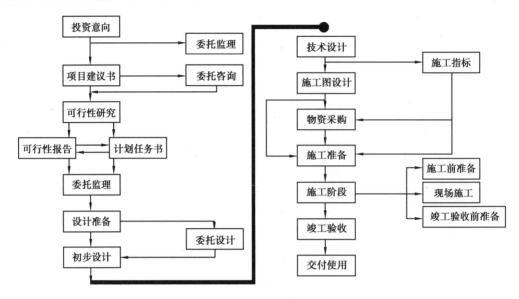

图4.1 项目管理软件主要功能

4.5.2 速达项目管理软件

《速达 PM-2 XP》集项目管理、项目进度、成本管理、信息管理、协同办公、项目跟踪为一体,以此协助企业全面监控工程项目进度推进、合同执行,对项目设计的全部工作进行有效管理。软件通过甘特图和各类报表,方便企业查看任务浮时及任务之间的逻辑关系,及时调整项目计划。软件基于 Builder-Ⅲ 工具构建,全面支持二次开发功能,满足企业需要及个性需求设计,为不同行业不同性质企业,构建专属项目管理方案。

4.5.3 新达园林绿化工程资料管理软件

①配套标准:《园林绿化工程施工及验收规范》(CJJ 82—2012)《古建筑修建工程施工与质量验收规范》(JGJ 159—2008)。

②适用对象:园林绿化、古建筑单位编制园林绿化、古建筑技术资料和监理资料。

③包含内容:a. 园林绿化工程(绿化)施工技术资料及质量评定表;b. 园林绿化工程(土建)施工技术资料及质量评定表土方地形工程,绿化材料、绿化种植、绿化材料运输工具,园林建筑小品工程,石假山、置石工程,园林水系统(灌溉)工程;c. 古建筑修建工程质量评定表:石基部分评定表,大木作部分评定表,砖、石作部分评定表,屋面部分评定表,地面部分评定表,小木作部分评定表,雕刻部分评定表,粉刷部分评定表,混凝土部分评定表;d. 园林绿化工程监理表格;e. 园林绿化工程验收标准检验批表格。

4.5.4　筑业园林绿化工程资料管理软件

①软件主要编制依据:《园林绿化工程施工及验收规范》(CJJ 82—2012)、《园林绿化工程资料管理标准》(T/CECS 1088—2022)、《园林绿化工程施工及验收规范》(DB11/T 212—2017)、《园林绿化工程资料管理规程》(DB11/T 712—2019)、《建设工程监理规范》(GB/T 50319—2013)、《园林绿化工程(绿化)施工技术资料及质量评定表》、《园林绿化工程(土建)施工技术资料及质量评定表》,《古建筑修建工程质量评定表》、《园林绿化工程监理表式》等。

②适用对象:园林绿化施工企业、监理企业编制内业技术资料。

③包含内容:绿化种植、景观构筑物及其他造景、园林铺地、园林给排水、园林用电等部分的工程资料管理。

思考题

1.简述风景园林企业基础管理的内容。

2.简述园林绿化业生产劳动的特点。

3.简述工程安全管理的主要内容。

4.简述安全管理的基本特点。

5.简述工程安全管理的基本要求。

6.简述安全检查的内容。

5 风景园林工程管理

【本章导读】

通过本章的学习,要求掌握风景园林工程的特点、城市绿地系统规划管理步骤、园林工程施工程序、施工组织设计原则、施工阶段的全面质量管理、竣工验收程序;了解风景园林规划设计法规体系、园林工程施工程序、施工准备阶段的质量管理、竣工阶段的质量管理、竣工验收标准、工程质量评价。

5.1 风景园林工程管理概述

5.1.1 风景园林工程的分类

风景园林绿化工程是指建设风景园林绿地的工程,泛指城市园林绿地和风景名胜区中涵盖园林建筑工程在内的环境建设工程,它包括园林建筑工程和园林绿化工程两大部分。园林绿化工程与土建工程项目有相似的一面。相似是指园林绿化工程的景观小品、园林建筑,如亭、廊、园路、栏杆、景墙、铺装、景桥、驳岸等所使用的钢筋、水泥、木料、砂、石子等建筑材料与土建工程相同,由此所套用的施工规范相同。园林绿化工程包含土建部分。

园林绿化工程包括园林土方工程和园林种植工程。园林土方工程是园林工程施工的主要组成部分,主要依据竖向设计进行土方工程计算及土方施工、塑造、整理风景园林建设场地。土方工程按照施工方法又分为人工土方工程施工和机械化土方工程施工两大类。土方施工按挖、运、填、夯等施工组织设计安排来进行,以达到建设场地的要求。在园林绿化种植工程中,园林植物的栽培技术极其重要,直接影响园林植物生长发育过程和生长质量。在绿化施工过程中,应根据植物的生物学特性和环境条件,制订相应的园林植物栽培技术措施。

5.1.2　风景园林工程的特点

园林绿化工程与土建工程相比,尽管有相似的地方,还有着很大的不同,有些方面甚至是质的区别。正是这些区别,构成了园林绿化工程独有的特点。

1)公共性

城市园林的建设,要求在整个城市的地域上,包括城区、郊区、近郊区、远郊区,形成一个以绿色植物为主体的生态系统,发挥良好的生态环境效益,为城市居民提供生产、工作、生活、学习环境所需要的使用价值。

2)综合性

现代园林包括传统园林、城市园林绿化和大地景观园林,涉及工程学、植物学、生态学、城市规划、建筑绘画、文学艺术等学科。随着人们生活水平的提高和人们对环境质量的要求越来越高,对园林绿化要求多样化,工程的规模和内容也越来越大,工程中所涉及的面广泛,高科技已深入工程的各个领域,如光—机—电一体的大型喷泉、新型的铺装材料、新型的施工方法以及施工过程中的计算机管理等,无不给从事此项事业的人带来新的挑战。园林绿化工程的工作需要多部门、多行业的协同与配合。

3)艺术性

风景园林建设追求工程的艺术美。园林绿化工程在园林景观、植物配置、建筑小品等方面讲究艺术性,其效果要给人以美的感受。在设计的基础上,还需要通过工程技术人员创造性的劳动去实现设计的最佳理念与境界。如假山堆叠、黄石驳岸、微地形处理等,同一张设计图纸,施工人员技能、熟练程度不同,呈现出来的艺术效果可能会相差较大。

4)生态性

园林绿化植物是城市生态系统的唯一生产者,实践中要充分利用植物净化城市大气、改善小气候,防尘、防风、减弱噪声,发挥缓解城市热岛等生态服务功能,保护土壤、水系与自然景观;为居民创造安静、舒适、优美、有益健康的环境。生态园林从客观上打破了城市园林绿化的狭隘小圈子、小范围的概念,在范围上远远超过局限于公园、风景名胜区、自然保护区的传统观念,还涉及社会单位绿化、城市郊区森林、农田林网、桑园、茶园和果园等所有能起到调节城市生态环境作用的绿色植物群落,实行城乡大环境一体化绿化建设,有助于实现绿化改善和提高生态环境的战略目标,形成"点、线、面、网、片"的生态园林体系,逐步实现国土治理,使"大地园林化",使园林绿化建设成为人类环境工程中具有相对独立性的一个体系。

5)多层次性

城市中由于建筑面积大,可用于绿化的面积少,如何在有限的绿化空间内进一步提高绿化的生态效益,是要着重考虑和研究的问题之一。其中实现多层次的绿化空间是有效的解决方案之一。多层次的绿化,一是要注意植物材料的多样性,要乔、灌、花、草、藤相结合,乡土树种和外来树种相结合,落叶树与常青树相结合,喜光植物与耐阴植物相结合等,营造出多种类型植物混交的趋于自然的稳定的植物群落;二是要注意绿化空间结构的多样性,除平面绿化外,还应大力发展立体绿化、屋顶绿化、阳台绿化等,向建筑索取绿色空间,将成为现代城市绿化的途径之一。通过多层次绿化,形成一个绿色的网络空间,必将会大大提高叶面积指数,从而提高城市绿化量,绿化的生态功能会在有限的空间内显著增强。

5.2 风景园林规划设计管理

获得最优、有效或者满意的园林决策目的,是使该行为获得效益,风景园林规划设计则是保障决策得以实施的重要步骤。在规划设计过程中,要尽可能寻找最优的方案,以兼顾生态效益、社会效益、经济效益三大效益。

5.2.1 风景园林规划设计法规体系

风景园林规划设计管理很重要的一个方面就是有相关的法规体系,这一体系由既有分工、区别,又有内在联系的、相互协调的各种法律、法规和规章制度组成,一般包括以下几个部分:

1)纵向体系

纵向体系包括法律、行政法规、地方性法规、国务院部门规章和地方政府规章等。其特点是各个层面的法规文件构成与国家各个层级组织的构成相一致。其构成原则是下一层次制定的法规文件必须符合上一层次的法律、法规,不得违背上一层次法律、法规的精神与原则。

2)横向体系

园林法规的横向体系由基本法(主干法)、配套法(辅助法)和相关法组成。

3)专业技术标准与规范

专业技术标准与规范,是规范风景园林行业内部的技术行为的标准,一般可分为两级:国家规范和地方规范。国家规范大多由住建部组织编制,可分为综合类基本规范、园林规划设计编制规范和各分项规划设计规范。

4)规划设计成果

规划设计成果包括文字、图纸以及施工图等,经过相关主管部门审核批准后,成为风景园林建设的依据。

除了以上法规体系保障外,风景园林规划设计的质量管理一般主要包括3个一级程序环节,即提出要求(功能、总体结构、文化审美和投入资金等)、选择设计人、对设计方案进行评价

和筛选。除此之外,还必须对整个规划设计过程进行质量控制。

5.2.2 风景园林规划设计程序

在风景园林规划设计时,必须考虑解决存在的问题,创造出所需要的环境质量,处理好一系列设计要素之间的关系,处理好众多设计要素与用地之间的关系,以及满足用户提出的要求。这一过程称为"设计程序",也可以理解为是一个解决问题的程序,是必须经历一系列分析、创造性的思考和成果制作的过程。设计程序有助于设计者收集和利用全部与设计有关的因素,使设计尽可能达到预期的效果,从而获得最优、有效,至少是满意的方案,完成风景园林规划设计任务,达到美学与功能的和谐。

风景园林规划设计程序主要包括以下步骤:承担规划设计任务;研究和分析工作(包括规划设计范围的现状调查);规划设计;扩初设计;施工图;施工;养护及经营管理;评价、反馈及改造(时间长,有些缺少这一步骤)。所有的规划设计程序都应该在一定的管理控制下进行。

5.2.3 城市绿地系统规划管理

规划设计前期管理是指对具体规划设计开始前的程序进行的管理,包括资源再配置和结构性管理等。这是开始风景园林规划设计工作之前必须要进行的控制性目标,属于城市绿地系统规划范畴。

1)城市绿地系统规划的意义

城市绿地系统规划是城市总体规划的专项规划,是对城市总体规划的深化和细化。城市绿地系统规划是在深入调查研究的基础上,根据城市总体规划中的城市性质、发展目标、用地布局等规定,着重解决绿地的系统结构,合理安排城市各类园林绿地建设和市域大环境绿化的空间布局,科学制订各类城市绿地的发展指标,建立各类绿地体系,确定城市绿化特色,以及建立城市绿化建设途径(包括政策、资金、技术、时间、宣传等),达到保护和改善城市生态环境、优化城市人居环境、促进城市可持续发展的目的。

2)城市绿地系统规划的编制

城市绿地系统规划由城市规划行政主管部门和城市园林行政主管部门共同负责编制,并纳入城市总体规划。规划中要按规定标准划定绿化用地面积,力求公共绿地分层次合理布局;根据实际情况,分别采取点、线、面、环等多种形式,切实提高城市绿化水平。城市绿地系统规划必须严格实行城市绿化绿线管理制度,明确划定各类绿地范围控制线。绿线一经确定,未经法定程序,不得随意更改。

城市绿地系统规划成果应包括规划文本、规划说明书、规划图则和规划基础资料4个部分。其中,依法批准的规划文本和规划图则具有同等法律效力。

3）城市绿地系统规划管理的步骤

一个城市在园林供给总量确定之后，必须进行绿地系统的规划。

第一步，对配置给园林业的资源进行再配置，达到合理的布局和适度的规模，以保障配置的资源获得最佳，至少是较好的规模效益。适度规模和合理布局非常重要。适度规模就是当有关单位扩大或缩小时，会导致规模效益减少的规模。对于风景园林行业来说，规模太大不利于为更多的市民提供服务，因为园林都有一个服务半径；规模太小不能满足本地区居民的需求，必然使园林的功能和使用空间减少。合理的布局则可以增加园林的使用人群，提高园林的使用效率。

第二步，关于建立哪些子系统以及与子系统之间的构成关系的问题，这涉及结构效益的问题。结构效益是因结构不同而导致的不同经济效益、社会效益和生态效益。通常对于一个城市来说，风景园林行业至少包括5个一级子系统：a. 苗圃、花圃与草圃等（生产绿地）；b. 公园、广场、游园等（公园绿地）；c. 道路、单位等绿地（附属绿地）；d. 水源涵养林、防风林、高压走廊绿带等（防护绿地）；e. 风景名胜区、水源保护区、郊野公园、风景林地等（其他绿地）。这些子系统在生产、经营管理以及提供服务等方面各有特点，相辅相成，共同构建城市绿地景观系统。但是，一个城市的园林供给总量在一定时期总是相对确定的，增加一个子系统的供给量，必然会减少另一个子系统的供给量，而且每一个子系统的规模也需要适度。此外，由于园林效益要兼顾生态效益、社会效益和经济效益，因此其结构效益还与一定的环境、文化以及经济发展阶段有关。

第三步，对一定规模（第一步）、一定结构（第二步）的园林决策作更具体的实施设计，即采用一定技术设备和耗料（物）、适当的管理与技能（人）、利用一定的劳动时间（时）和土地（空）来形成关于风景园林建设的规划设计。

5.2.4　风景园林规划设计的管理

风景园林规划设计管理是指在风景园林规划设计的过程中对整个过程的合理优化组织。其过程是根据项目的具体情况和自身特点，来确定规划设计方案，科学有效地组织规划设计过程，合理地安排时间进度，规范质量管理，并在规划设计过程中协调好与甲方的沟通和交流等。

1）风景园林规划设计分类

风景园林规划设计是利用相关知识，对指定的土地进行规划、设计、管理，本着尊重自然、以人为本等原则，最终创造出对人有益、使人愉悦的空间环境。其通过对土地的了解和理解，对土地以及一切人类户外空间的问题进行科学理性的分析，设计问题的解决方案和途径，并监理设计的实现。其通过图纸和文字的表述，把设计理念、设计意图、平面布局、具体形态、材料、技艺等表达出来。

风景园林规划设计涉及的面非常广，大到对自然环境中各物质要素的评估和规划，以及对人类社会文化载体的创造等，小到对构成景观元素内容的环境节点细部的创造性设计和建设。按其工作范围可分为宏观风景园林规划设计、中观风景园林规划设计和微观风景园林规划设计3个层面，如图5.1所示。

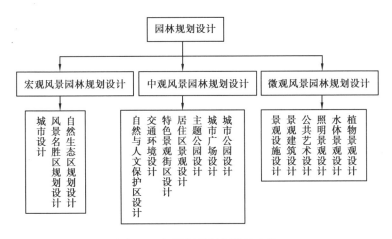

图5.1 风景园林规划设计分类

2）风景园林规划设计质量管理

风景园林规划设计的质量管理包括"外部"管理和"内部"管理两个方面。

"外部"管理主要有3个程序环节：提出要求（如功能和总体结构等）、选择设计人、对规划设计方案进行评价和筛选。这3个环节除与特定的园林项目本身相关外，还受到项目总面积和总投资规模的制约。通常对较大面积和有充足投资的项目，会采取招投标的方式选择设计人，并聘请专家进行评价，有时候还会进行公示，让人民群众参与评价，再综合各方意见，确定规划设计方案。小型的风景园林建设项目则不会如此复杂。

"内部"管理主要是设计单位内部，对规划设计方案质量和时间的控制。通常设计单位会在接到设计项目后，成立项目组，采用项目负责人制度，以项目负责人为主进行项目进度和质量控制，较大的设计单位还会有技术指导组（委员会）来协助控制质量和进度。除此之外，在制度和程序上，好的设计单位往往以 ISO 质量管理体系以及结合自身特点制订的内部管理制度来控制设计过程。

在整个规划设计过程中，要求严格管理每一个环节，从接收项目开始，合同管理、收集资料、踏勘现场、初步方案、汇报沟通、修改方案、汇报论证、确定方案、扩初设计、施工图设计、施工交底、现场解决问题等，每个环节都处在合理的质量和时间控制中，使整个规划设计过程逐步推进，有序进行。一旦实际情况发生改变，应及时调整设计内容及进度，以适应新的安排。

3）风景园林规划设计数量管理

风景园林规划设计数量管理主要包括调度、定额和进度等内容。

（1）调度

为了获得有效生产量，必须使得土地、工具设备、人员、材料以及后勤保障在一定时间内集中于同一区域，即完成调度计划，这是提高时空符合度的重要内容之一。调度是为了一定的目的对可支配的人力、物力、财力及相关行为进行空间上的分工、定位，以及对不同行为及其结果进行时间上的关联和安排。对风景园林规划设计来说，主要是确定项目组，提供计算机、纸笔等设备工具，提供相关资料、资金、交通工具，提供文印等后勤保障，协调其他相关部门为项目组提供协助，以及项目组内部的分工调度等。

（2）定额

为了完成调度计划，组织生产，考核成本，必须要进行预算和定额管理。对于风景园林规划设计来说，这一点控制较少，主要是减少无效消耗、避免浪费。对于项目来说，要根据投资控制，来编制工程项目的概预算和经济技术指标。

（3）进度

由于规划设计的进度要求往往在设计合同中已经确定，因此，必须进行严格控制，以免拖延。但在实际执行过程中，经常会因为条件变化而出现误差，所以需要对实际进度进行有效管理，及时调整，以符合新的需要。

5.2.5 风景园林评价管理

风景园林项目完工后，有一个重要的步骤，就是评价与反馈。这里包括两个方面：一是设计者本身根据已经建设完成项目的实际状况，对自己的设计进行评价；二是使用者对该设计进行评价和信息反馈。这些信息非常重要，可以帮助设计者总结经验教训，为今后的设计提供依据，使设计水平不断提高，设计的项目更符合使用者的需求。也可以说，评价是规划设计程序的一部分。

评价内容主要包括规模合理度、景观效果、使用舒适度、设施完备度、全民使用度、使用效率等方面。这些内容通过各种渠道收集汇总后，得出评价结果，为今后的设计做好总结与归纳。

信息反馈应该贯穿于整个风景园林产品的形成过程中。从决策开始，就引入全民参与的机制，通过市民的需求和决策者依据具体情况，综合得出决策结论。在设计过程中，应了解使用者和专家的想法、意见和要求，采纳其中合理的部分进行规划设计的修改与完善。建成以后，继续倾听反馈意见，了解哪些是当时没有预见的情况，总结经验教训，为规划设计水平的提高和进步打下基础。

5.3 风景园林建设管理

风景园林建设管理主要包括园林施工、项目监理以及园林养护等方面的管理，是对风景园林规划设计实施的质量保障，能控制实施过程按照设计要求进行，并对因实际情况变化而出现的问题及时作出合理的变更，以达到最好的结果。

5.3.1 风景园林施工管理

在风景园林产品的实现过程中，规划设计工作是构想蓝图，而要把蓝图变成现实的物质成果，就必须要进行工程施工。风景园林工程施工是指通过有效的组织方法和技术措施，按照设计要求，根据合同规定的工期，全面完成风景园林规划设计内容的全过程。

园林施工管理是对整个园林施工过程的合理优化组织。其过程是根据工程项目的具体情况和自身特点，结合具体的施工对象来确定施工方案，科学有效地组织生产要素，合理地安排时间进度，规范工程质量管理，完善施工安全措施，并在施工过程中指挥和协调劳动力资源等。

1) 风景园林工程建设程序

园林绿化建设是城市基本建设的重要部分,常被列入基本建设之中,并按照基本建设程序进行。基本建设程序是指某个建设项目在整个建设过程中各阶段、各步骤应遵循的先后顺序。要求建设工程先勘察、规划、设计,后施工;杜绝边勘察、边设计、边施工的现象。根据这一要求,园林绿化建设程序的要点是:对拟建项目进行可行性研究,编制设计任务书,确定建设地点和规模,开展设计工作,报批基本建设计划,进行施工前准备,组织工程施工及工程竣工验收等,如图5.2 所示。归纳起来包括计划、设计、施工和验收 4 个阶段。

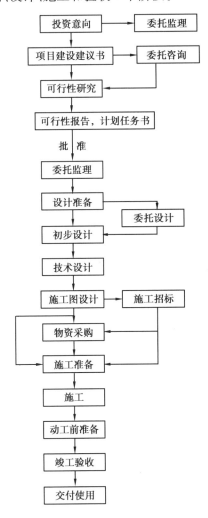

图 5.2　我国工程项目建设程序

(1)计划

计划是对拟建项目进行调查、论证、决策,确定建设地点和规模,写出项目可行性报告,编制计划任务书,报主管局论证审核,送市计委或建委审批,经批准后才能纳入正式的年度建设计划。计划任务书是项目建设确立的前提,是重要的指导性文件。其内容主要包括建设单位、建设性质、建设项目类别、建设单位负责人、建设地点、建设依据、建设规模、工程内容、建设期限、投资概算、效益评估、协作关系及环境保护等。

（2）设计

根据已批准的计划任务书，进行建设项目的勘察设计，编制设计概算。设计文件是组织工程建设最重要的技术资料。一般的风景园林建设项目采用两段设计，即初步设计和施工图设计。复杂的风景园林建设项目采用3段设计，即初步设计、技术设计和施工图设计。所有风景园林工程项目都应按程序编制项目概算和预算，施工图设计不得改变计划任务及初步设计已确定的建设性质、建设规模和概算等。

（3）施工

园林施工程序是指已经确定的建设工程项目在整个施工阶段必须遵循的先后顺序，是施工管理的重要依据。在施工过程中如能按照施工程序组织施工，对保证施工工期、施工质量、施工安全和控制施工成本有重要的意义。

建设单位根据已确定的年度计划编制工程项目表，经主管单位审核报上级备案后将相关资料及时通知施工单位。施工单位要做好施工图预算和施工组织设计编制工作，并严格按照施工图、工程合同及工程质量要求组织施工，搞好施工管理，确保工程质量。

（4）验收

工程竣工后，应尽快召集有关单位和质检部门，根据设计要求和施工技术验收规范进行验收，同时办理竣工交工手续。

2）风景园林工程招标与投标

工程建设项目招标投标是国际上通用的、比较成熟的、科学合理的工程承发方式。这是以建设单位作为建设工程的发包者，用招标方式择优选定设计、施工单位；而以设计、施工单位为承包者，用投标方式承接设计、施工任务。在风景园林工程项目建设中推行招标投标制，其目的是控制工期，确保工程质量，降低工程造价，提高经济效益，健全市场竞争机制。

为了规范招标投标活动，保护国家利益、社会公共利益和招标投标活动当事人的合法权益，提高经济效益，保证项目质量，1999年8月30日第九届全国人民代表大会常务委员会第十一次会议通过，制定了《中华人民共和国招标投标法》，根据2017年12月27日第十二届全国人民代表大会常务委员会第三十一次会议《关于修改〈中华人民共和国招标投标法〉、〈中华人民共和国计量法〉的决定》对其进行修正。《中华人民共和国招标投标法实施条例》经2011年11月30日国务院第183次常务会议通过，于2012年2月1日实施。为加强和规范招标投标领域公平竞争审查，维护公平竞争市场秩序，《招标投标领域公平竞争审查规则》经2024年1月31日第8次委务会议审议通过，自2024年5月1日起施行。

（1）风景园林工程招标

风景园林工程招标是指招标人将其拟发包的内容、要求等对外公布，招引和邀请多家承包单位参与承包工程建设任务的竞争，以便择优选择承包单位的活动。

①风景园林工程招标分类。按工程项目建设程序分类，工程项目建设过程可分为建设前阶段、勘察设计阶段和施工阶段。按工程项目建设程序，招标可分为工程项目开发招标、勘察设计招标和施工招标3种类型。按行业类别分类，即按与工程建设相关的业务性质分类，可分为土木工程招标、勘察设计招标、材料设备招标、安装工程招标、生产工艺技术转让招标、咨询服务（工程咨询）招标等。

②风景园林工程招标项目必须具备的条件。项目概算已得到批准;建设项目已正式列入国家、部门或地方的年度计划;施工现场征地工作及"四通一平"(水通、电通、路通、通信通,以及场地平整)已经完成;所有设计资料已落实并经批准;建设资金和主要施工材料、设备已经落实;具有政府有关主管部门对工程项目招标的批文。

③工程招标方式。国内工程施工招标多采用项目全部工程招标和特殊专业工程招标等方法。在风景园林工程施工招标中,最为常用的是公开招标、邀请招标和议标招标3种方式。

a.公开招标:也称无限竞争性招标。由招标单位公开发布广告或登报向外招标,公开邀请承包商参加投标竞争。凡符合规定条件的承包商均可自愿参加投标,投标报名单位数量不受限制,招标单位不得以任何理由拒绝投标单位参与投标。

b.邀请招标:也称有限竞争性选择招标。由招标单位向符合本工程资质要求、具有良好信誉的施工单位发出邀请参与投标,招标过程不公开。所邀请的投标单位一般为5~10个,但不得少于3个。

c.议标招标:也称非竞争性招标。由招标单位直接选定某一承包商,双方通过协商达成协议后将工程任务委托给承包商来完成。这种方式比较适用于小型风景园林工程项目。

④工程施工招标程序。招标程序一般可分为3个阶段,即招标准备阶段、招标投标阶段和决标成交阶段,如图5.3所示。

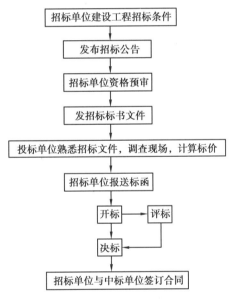

图5.3 工程项目招标投标框图

建设单位的招标申请被批准后,就可以进入招标投标阶段的工作,其内容主要包括:通过各种媒体,如报刊、广播、电视、网络等发布公告或直接向有承包条件的单位发投标邀请函;对投标单位进行资格预审,筛选出投标单位,如果选出的单位较多,应该通过抽签确定合理数量的参加投标单位;组织投标人进行现场考察以及招标工程交底;招标单位召开招标预备会并答疑等。该阶段结束后就由投标单位进行投标标书的编制,进入决标成交阶段,其主要内容是开标、评标、决标和签订施工承包合同。

(2)风景园林工程投标

风景园林工程投标是指投标人愿意按照招标人规定的条件承包工程,编制投标标书,提出工程造价、工期、施工方案和保证工程质量的措施,在规定的期限内向招标人投函,请求承包工程建设任务的活动。

①投标资格:参加投标的单位必须按招标通知向招标人递交以下有关资料:企业营业执照和资质证书;企业简介与资金情况;企业施工技术力量及机械设备状况;近3年承建的主要工程及其质量情况;异地投标时取得的当地承包工程许可证;现有施工任务,含在建项目和尚未开工项目。

②投标程序:风景园林工程投标必须按一定的程序进行(图5.4),其主要程序如下:根据招标公告,分析各招标工程的条件,再依据自身的能力,选择投标工程;在招标期限内提出投标申请,向招标人提交有关资料;接受招标单位的资格审查;从招标单位领取招标文件、图纸及必要的资料;熟悉招标文件,参加现场勘察;编制投标书,落实施工方案和标价;在规定的时间内向招标人报送标书;开标、评标与决标;中标人与招标人签订承包合同。

图5.4 施工投标的一般程序

③投标决策。按性质分投标有风险标和保险标;按效益分投标有盈利标和保本标。

风险标是指明知工程承包难度大、风险大,且技术、设备、资金上都有未解决的问题,但由于队伍窝工,或因为工程盈利丰厚,或为了开拓新技术领域而决定参加投标,同时设法解决存在的问题,即风险标。保险标是指对可以预见的情况如技术、设备、资金等重大问题都有了解决的对策之后再投标,即保险标。盈利标是指如果招标工程既是本企业的强项,又是竞争对手的弱项;或建设单位意向明确;或本企业任务饱满,利润丰厚,才考虑让企业超负荷运转时,这种情况下的投标,即盈利标。保本标是指当企业无后继工程,或已经出现部分窝工,必须争取中标,但招标的工程项目本企业又无优势可言,竞争对手又多,此时,就是投保本标,最多投薄利标。

④开标前的投标技巧与研究。对能预期结账收回工程款的项目(如土方、基础等)的单价可报以较高价,以利于资金周转;对后期项目(如装饰、电气设备安装等)单价可适当降低。估计今后工程量可能增加的项目,其单价可提高,而工程量可能减少的项目,其单价可降低。但上述两点要统筹考虑。对工程量有错误的早期工程,如不可能完成工程量表中的数量,则不能盲目抬高单价,需要具体分析后再确定。图纸内容不明确或有错误,估计修改后工程量要增加的,其单价可提高;而工程内容不明确的,其单价可降低。没有工程量只填报单价的项目,其单价宜高,这样,既不影响总的投标报价,又可多获利。对暂定项目,其实施的可能性大的项目,价格可定高价;估计该工程不一定实施的可定低价。

⑤投标报价的组成:

a.直接费:是指在工程施工中直接用于工程实体上的人工费、材料费、设备费、施工机械使用费、其他直接费和分包项目费等的总和。

b.间接费:是指组织和管理工程施工所需的各项费用,主要由施工管理费和其他间接费组成。其他间接费包括临时设施费、远程工程增加费等。

c.利润和税金:是指按照国家有关部门的规定,建筑施工企业在承担施工任务时应计取的利润,以及按规定应计入建筑安装工程造价内的营业税、城市建设维护税及教育经费附加税。

d. 不可预见费:可由风险因素分析予以确定,一般在投标时可按工程总成本的 3%~5% 考虑。

3)工程施工合同

风景园林工程施工涉及多方面的内容,其中施工前签订工程承包合同就是一项重要工作。施工单位和建设单位不仅要有良好的信誉与协作关系,同时双方应确定明确的权利义务关系,以确保工程任务的顺利完成。

(1)工程承包方式

工程承包方式是指承包方和发包方之间经济关系的形式。受承包内容和具体环境的影响,承包方式也有所不同,其主要分类如图 5.5 所示。目前,在风景园林工程中最为常见的有以下几种。

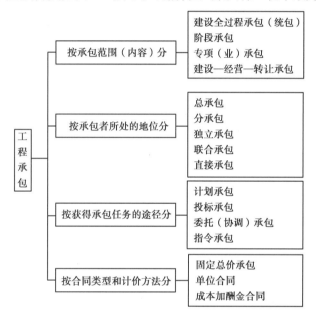

图 5.5　工程承包的分类

①建设全过程承包:也称"统包"或"一揽子承包",即通常所说的"交钥匙"。它是一种由承包方对工程全面负责的总承包,发包方一般需先提出工程要求与工期,其他均由承包方负责。这种承包方式要求承发包双方密切配合,施工企业实力雄厚、技术先进、经验丰富。它最大的优点是能充分利用原有技术经验,节约投资,缩短工期,保证工程质量,信誉高。其主要适用于各种大中型建设项目。

②阶段承包:是指某一阶段工作的承包方式,如可行性研究、勘察设计、工程施工等。在施工阶段,根据承包内容的不同,又可细分为包工包料、包工部分包料和包工不包料 3 种方式。包工包料是承包工程施工所用的全部人工和材料,是一种很普遍的施工承包方式,多由获得等级证书的施工企业采用。包工部分包料是承包方只负责提供施工的全部人工及部分材料,其余部分材料由建设单位负责的一种承包方式。包工不包料广泛应用于各类工程施工中,承包人仅提供劳务而不承担供应任何材料的义务,在风景园林工程中尤其适用于临时民工承包。

③专项承包:是指某一建设阶段的某一专门项目,专项承包专业性强,技术要求高,如地质勘查、古建结构、假山修筑、雕刻工艺、音控光设计等需由专业施工单位承包。

④招标费用包干:是指工程通过招标投标竞争,优胜者得以与建设单位订立承包合同的一种先进承包方式。这是国际上通用的获得承包任务的主要方式。根据竞标内容的不同,又有多种包干方式,如招标费用包干、实际建设费用包干、施工图预算包干等。

⑤委托包干:也称协商承包,是指不需经过投标竞争,而由业主与承包商协商,签订委托其承包某工程的合同。多用于资信好的习惯性客户。风景园林工程建设中这种承包方式较常用。

⑥分承包:也称分包,是指承包者不直接与建设单位发生关系,而是从总承包单位分包某一分项工程(如土方工程、混凝土工程等)或某项专业工程(如假山工程、喷泉工程等),并对总承包商负责的承包方式。风景园林工程建设中也常遇到分项工程的专业问题,有时也采用分包方式。

(2)施工承包合同的作用

工程施工承包合同是指工程建设单位(发包方)和施工单位(承包方)根据国家基本建设的有关规定,为完成特定的工程项目而明确相互间权利和义务的协议。施工单位向建设单位承诺,按时、按质、按量完成工程任务;建设单位则按规定向施工单位提供技术文件,组织竣工验收并支付工程款。由此可知,施工合同是一种完成特定工程项目的合同,其特点是合同计划性强、涉及面广、内容复杂、履行期长。

施工合同一经签订,即具有法律约束力。施工合同明确了承发包人在工程中的权利和义务,这是双方履行合同的行为准则和法律依据,有利于规范双方的行为。如果不签订施工合同,也就无法确立各自在施工中所能享受的权利和应承担的义务。同时,施工合同的签订,有利于对工程施工的管理,有利于整个工程建设的有序发展。尤其是在市场经济条件下,合同是维系市场运转的重要因素,应培养合同意识,推行建设监理制度,实行招标投标制等,使风景园林工程项目建设健康、有序地发展。

(3)签订施工合同的原则

订立施工合同的原则是指贯穿于订立施工合同的整个进程,对承发包方签订合同起指导和规范作用的、双方应遵循的准则,主要有:

①合法原则:订立施工合同要严格执行《建设工程施工合同(示范文本)》,通过《中华人民共和国合同法》与《中华人民共和国建筑法》等法律法规来规范双方的权利义务关系。唯有合法,施工合同才具有法律效力。

②平等自愿、协商一致的原则:主体双方均依法享有自愿订立施工合同的权利。在自愿、平等的基础上,承发包方要就协议内容认真商讨,充分发表意见,为合同的全面履行打下基础。

③公平、诚实信用的原则:施工合同是双方合同,双方均享有合同权利,要诚实守信,当事人应实事求是地向对方介绍自己订立合同的条件、要求和履约能力;在拟定合同条款时,要充分考虑对方的合法利益和实际困难,以善意的方式设定双方的权利和义务。

④过错责任原则:合同中除规定的权利义务,必须明确违约责任,必要时,还要注明仲裁条款。

(4)签订施工合同的条件

工程立项及设计概算已得到批准;工程项目已列入国家或地方年度建设计划;小型专用绿地已纳入单位年度建设计划;施工需要的设计文件和有关技术资料已准备充分;建设资料、建设材料、施工设备已经落实;招标投标的工程,中标文件已经下达;施工现场条件,即"四通一平"已准备就绪;合同主体双方符合法律规定,并均有履行合同的能力。

(5)工程承包合同的格式

合同文本格式是指合同的形式文件,主要有填空式文本、提纲式文本、合同条件式文本和条件加协议条款式文本。我国为了加强建设工程施工合同示范文本,采用合同条件式文本。它由协议书、通用条款、专用条款3部分组成,并附有3个附件:承包人承揽工程一览表、发包人供应材料设备一览表及工程质量保修书。实际工作中必须严格按照这个示范文本执行。

根据合同协议格式,一份标准的施工合同由以下4部分组成:

①合同标题:写明合同的名称,如《×××公园仿古建筑施工合同》《×××小区绿化工程施工承包合同》。

②合同序文:包括承发包方名称、合同编号和签订合同的主要法律依据。

③合同正文:是合同的重要部分,由以下内容组成:工程概况,包括工程名称、工程地点、建设目的、立项批文、工程项目一览表;工程承包范围,即承包人进行施工的工作范围,它实际上是界定施工合同的标的,是施工合同的必备条款;建设工期,指承包人完成施工任务的期限,明确开、竣工日期;工程质量,指工程的等级要求,是施工合同的核心内容。工程质量一般通过设计图纸、施工说明书及施工技术标准加以确定,是施工合同的确定必备条款;工程造价,是当事人根据工程质量要求与工程的概预算确定的工程费用;各种技术资料交付时间,是指设计文件、概预算和相关技术资料;材料、设备的供应方式;工程款项支付方式与结算方法;双方相互协作事项与合理化建议采纳;质量保修(赔)范围;注明质量保修期;工程竣工验收,竣工验收条款常包括验收的范围和内容、验收的标准和依据、验收人员的组成、验收方式和日期等;违约责任,合同纠纷与仲裁条款。

④合同结尾:注明合同份数,存留与生效方式;签订日期、地点、法人代表;合同公证单位;合同未尽事项或补充条款;合同应有的附件;工程项目一览表,材料、设备供应一览表,施工图纸及技术资料交付时间表(表5.1—表5.3)。

表5.1　工程项目一览表

序号	工程名称	投资性质	结构	计量单位	数量	工程造价	设计单位	备注

表5.2　材料、设备供应一览表

序号	材料、设备名称	规格型号	单位	数量	供应时间	送达地点	备注

表5.3　施工图纸及技术资料交付时间表

序号	工程名称	单位	份数	类别	交付时间	图名	备注

5.1 《中华人民
共和国招标投标法》

5.2 《中华人民共和国
招标投标法》解读

5.3 《中华人民共和国
招标投标法实施条例》

5.4 《中华人民共和国
招标投标法实施条例》解读

5.5 《招标投标领域
公平竞争审查规则》

5.6 《招标投标领域公平
竞争审查规则》解读

5.7 《园林绿化工程施工
合同示范文本(试行)》

5.8 【案例参考】某现代
城园林景观标书全套

5.9 【案例参考】《园林
绿化工程技术标书》

5.3.2 风景园林工程施工程序

施工程序是指一个建设项目或单位工程,在施工过程中应遵循的合理的施工顺序,它是施工管理的重要依据。在施工过程中,能做到按施工程序组织施工,对提高施工速度、保证施工质量、安全生产和降低施工成本有着重要意义。

1)办理开工手续

风景园林工程施工签订后,就可以正式办理各种开工手续了。建设单位和施工单位应于工程开工期前3~5个月申报。与园林施工相关的批文较多,其审批权限各地有所不同。一般小型的绿化工程,由各地、市的园林主管部门批示。此外,如占用公共用地文件、材料配比确认证明、工程施工许可证、工程项目表、工程机械使用文件、树木采伐许可证、供水用电申请、环境治理报告书及委托文件等均需逐项办理。

2)施工前准备工作

施工组织中一项很重要的工作就是要安排合理的施工准备期。施工准备工作的主要任务是领会设计意图,掌握工程特点,确认园址现状,熟悉施工现场,了解现场地下管线、构筑物情况和工程质量要求,合理布置施工力量。这个阶段的工作内容多,一般应做好技术准备、生产准备、施工现场准备和后勤保障工作。

(1)技术准备

施工单位应根据施工合同的要求,认真审核施工图,体会设计意图;收集相关的技术经济资料、自然条件资料。对施工现场实地勘察,要对工地现状有总体把握;施工单位编制施工预算和施工组织设计,建设单位组织有关方面做好技术交底和预算会审工作。施工单位还要制订施工规范、安全措施、岗位职责、管理条例等。

（2）生产准备

施工中所需的各种材料、构配件、施工机具等要按计划组织到位，做好验收和出入库记录；组织施工机械进场、安装与调试；制订苗木供应计划；选定山石材料等。

根据工程规模、技术要求、施工期限等合理组织施工队伍，制订劳动定额，落实岗位责任，建立劳动组织。做好劳动力调配工作，特别是采用平行施工或交叉施工时，更应重视劳务的配备，避免窝工浪费。

（3）施工现场准备

界定施工范围，进行管线改道，保护名木古树等；进行施工现场工程测量，设置平面控制点与高程控制点；做好"四通一平"。施工临时道路选线应以不妨碍工程施工为标准，结合设计园路、地质状况及运输荷载等因素来确定。施工现场的给排水应满足施工要求，做好季节性施工准备。施工用电要考虑最大的负荷量及是否方便施工。场地平整应配合原设计图平衡土方，并做好拆除地上、地下障碍物和设置材料堆放点等工作。搭设临时设施，主要包括施工用的临时仓库、办公室、宿舍、食堂及必需的附属设施，如临时抽水泵站、混凝土搅拌站。临时管线也要按要求铺设好。修建临时设施应遵循节约、实用、方便的原则。

（4）后勤保障工作

后勤工作是保证工程施工顺利进行的重要环节。施工现场配套简易医疗点和其他设施，做好劳动保护，强化安全意识，搞好现场防火等工作。

3）风景园林工程施工组织设计

施工组织设计是对拟建工程的施工提出全面的规划、部署与组织安排，是用来指导工程施工的技术性文件。其核心内容是如何科学合理地安排好劳动力、材料、设备、资金和施工方法5个主要方面。园林施工组织设计，应根据风景园林工程的特点与要求，以先进科学的施工方法和组织方式，使人力、物力与财力、时间与空间、技术与经济、计划与组织等各个方面都能合理优化，从而保证施工任务按时保质保量地顺利进行。

5.10 《园林绿化施工组织设计方案》

（1）施工组织设计的作用

施工组织设计是我国应用于工程施工中的科学管理手段之一，是长期工程建设实践经验的总结，是组织现场施工的基本文件。科学、合理、切合实际、操作性强的施工组织设计，具有重要的作用：合理的施工组织设计，体现了风景园林工程的特点，对现场施工具有实践指导作用；能够按事先设计好的程序组织施工，能保证正常的施工秩序；能及时做好施工前的准备工作，并能按施工进度搞好材料、机具、劳动力资源配置；能使施工管理人员明确工作职责，充分发挥主观能动性；能很好地协调各方面的关系，解决施工过程中出现的各种情况，使现场施工保持协调、均衡、文明、安全。

（2）施工组织设计的分类

依据编制对象的不同，可以编制出深度不一、层次不同的施工组织设计。实际情况中通常有施工组织总设计、单位工程施工组织设计和分项工程作业设计3种。

①施工组织总设计：该施工组织设计是以整个建设项目为编制对象，依照已经审批的初步设计文件拟定总体施工规划，是工程施工全局性、指导性文件。该施工组织设计一般由施工单位组织编制，重点解决施工期限、施工顺序、施工方法、临时设施、材料设备以及施工现场总平面布置等关键内容。

②单位工程施工组织设计:该施工组织设计是根据会审后的施工图,以单位工程为编制对象,用于指导工程施工的技术文件。其依照施工组织总设计的主要原则确定单位工程施工组织与安排,不得与施工组织总设计相抵触,其编制重点在于:工程概况与施工条件,施工方案与施工方法,施工进度与计划,劳动力及其他资源配置,施工现场平面布置,以及施工技术措施和主要技术经济指标、施工质量、安全及文明施工、劳动保护措施等。

③分项工程作业设计:该施工组织设计是指单位工程中的某些特别重要部位或施工难度大、技术较复杂的,需要采取特殊措施施工的分项工程编制的,具有较强的针对性的技术文件。其所阐述的施工方法、施工进度、施工措施、技术要求等要详尽具体,如大型假山叠石工程、喷泉水池防水工程等。

(3)施工组织设计的原则

施工组织设计要做到科学、实用,就必须在编制技术上遵循施工规律、理论和方法,同时要吸收在工程施工实践中积累的成功经验。在编制施工组织设计时应该贯彻以下几个原则:依照国家政策、法律、法规和工程承包合同施工;充分理解设计图纸,符合设计要求和风景园林工程的特点,体现园林综合艺术;采用先进的施工技术和管理方法,选择合理的施工方案,做到施工组织在技术上是先进的、经济上是合理的、操作上是安全的、指标上是优化的,以提高效率与效益;合理安排施工计划,搞好综合平衡,做到均衡施工;采取切实可行的措施,确保施工质量和施工安全,重视工程收尾工作,提高工效,全面推行质量管理体系和监理工程师监督检查体系。

(4)施工组织设计的程序

施工组织设计必须按照一定的先后顺序进行编制(图5.6),才能保证其科学性和合理性。施工组织设计的编制程序如下:熟悉工程施工图,领会设计意图,认真收集、分析自然条件和技术经济条件资料;将工程合理分项并计算各自的工程量,确定工期;确定施工方案、施工方法,进行经济技术比较,选择最优方案;利用横道图或网络计划技术编制施工进度计划;制订施工必需的设备、材料、构件和劳动力计划;布置临时设施,做好"四通一平"工作;编制施工准备工作计划;绘出施工平面布置图;计算技术经济指标,确定劳动定额;拟订质量、工期、安全、文明施工等措施,必要时还要制订风景园林工程季节性施工和苗木养护期保活等措施。

(5)施工组织设计的主要内容

风景园林工程施工组织设计的内容一般由工程项目的范围、性质、特点、施工条件、景观要求等来确定。在编制的过程中有深度上的不同,必然会反映在内容上也有差异,但无论什么样的施工组织设计都应该包括以下几个方面:工程概况、施工方案、施工进度计划和施工现场平面布置图,也就是通常所说的"一图、一表、一案"。

①工程概况:工程概况是对拟建工程的基本性描述,目的是通过工程概况了解工程的基本情况,明确任务量、难易程度、质量要求等,以便合理制订施工方法、施工措施、施工进度计划和施工现场平面布置图。

工程概况应该说明以下内容:工程的性质、规模、服务对象、建设地点、工期、承包方式、投资额度和投资方式;施工和设计单位名称、上级要求、图纸情况;施工现场地质土壤、水文气象等;园林建筑数量以及结构特征;特殊施工措施、施工力量、施工条件;材料来源与供应情况;"四通一平"条件;机具准备、临时设施解决方法、劳动力组织及技术协作水平等。

②施工方案:施工方案的优选是施工组织设计重要的环节,根据工程的实际施工条件提出合理的施工方法,制订施工技术措施是优选施工方案的基础。

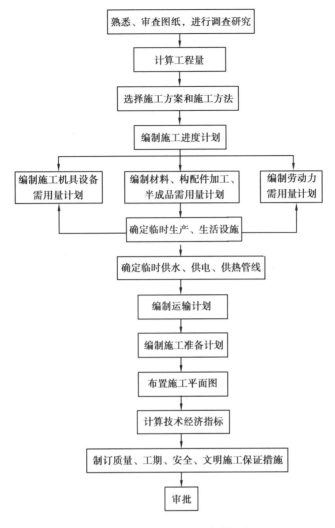

图5.6 施工组织设计编制程序

a.拟订施工方法。要求所拟订的施工方法重点突出、技术先进、成本合理;要特别注意结合施工单位现有技术力量、施工习惯、劳动组织特点等;要根据具体情况,合理利用机械作业的多样性和先进性;要对关键工程的重要工序或分项工程、特殊结构工程以及专业性较强的工程等制订详细具体的施工方法。

b.制订施工措施。确定施工方法不仅要提出具体的操作方法和施工注意事项,还要提出质量要求及相应采取的技术措施。主要包括:施工技术规范、操作规程;质量控制指标和相关检查标准;夜间与季节性施工措施;降低工程施工成本措施;施工安全与消防措施;现场文明施工及环境保护措施等。

c.施工方案技术经济比较。由于风景园林工程的复杂性和多样性,某些分项工程或某个施工阶段往往可能有几种施工方法,构成多种施工方案,因此,需要进行施工方案的技术经济比较,来确定一个合理有效的施工方案。施工方案的技术经济比较分析主要有定性分析和定量分析两种,前者是结合经验进行一般的优缺点比较;后者则是通过计算,获得劳动力需求、材料消耗、工期长短以及成本费用等经济技术指标,然后比较分析,从中获取最优方案。

③施工进度计划:施工进度计划是指在预定工期内以施工方案为基础编制的,要求以最低的施工成本来合理地安排施工顺序和施工进度,用来全面控制施工进度,并为编制基层作业计划以及各种资源供应提供依据。其编制的步骤:将工程项目分类及确定工程量→计算劳动量和机械台班数→确定工期→解决工程各工序间相互搭接的问题→编排施工进度→按施工进度提出劳动力、材料和机具的需要计划等。

按上述步骤获得的计算结果通常要填入横道图(条形图),在编制施工进度计划过程中必须确定以下因素:

a.工程项目分类。将分部工程按施工顺序列出,分部工程划分不宜过多,要和预算定额内容一致,重点放在关键工序,并注意彼此间的衔接。根据现行的《园林工程预算定额》,园林工程通常分为土方工程、基础垫层工程、砌筑工程、混凝土及钢筋混凝土工程、地面工程、抹灰工程、园林绿化工程、假山与雕塑工程、水景工程、园路及园桥工程、园林建筑小品工程、给排水及管线工程等。

b.工程量计算。按施工图和工程量计算方法逐项计算,注意工程量计算单位要一致。

c.劳动量和机械台班数确定。

d.工期确定。合理工期应满足3个条件,即最小劳动组合、最小工作面和最适宜的工作人数。

e.进度计划编制。进度计划的编制要满足总工期的安排,通常先确定关键工序或消耗劳动力和工时最多的工序,然后其他工序配合、穿插或平行作业,达到施工的连续性、均衡性、衔接性。如果计划需要调整,可通过改变工期或各工序开始和结束的时间等方法。施工进度计划的编制通常采用横道图(条形图)法和网络图法。

f.劳动力、材料和机具的需要量准备。施工进度计划编制后就要进行劳动资源的配置,组织劳动力,调配各种材料和机具,确定进场时间。

④施工现场平面布置图:施工现场平面布置图是指导工程现场施工的平面布置简图,它主要解决施工现场的合理工作面问题,其设计依据是工程施工图、施工方案和施工进度计划,所用图纸比例一般为1∶200或1∶500。

施工现场平面布置图主要包括以下内容:工程施工范围;建造临时性建筑的位置与范围;已有的建筑物和地下管道;施工道路、进出口位置;测量基线、控制点位置;材料、设备和机具堆放点,机械安装地点;供水、供电线路,泵房及临时排水设施;消防设施位置。

施工现场平面布置图设计的原则:在满足现场施工的前提下,尽量减少占用施工用地,平面空间合理有序;尽可能利用场地周边原有建筑作临时用房,或沿周边布置;临时道路宜简,且有合理的进出口;供水供电线路要最短,以尽可能减少成本,减少临时设施和临时管线;要最大限度减少现场运输,特别是场内的多次搬运;施工道路要环形设置,工序要合理安排,材料堆放点要有利于施工进行,并做到按施工进度组织生产材料;要符合劳动保护法、施工安全法和消防法要求。

⑤横道图和网络图计划技术:

a.施工组织方式。在组织工程施工时,通常采用3种组织方式:顺序施工、平行施工和流水施工。

顺序施工是指按照施工过程中各分部(分项)工程的先后顺序,前一个施工过程(或工序)完全完工后才开始下一个施工过程(或工序)的一种组织生产方式。这是一种最简单、最基本的组织方式,其特点是同时投入的劳动力资源较少,组织简单,材料供应单一,但劳动生产率低,工期较长,不能适应大型工程的需要。

平行施工是指将一个工作范围内的相同施工过程同时组织施工,完成后再同时进行下一个

施工过程的施工方式。平行施工的特点是最大限度地利用了工作面,工期最短,但同一时间内需提供的相同劳动资源成倍增加,施工管理复杂,通常只在工期较紧时采用。

流水施工是指把若干个同类型的施工对象划分成多个施工段,组织若干个在施工工艺上有密切联系的专业班组相继进行施工,依次在各个施工段上重复完成相同的施工内容。流水施工的特点是在同一施工段上各施工过程保持顺序施工的特点,而不同的施工过程在不同的施工段上又最大限度地保持了平行施工的特点。不同的专业施工班组能连续施工,充分利用时间,施工期较短;施工工人和设备机具能在施工段间转移,保持了连续施工的特点,使施工具有持续性、均衡性和节奏性。

b. 横道图法与网络图法。施工组织设计要求合理安排施工顺序和施工进度计划,目前,施工中表示工程进度计划的方法最常见的是横道图(条形图)法和网络图法两种。

横道图以时间参数为依据,其特点是编制方法简单、直观易懂,在园林施工中应用广泛。但这种方法有明显的不足,它不能全面反映各工序之间的相互联系以及彼此间的影响;不能建立数理逻辑关系,无法进行系统的时间分析,不能确定重点工序,不利于发挥施工潜力,更不能通过先进的计算机技术进行优化。这种方法往往导致编制的进度计划过于保守或脱离实际,也难以准确预测、妥善处理和监控计划执行中出现的各种情况。

网络图计划技术是将施工进度看作一个系统模型,系统中可以清楚看出各工序之间的逻辑制约关系,重点工序和影响工期的主要因素一目了然。而且,网络图是有方向的有序模型,便于利用计算机进行技术优化。它比横道图更科学、更严密,更利于调动一切积极因素,是工程施工中进行现代化建设管理的主要手段。

c. 横道图计划技术。横道图也称条形图,是应用简单的施工进度计划方式,在园林施工中广泛采用。

其主要有作业顺序表和详细进度表两种。从作业顺序表中,可以看出各工序的实际情况和作业量完成情况,但工种间的关系不清楚,影响工期的重点工序也不明确,不适合较复杂的施工管理。详细进度表是应用最为普遍的横道图计划,它由两部分组成:左边以工序(或工种、分项工程)为纵坐标,包括工程量、各工种工期、定额以及劳动量等指标;右边以工期为横坐标,以线框或线条表示工程进度。

利用横道图表示施工详细进度计划的目的是对施工进度合理控制,并能根据计划随时检查施工过程,以保证顺利施工,降低成本,按期完成,满足总工期的需要。

5.4 风景园林工程质量管理

质量管理和其他各项管理工作一样,要做到有计划、有措施、有执行、有检查、有总结,才能使整个管理工作循序渐进,保证工程质量不断提高。为不断揭示项目施工过程中在生产、技术、管理诸方面的质量问题,通常采用 PDCA 循环方法。该方法就是先有分析,其次提出设想,再次安排计划,最后按计划执行。执行中进行动态检查、控制和调整,执行完成后进行总结处理。PDCA 分为 4 个阶段,即质量计划(Plan)、执行(Do)、检查(Check)、处理(Action)阶段。4 个阶段又具体分为 8 个步骤。第一阶段为质量计划阶段,确定任务、目标、活动计划和拟定措施。第一步,分析现状,找出存在的质量问题,并用数据加以说明。第二步,掌握质量规格、特性,分析产生质量问题的各种因素,并逐个进行分析。第三步,找出影响质量问题的主要因素,通过抓主要因素解决质量问题。第四步,针对影响质量问题的主要因素,制订计划和活动措施。计划和措施应该具体明确,有目标、有期限、有分工。第二阶段(第五步)为质量计划执行阶段。按照计划要求及制订的质量目标、质量标准、操作规程去组织实施,进行作业标准教育,按作业标准施工。第三阶段(第六步)为检查阶段。通过作业过程、作业结果将实际工作结果与计划内容相对比,通过检查,看是否达到预期效果,找出问题和异常情况。第四阶段为处理阶段(即第七步)。在这一步,总结经验,改正缺点,将遗留问题转入下一轮循环。处理检查结果,按检查结果,总结成败两方面的经验教训,将成功的结果纳入标准、规程,予以巩固;对不成功的结果,应调查原因,消除异常,吸取教训,引以为戒,防止再次发生。第八步,处理本循环尚未解决的问题,转入下一循环中去,通过再次循环求得解决。

为了加强对建设工程质量的管理,保证建设工程质量,保护人民生命和财产安全,根据《中华人民共和国建筑法》制定《建设工程质量管理条例》《园林绿化工程建设管理规定》。为了规范生产安全事故的报告和调查处理,落实生产安全事故责任追究制度,防止和减少生产安全事故,根据《中华人民共和国安全生产法》和有关法律,经 2007 年 3 月 28 日国务院第 172 次常务会议通过《生产安全事故报告和调查处理条例》,于 2007 年 6 月 1 日实施。

风景园林工程质量控制要贯穿项目施工的全过程,包括施工准备阶段、施工阶段、交工验收阶段和保修阶段。

5.11 《建设工程 质量管理条例》　　5.12 《园林绿化工程 建设管理规定》　　5.13 《生产安全事故 报告和调查处理条例》

5.4.1　施工准备阶段的质量管理

风景园林建设工程施工准备是为保证园林施工正常进行而必须事先做好的工作。施工准备不仅在工程开工前要做好,而且贯穿于整个施工过程。施工准备的基本任务就是为工程建立一切必要的施工条件,确保施工生产顺利进行,确保工程质量符合要求。

1)研究和会审图纸及技术交底

通过研究和会审图纸,可以广泛听取使用人员、施工人员的正确意见,弥补设计上的不足,提高设计质量;也可以使施工人员了解设计意图、技术要求、施工难点。

技术交底是施工前的一项重要准备工作,以使参与施工的技术人员与工人了解承建工程的特点、技术要求、施工工艺及施工操作要求等。

2)施工组织设计

施工组织设计是指导施工准备和组织施工的全面性技术经济文件。对施工组织设计,要求进行两个方面的控制:一是选定施工方案后,制订施工进度时,必须考虑施工顺序、施工流向,主要分部、分项工程的施工方法,特殊项目的施工方法和技术措施能否保证工程质量;二是制订施工方案时,必须进行技术经济比较,使风景园林建设工程满足设计要求以及保证质量,求得施工

工期短、成本低、安全生产、效益好的施工过程。

3) 现场勘察、"四通一平"和临时设施的搭建

掌握现场地质、水文勘察资料,检查"四通一平"、临时设施搭建能否满足施工需要,保证工程顺利进行。

4) 物资准备

检查原材料、构配件是否符合质量要求;施工机具是否可以进入正常运行状态。

5) 劳动力准备

施工力量的集结,能否进入正常的作业状态;特殊工种及缺门工种的培训,是否具备应有的操作技术和资格;劳动力的调配、工种间的搭接,能否为后续工种创造合理的、足够的工作面。

5.4.2 施工阶段的质量管理

按照施工组织设计总进度计划,编制具体的月度和分项工程施工作业计划和相应的质量计划。对材料、机具设备、施工工艺、操作人员、生产环境等影响质量的因素进行控制,以保持风景园林建设产品总体质量处于稳定状态。

1) 施工工艺的质量控制

工程项目施工应编制"施工工艺技术标准",规定各项作业活动和各道工序的操作规程、作业规范要点、工作顺序、质量要求。上述内容应预先向操作者进行交底,并要求认真贯彻执行。对关键环节的质量、工序、材料和环境应进行验证。使施工工艺的质量控制符合标准化、规范化、制度化的要求。

2) 施工工序的质量控制

施工工序质量控制的最终目的是要使风景园林建设项目保质保量地顺利竣工,达到工程项目设计要求。

施工工序质量控制包括影响施工质量的 5 个因素(人、材料、机具、方法、环境),使工序质量的数据波动处于允许的范围内;通过工序检验等方式,准确判断施工工序质量是否符合规定的标准,以及是否处于稳定状态;在出现偏离标准的情况下,分析产生的原因,并及时采取措施,使之处于允许的范围内。

对直接影响质量的关键工序,对下道工序有较大影响的上道工序,对质量不稳定、容易出现不良情况的工序,对用户反馈和过去有过返工的不良工序设立工序质量控制(管理)点。设立工序质量控制点的主要作用是使工序按规定的质量要求和稳定的操作进行,从而获得满足质量要求的最多产品和最大的经济效益。对工序质量控制点要确定合理的质量标准、技术标准和工艺标准,还要确定控制水平及控制方法。

对施工质量有重大影响的工序,对其操作人员、机具设备、材料、施工工艺、测试手段、环境

条件等因素进行分析与验证,并进行必要的控制。同时做好验证记录,以便向建设单位证实工序处于受控状态。工序记录的主要内容为质量特性的实测记录和验证签证。

3)人员素质的控制

定期对职工进行规程、规范、工序工艺、标准、计量、检验等基础知识的培训和开展质量管理、质量意识教育。

4)设计变更与技术复核的控制

加强对施工过程中提出的设计变更的控制。重大问题须经建设单位、设计单位、施工单位三方同意,由设计单位负责修改,并向施工单位签发设计变更通知书。对建设规模、投资方案等有较大影响的变更,须经原批准初步设计单位同意,方可进行修改。所有设计变更资料均须有文字记录,并按要求归档。

对重要的或影响全局的技术工作,必须加强复核,避免发生重大差错,影响工程质量和使用。

5.4.3 竣工阶段的质量管理

1)工序间的交工验收工作的质量控制

往往由于工程施工中,上道工序的质量成果被下道工序所覆盖;分项或分部工程质量成果被后续的分项或分部工程所掩盖,因此,要对施工全过程的分项与分部施工的各工序进行质量控制。要求班组实行保证本工序、监督前工序、服务后工序的自检、互检、交接检和专业性的"中间"质量检查,保证不合格工序不转入下道工序。出现不合格工序时,做到"三不放过"(原因未查清不放过、责任未明确不放过、措施未落实不放过),并采取必要的措施,防止再发生。

2)竣工交付使用阶段的质量控制

单位工程或单项工程竣工后,由施工项目的上级部门严格按照设计图纸、施工说明书及竣工验收标准,对工程的施工质量进行全面鉴定、评定等级,作为竣工交付的依据。工程进入交工验收阶段,应有计划、有步骤、有重点地进行收尾工程的清理工作,通过交工前的预验收,找出漏项项目和需要修补的工程,并及早安排施工。还应做好竣工工程产品保护,以提高工程的一次成优及减少竣工后返工整修。工程项目经自检、互检后,与建设单位、设计单位和上级有关部门进行正式的交工验收工作。

5.5 风景园林工程竣工验收制度

5.5.1 风景园林工程竣工验收的依据与标准

当风景园林工程按设计要求完成全部施工任务并可供开放使用时,施工单位要向建设单位

办理移交手续,这种接交工作称为项目的竣工验收。竣工验收既是项目进行移交的必需手续,又是通过竣工验收对建设项目成果的工程质量、经济效益等进行全面考核评估的过程。凡是一个完整的风景园林建设项目,或是一个单位的风景园林工程建成后达到正常使用条件的,都要及时组织竣工验收。

风景园林建设项目的竣工验收是风景园林建设全过程的一个阶段,它是由投资成果转为使用、对公众开放、服务于社会、产生效益的一个标志。竣工验收对促进建设项目尽快投入使用、发挥投资效益、对建设与承建双方全面总结建设过程的经验或教训都具有十分重要的意义和作用。

1)竣工验收的依据

竣工验收的依据有:上级主管部门审批的计划任务书、设计文件等;招投标文件和工程合同;施工图纸和说明、图纸会审记录、设计变更签证和技术核定单;国家或行业颁布的现行施工技术验收规范及工程质量检验评定标准;有关施工记录及工程所用的材料、构件、设备质量合格文件及验收报告单;承接施工单位提供的有关质量保证等文件;国家颁布的有关竣工验收文件。

2)竣工验收的标准

风景园林建设项目涉及多种门类、多种专业,且要求的标准也各异,加之其艺术性较强,很难形成国家统一标准。对工程项目或一个单位工程的竣工验收,可采用分解成若干部分,再选用相应或相近工种的标准进行,一般风景园林工程可分解为土建工程和绿化工程两个部分。

(1)土建工程的验收标准

凡风景园林工程、游憩、服务设施及娱乐设施等土建工程应按照设计图纸、技术说明书、验收规范及建筑工程质量检验评定标准验收,并应符合合同所规定的工程内容及合格的工程质量标准。无论是游憩性建筑还是娱乐、生活设施建筑,建筑物室内工程要全部完工,并且室外工程的明沟、踏步斜道、散水以及应平整建筑物周围场地,都要清除障碍物,达到水通、电通、道路通。

(2)绿化工程的验收标准

施工项目内容、技术质量要求及验收规范和质量应达到设计要求、验收标准的规定及各工序质量的合格要求,如树木的成活率、草坪铺设的质量、花坛的品种、纹样等。

5.5.2 风景园林工程竣工验收的准备工作

竣工验收前的准备工作是竣工验收工作顺利进行的基础,承接施工单位、建设单位、设计单位和监理工程师均应尽早做好准备工作,其中承接施工单位和监理工程师的准备工作尤为重要。

1)承接施工单位的准备工作

(1)工程档案资料的汇总整理

工程档案是风景园林工程的永久性技术资料,是风景园林工程项目竣工验收的主要依据。档案资料的准备必须符合有关规定及规范的要求,必须做到准确、齐全,能够满足风景园林建设工程进行维修、改造和扩建的需要。一般包括以下内容:部门对该工程的有关技术决定文件;竣工工程项目一览表,包括名称、位置、面积、特点等;地质勘查资料;工程竣工图,工程设计变更记录,施工变更洽商记录,设计图纸会审记录;永久性准点位置坐标记录,建筑物、构筑物沉降观察

记录;新工艺、新材料、新技术、新设备的试验、验收和鉴定记录;工程质量事故发生情况和处理记录;建筑物、构筑物、设备使用注意事项文件;竣工验收申请报告、工程竣工验收报告、工程竣工验收证明书、工程养护与保修证书等。

（2）施工自验

施工自验是施工单位资料准备完成后在项目经理组织领导下,由生产、技术、质量、预算、合同和有关的工长或施工员组成预验小组,根据国家或地区主管部门规定的竣工标准、施工图和设计要求、国家或地区规定的质量标准的要求,以及合同所规定的标准和要求,对竣工项目按分段、分层、分项地逐一进行全面检查,预验小组成员按照自己所主管的内容进行自检并作记录,对不符合要求的部位和项目,要制订修补处理措施和标准,并限期修补好。施工单位在自验的基础上,对已查出的问题全部修补处理完毕后,项目经理应报请上级再进行复检,为正式验收做好充分准备。

风景园林工程中的竣工验收检查主要有以下方面的内容:对风景园林建设用地内进行全面检查;对场区内外邻接道路进行全面检查;临时设施工程;整地工程;管理设施工程;服务设施工程;园路铺装;运动设施工程;游戏设施工程;绿化工程等。其中绿化工程包括以下具体内容:对照设计图纸,是否按设计要求施工;检查植株数有无出入;支柱是否牢靠,外观是否美观;有无枯死的植株;栽植地周围的整地状况是否良好;草坪的栽植是否符合规定;草和其他植物或设施的接合是否美观。

（3）编制竣工图

竣工图是如实反映施工后风景园林工程的图纸。它是工程竣工验收的主要文件,园林施工项目在竣工前,应及时组织有关人员进行测定和绘制,以保证工程档案完备和满足维修、管理养护、改造或扩建的需要。

①竣工图编制的依据:施工中未变更的原施工图、设计变更通知书、工程联系单、施工洽商记录、施工放样资料、隐蔽工程记录和工程质量检查记录等原始资料。

②竣工图编制的内容要求:

a.施工中未发生设计变更,按图施工的施工项目,应由施工单位负责在原施工图纸上加盖"竣工图"标志,可作为竣工图使用。

b.施工过程中有一般性的设计变更,但没有较大结构性的或重要管线等方面的设计变更,而且可以在原施工图上进行修改和补充,可不再绘制新图纸,由施工单位在原施工图纸上注明修改和补充后的实际情况,并附以设计变更通知书、设计变更记录和施工说明。再加盖"竣工图"标志,也可作为竣工图使用。

c.施工过程中凡有重大变更或全部修改的,如结构形式改变、标高改变、平面布置改变等,不宜在原施工图上修改补充时,应重新绘制实测改变后的竣工图,施工单位负责人在新图上加盖"竣工图"标志,并附上记录和说明作为竣工图。

竣工图必须做到与竣工的工程实际情况完全吻合,无论是原施工图还是新绘制的竣工图,都必须是新图纸,必须保证绘制质量,完全符合技术档案的要求,坚持竣工图的校对、审核制度。重新绘制的竣工图,一定要经过施工单位主要技术负责人的审核签字。

（4）工程与设备的试运转和试验的准备工作

一般包括:安排各种设施、设备的试运转和考核计划;各种游乐设施,尤其是关系人身安全的设施,如缆车等的安全运行是试运行和试验的重点;编制各运转系统的操作规程;对各种设

备、电气、仪表和设施做全面的检查和校验;进行电气工程的全面负责试验,管网工程的试水、试压试验;喷泉工程试水等。

2)监理工程师的准备工作

风景园林建设项目的监理工程师,应做好以下竣工验收的准备工作:监理工程师应提交验收计划,计划内容分竣工验收的准备、竣工验收、交接与收尾3个阶段的工作。每个阶段都应明确其时间、内容及标准的要求。该计划应事先征得建设单位、施工单位及设计等单位的意见,并达成一致。

(1)整理、汇集各种经济与技术资料

总监理工程师于项目正式验收前,指示其所属的各专业监理工程师,按照原有的分工,对各自负责管理监理监督的项目的技术资料进行一次认真的清理。大型的风景园林工程项目的施工期往往为1~2年或更长的时间,必须借助以往收集的资料,为监理工程师在竣工验收中提供有益的数据和情况,其中有些资料将用于对承接施工单位所编的竣工技术资料的复核、确认和办理合同责任,工程结算和工程移交。

(2)拟订竣工验收条件、验收依据和验收必备的技术资料

拟订验收条件、验收依据和验收必备的技术资料是监理单位必须要做的又一重要准备工作。监理单位应将上述内容拟订好后发给建设单位、施工单位、设计单位及现场的监理工程师。

①竣工验收条件:合同所规定的承包范围的各项工程内容均已完成;各分部、分项及单位工程均已由承接施工单位进行了自检自验(隐蔽的工程已通过验收)且都符合设计和国家施工及验收规范及工程质量验评标准、合同条款的规范等;电力、上下水、通信等管线等均与外线接通、联通试运行,并有相应的记录;竣工图已按有关规定如实绘制,验收的资料已备齐,竣工技术档案按档案部门的要求进行整理。对大型风景园林建设项目,为了尽快发挥风景园林建设成果的效益,也可分期、分批地组织验收,陆续交付使用。

②竣工验收依据:列出竣工验收的依据,并进行对照检查。

③竣工验收必备的技术资料:大中型风景园林建设工程进行正式验收时,往往是由验收委员会(验收小组)来验收。而验收委员会(验收小组)的成员经常要先进行中间验收或隐蔽工程验收等,以全面了解工程的建设情况。为此,监理工程师与承接施工单位主动配合验收委员会(验收小组)的工作,验收委员会(验收小组)对一些问题提出的质疑,应给予解答。需给验收委员会(验收小组)提供的技术资料主要有竣工图和分项、分部工程检验评定的技术资料(如果是对一个完整的建设项目进行竣工验收,还应有单位工程竣工验收的技术资料)。

(3)竣工验收的组织

一般风景园林建设工程项目多由建设单位邀请设计单位、质量监督及上级主管部门组成验收小组进行验收。工程质量由当地工程质量监督站核定质量等级。

5.5.3 园林竣工验收程序

1)竣工项目的预验收

竣工项目的预验收,是在施工单位完成自检自验并认为符合正式验收

5.14 《园林绿化工程施工及验收规范》

条件,在申报工程验收之后和正式验收之前的这段时间内进行的。委托监理的风景园林工程项目,总监理工程师应组织其所有各专业监理工程师来完成。竣工预验收要吸收建设单位、设计、质量监督人员参加,而施工单位也必须派人配合竣工验收工作。

竣工预验收的时间长,又多是各方面派出的专业技术人员,对验收中发现的问题多在此时解决,为正式验收创造条件。为做好竣工预验收工作,总监理工程师要提出一个预验收方案。这个方案包含预验收需要达到的目的和要求、预验收的重点、预验收的组织分工、预验收的主要方法和主要检测工具等,并向参加预验收的人员进行必要的培训,使其明确以上内容。

预验收工作大致可分为以下两大部分:

(1)竣工验收资料的审查

认真审查技术资料,这不仅是满足正式验收的需要,也是为工程档案资料的审查打下基础。

①技术资料主要审查的内容:工程项目的开工报告;工程项目的竣工报告;图纸会审及设计交底记录;设计变更通知单;技术变更核定单;工程质量事故调查和处理资料;水准点、定位测量记录;材料、设备、构件的质量合格证书;试验、检验报告;隐蔽工程记录;施工日志;竣工图;质量检验评定资料;工程竣工验收有关资料。

②技术资料审查方法包括审阅、校对和验证:

a.审阅。边看边查,把有不当的及遗漏或错误的地方记录下来,再对重点部分仔细审阅,作出正确判断,并与承接施工单位协商更正。

b.校对。监理工程师将自己日常监理过程中所收集积累的数据、资料,与施工单位提交的资料一一校对,凡是不一致的地方都记载下来,再与承接施工单位商讨,如果有仍然不能确定的地方,再由当地质量监督站及设计单位佐证资料的核定。

c.验证。当出现几个方面资料不一致而难以确定时,可重新测量实物予以验证。

(2)工程竣工的预验收

风景园林工程的竣工预验收,在某种意义上说,它比正式验收更为重要。因为正式验收时间短,不可能详细、全面地对工程项目一一查看,而主要依靠对工程项目的预验收来完成。所有参加预验收的人员均要有高度的责任感,并在可能的检查范围内,对工程数量、质量进行全面的确认,特别对那些重要部位和易遗忘的都应分别登记造册,作为预验收的成果资料,提供给正式验收的验收委员会参考和作为承接施工单位进行整改的依据。

①预验收的准备:参加预验收的监理工程师和其他人员,应按专业或区段分组,并指定负责人。验收检查前,先组织预验收人员熟悉有关验收资料,制订检查方案,并将检查项目的各子目及重点检查部位以表或图列示出来。同时准备好工具、记录、表格,以供检查中使用。检查中,分成若干专业小组进行,划定各自的工作范围,以提高效率并避免相互干扰。

②预验收的方法:风景园林建设工程的预验收,要全面检查各分项工程。检查方法有以下几种:

a.直观检查。直观检查是一种定性的、客观的检查方法,采用手摸眼看的方式,只有经验丰富和掌握标准熟练的人员才能胜任此工作。

b.测量检查。对上述能实测实量的工程部位应通过实测实量获得真实数据。

c.点数。对各种设施、器具、配件、栽植苗木都应一一点数、查清、记录,如有遗缺不足或有质量不符合要求的,应通知承接施工单位补齐或更换。

d.操纵动作。实际操作是对功能和性能检查的好办法,对一些水电设备、游乐设施等,应启

动检查。

③预验收的结果：上述检查之后，各专业组长应向总监理工程师报告检查验收结果。如果查出的问题较多、较大，则应指令施工单位限期整改并再次进行复验，如果存在的问题仅属一般性的，除通知承接施工单位抓紧整修外，总监理工程师应编写预验报告一式3份，一份交施工单位供整改用；一份备正式验收时转交验收委员会；一份由监理单位自存。这份报告除文字论述外，还应附上全部预验检查的数据。与此同时，总监理工程师应填写竣工验收申请报告送项目建设单位。

2）正式竣工验收

正式竣工验收是由国家、地方政府、建设单位以及单位领导和专家参加的最终整体验收。大中型风景园林建设项目的正式验收，一般由竣工验收委员会（或验收小组）的主任（组长）主持，具体的事务性工作可由总监理工程师来组织实施。正式竣工验收的工作程序如下：

（1）准备工作

向各验收委员会单位发出请束，并书面通知设计、施工及质量监督等有关单位；拟定竣工验收的工作议程，报验收委员会主任审定；选定会议地点；准备好一套完整的竣工和验收的报告及有关技术资料。

（2）正式竣工验收程序

由各验收委员会主任主持验收委员会会议。会议首先宣布验收委员会名单，介绍验收工作议程及时间安排，简要介绍工程概况，说明此次竣工验收工作的目的、要求及做法。

由设计单位汇报设计施工情况及对设计的自检情况；由施工单位汇报施工情况以及自检自验的结果情况；由监理工程师汇报工程监理的工作情况和预验收结果；在实施验收中，验收人员或先后对竣工验收技术资料及工程实物进行验收检查，也可分为两组，分别对竣工验收的技术资料和工程实物进行验收检查。在检查中可吸收监理单位、设计单位、质量监督人员参加。在广泛听取意见、认真讨论的基础上，统一提出竣工验收的结论意见，如无异议，则予以办理竣工验收证书和工程验收鉴定书；验收委员会主任或副主任宣布验收委员会的验收意见，举行竣工验收证书和鉴定书的签字仪式；建设单位代表发言；验收委员会会议结束。

3）工程质量验收方法

风景园林建设工程质量的验收是按工程合同规定的质量等级，遵循现行的质量评定标准，采用相应的手段对工程分阶段进行质量认可与评定。

（1）隐蔽工程验收

隐蔽工程是指那些在施工过程中上一工序的工作结束，被下一工序所掩盖，而无法进行复查的部位，如种植坑、直埋电缆等管网。对这些工程在下一工序施工以前，现场监理人员应按照设计要求、施工规范，用必要的检查工具，对其进行检查验收。如果符合设计要求及施工规范规定，应及时签署隐蔽工程记录交承接施工单位归入技术资料；如不符合有关规定，应以书面形式告知施工单位，令其处理，处理符合要求后再进行隐蔽工程验收与签证。隐蔽工程验收通常是结合质量控制中技术复核、质量检查工作来进行，重要部位改变时可摄像以备查考。隐蔽工程验收项目及内容以绿化工程为例，包括苗木的土球规格、根系状况、种植穴规格、施基肥的数量、种植土的处理等。

（2）分项工程验收

对重要的分项工程,监理工程师应按照合同的质量要求,根据该分项工程施工的实际情况,参照质量评定标准进行验收。

在分项工程验收中,首先必须按有关验收规范选择检查点数,其次计算出基本项目和允许偏差项目的合格或优良的百分比,最后确定出该分项工程的质量等级,从而确定能否验收。

（3）分部工程验收

根据分项工程质量验收结论,参照分部工程质量标准,可得出该工程的质量等级,以便决定能否验收。

（4）单位工程竣工验收

通过对分项、分部工程质量等级的统计推断,再结合对质保资料的核查和单位工程质量观感评分,可系统地对整个单位工程做全面的综合评定,决定是否达到合同所要求的质量等级,进而决定能否验收。

4）风景园林工程项目的交接

风景园林工程的交接,一般主要包含工程移交和技术资料移交两大部分内容。

（1）工程移交

一个风景园林工程项目虽然通过了竣工验收,并且有的工程还获得验收委员会的高度评价,但实际上往往或多或少地可能存在一些漏项以及工程质量方面的问题。监理工程师要与承接施工单位协商有关工程收尾的工作计划,以便确定正式办理移交。由于工程移交不能占用很长的时间,因此,要求施工单位在办理移交工作中力求使建设单位的接管工作简便。当移交清点工作结束后,监理工程师签发工程竣工交接证书,见表5.4。签发的工程交接证书一式3份,建设单位、承接施工单位、监理单位各1份。工程交接结束后,承接施工单位应按照合同规定的时间抓紧完成对临建设施的拆除和施工人员及机械的撤离工作,并做到工完场地清。

表5.4 竣工移交证书

工程名称： 　　　　　　　合同号： 　　　　　　　监理单位：

致建设单位： _____	
兹证明_____竣工报验单所报工程已按合同和监理工程师的指示完成,并验收合格,即日起该工程移交建设单位管理,该工程进入保修阶段。 　　　　　　　　　　　　　　　（附注：工程缺陷和未完成工程） 　　附件：单位工程竣工质量验收记录 　　　　　　　　　　　　　　　　　　　　监理工程师： 　　　日期：	
总监理工程师（签字）	监理单位（章）
年　月　日	年　月　日
建设单位代表（签字）	建设单位（章）
年　月　日	年　月　日

注：本表一式3份,建设单位、承接施工单位和监理单位各1份。

（2）技术资料移交

风景园林建设工程的主要技术资料是工程档案的重要部分。在正式验收时就应提供完整

的工程技术档案,由于工程技术档案有严格的要求,内容又很多,往往又不仅是承接施工单位一家的工作,因此,常常只要求承接施工单位提供工程技术档案的核心部分,而整个工程档案的归整、装订则留在竣工验收结束后,由建设单位、承接施工单位和监理工程师共同来完成。在整理工程技术档案时,通常是建设单位与监理工程师将保存的资料交给承接施工单位来完成,最后交给监理工程师校对审阅,确认符合要求后,再由承接施工单位档案部门按要求装订成册,统一验收保存。此外,在整理档案时一定要注意份数备足,具体内容见表5.5。

表5.5 移交技术资料内容一览表

工程阶段	移交档案资料内容
项目准备 施工准备	1. 申请报告,批准文件 2. 有关建设项目的决议、批示及会议记录 3. 可行性研究、方案论证资料 4. 征用土地、拆迁、补偿等文件 5. 工程地质(含水文、气象)勘察报告 6. 概预算 7. 承包合同、协议书、招投标文件 8. 企业执照及规划、园林、消防、环保、劳动等部门审核文件
项目施工	1. 开工报告 2. 工程测量定位记录 3. 图纸会审、技术交底 4. 施工组织设计等 5. 基础处理、基础工程施工文件,隐蔽工程验收记录 6. 施工成本管理的有关资料 7. 工程变更通知单,技术核定单及材料代用单 8. 建筑材料、构件、设备质量保证单及进场试验单 9. 栽植的植物材料名单、栽植地点及数量清单 10. 各类植物材料已采取的养护措施及方法 11. 假山等非标工程的养护措施及方法 12. 古树名木的栽植地点、数量、已采取的保护措施 13. 水、电、暖、气等管线及设备安装施工记录和检查记录 14. 工程质量事故的调查报告及所采取措施的记录 15. 分项、单项工程质量评定记录 16. 项目工程质量检验评定及当地工程质量监督站核定的记录 17. 其他(如施工日志)等 18. 竣工验收申请报告
竣工验收	1. 竣工项目的验收报告 2. 竣工决算及审核文件 3. 竣工验收的会议文件 4. 竣工验收质量评价 5. 工程建设的总结报告 6. 工程建设中的照片、录像以及领导、名人的题词等 7. 竣工图(含土建、设备、水、电、暖、绿化种植等)

5.5.4　风景园林工程质量的评价

按照我国现行标准,分项、单项、项目工程质量的评定等级分为"合格"和"优良"两级。监理工程师在工程质量的评定验收中,只能按合同要求的质量等级进行验收。国内风景园林建设工程质量等级由当地工程质量监督站或上级业务主管部门核定。

1)工程质量等级标准

（1）分项工程的质量等级标准

①合格。保证项目必须符合相应质量评定标准的规定。基本项目抽检处（件）应符合相应质量评定的合格规定。

允许偏差项目抽检的点数中,土建工程有70%及以上,设备安装工程有80%及以上的实测值在相应质量评定标准的允许偏差范围内,其余的实测值也应基本达到相应质量评定标准的规定。而植物材料的检查有的是凭植株数,如各种乔木,有的则凭完工形状,如草、花、竹类等。

②优良。保证项目必须符合质量检验评定标准的规定。基本项目每项抽检的处（件）应符合相应质量检验评定标准的合格规定,其中50%及以上的处（件）符合优良规定,该项为优良;优良项数占抽检项数50%及以上,该检验项目即为优良。

允许偏差项目抽检的点数中,有90%及以上的实测值在相应质量标准的允许偏差范围内,其余的实测值也应基本达到相应质量评定标准的规定。

（2）单项工程质量等级标准

合格所含分项的质量全部合格。优良所含分项的质量全部合格,其中50%及以上为优良。

（3）项目工程质量等级标准

合格所含分部工程全部合格。质量保证资料应符合规定。观感质量的评分得分率达到70%及以上。

优良所含各分部的质量全部合格,其中有50%及以上优良。质保资料应符合规定。观感得分率达到85%及以上。

2)工程质量的评定

对分项工程的质量评定,由于涉及单项工程、项目工程的质量评定和工程能否验收,监理工程师在评定过程中应做到认真细致以确定能否验收。按现行工程质量检验评定标准进行分项工程的评定。

保证项目是涉及风景园林建设工程结构安全或重要使用性能的分项工程,应全部满足标准规定的要求。基本项目对风景园林建设成果的使用要求、使用功能、美观等都有较大影响,必须通过抽查来确定是否合格,是否达到优良的工程内容,在分项工程质量评定中的重要性仅次于保证项目。

基本项目的主要内容包括允许有一定的偏差项目,但又不宜纳入允许偏差项目。在基本项目中用数据规定出"优良"和"合格"的标准;对不能确定偏差值而又允许出现一定缺陷的项目,

则以缺陷的数量来区分"优良"和"合格";采用不同影响部位区别对待的方法来划分"优良"和"合格";用程度来区分项目的"优良"和"合格"。当无法定量时,就用不同程度来区分"优良"和"合格"。

允许偏差项目是考虑对风景园林建设工程使用功能、效果等的影响程度,根据一般操作水平允许有一定的偏差,但偏差值在一定范围内的项目内容。允许偏差值的数据有以下几种情况:有正、负要求的数值;偏差值无正、负概念的数值,直接注明数字,不标符号;要求大于或小于某一数值;要求在一定范围内的数值;采用相对比例值确定偏差值。

5.6　城市园林绿化监督管理信息系统

根据《住房和城乡建设部关于印发 2016 年工程建设标准规范制订、修订计划的通知》(建标函〔2015〕274 号)的要求,为促进城市园林绿化监督管理信息系统标准化,规范城市园林绿化监督管理信息系统和数据建设,指导城市园林绿化相关的信息技术应用,推动城市园林绿化信息化建设,经广泛调查研究,认真总结实践经验,参考有关国际标准和国外先进标准,并在广泛征求意见的基础上编制标准。标准的主要技术内容为:①总则;②术语;③基本规定;④软件系统结构与功能;⑤基础数据建库与维护;⑥监督管理数据采集和管理;⑦系统运行环境;⑧系统运行维护。

住房和城乡建设部发布行业标准《城市园林绿化监督管理信息系统工程技术标准》(CJJ/T 302—2019),自 2020 年 3 月 1 日起实施。城市园林绿化监督管理信息系统是指综合运用地理信息系统、互联网、物联网、云计算等技术,对城市园林绿化监督管理的信息系统。该系统实现城市园林绿化行业监督、日常管理、辅助决策和数据管理等功能。该系统满足城市园林绿化主管部门开展园林绿化监督管理工作的实际需要。管理信息系统包括园林绿

5.15　《城市园林绿化监督管理信息系统工程技术标准》

化移动数据采集子系统、园林绿化事件协同办理子系统、园林绿化日常管理子系统、园林绿化综合评价子系统、园林绿化智能监测子系统、园林绿化协同办公子系统、园林绿化决策分析子系统、园林绿化基础数据管理子系统、园林绿化数据共享交换子系统、运维管理子系统。

城市园林绿化监督管理内容应包括城市绿地规划实施监督管理;城市绿线监督管理;城市园林绿化建设监督管理;城市园林绿化管护监督管理;城市古树名木及后备资源监督管理;城市园林绿化配套建筑和设施使用监督管理。

思考题

1. 简述风景园林工程的特点。

2. 简述风景园林规划设计程序的步骤。

3. 简述风景园林规划设计的分类。

4. 简述风景园林工程建设的程序。

5. 简述风景园林工程项目招标程序。

6. 简述风景园林工程项目投标程序。

7. 简述编制施工组织应遵循的原则。

8. 简述风景园林工程的全面质量管理。

9. 简述风景园林工程的竣工验收程序。

10. 简述城市园林绿化监督管理信息系统主要内容。

6 风景园林绿地管理

【本章导读】

　　通过本章学习,要求掌握风景园林绿化标准化存在的问题以及标准化管理的主要措施、公园管理的原则、风景名胜区管理体制、风景名胜区规划和监管;了解风景园林绿化标准化的内容、公园管理的理论和法律法规体系、风景名胜区法规体系和制度建设、风景名胜区资源保护、风景名胜区服务和经营等相关知识。

6.1　风景园林绿地养护管理概述

　　风景园林绿地养护管理即城市建成绿地管理,以城市建成园林绿化的管理论述了养护的责任主体、要求和保护。

6.1.1　风景园林绿地养护的责任主体

　　风景园林绿地养护管理,按绿地的不同属性其责任主体各不相同:公园绿地、行道树,由园林绿化管理部门负责养护或者落实养护单位;居住区绿地,由业主委托的物业管理企业或者业主负责养护;单位附属绿地,由所在单位负责养护;铁路、河道管理范围内的防护绿地,分别由铁路、水务管理部门负责养护;其他绿地由所在区域园林绿化管理部门确定养护单位。

6.1.2　风景园林绿地养护的要求

　　养护单位应当按照国家和地方有关公园绿地、行道树的养护等技术标准进行养护;公园绿地和行道树全部或者部分使用国有资金进行养护的,应当通过招标方式确定养护单位;养护单位应当根据树木生长情况,按照国家和地方有关树木修剪技术规范定期对树木进行修剪;居住区内的树木生长影响居民采光、通风和居住安全,居民提出修剪请求的,养护单位应当按照有关规定及时组织修剪;园林绿化管理部门应当建立对绿化有害生物疫情监测预报网络,编制灾害事件应急预案,健全有害生物预警预防控制体系。

6.1.3　风景园林绿地的保护

1）禁止擅自迁移、砍伐树木

若因城市建设需要,或因严重影响居民采光、通风和居住对人身安全或者其他设施构成威胁,确需迁移树木的,建设、养护单位或者业主应当向绿化管理部门提出迁移申请。申请应写明拟迁移树木的品种、数量、规格、位置、权属人意见等材料以及树木迁移方案和技术措施。树木迁移,应当由具有相应施工资质的单位实施,施工单位应当在适宜树木生长的季节按照移植技术规程进行。树木迁移后一年内未成活的,建设、养护单位应当补植相应的树木。

对人身安全或者其他设施构成威胁,严重影响居民采光、通风和居住安全,以及发生检疫性病虫害,且树无迁移价值的,养护单位应当向园林绿化管理部门提出砍伐申请。申请应写明拟砍伐树木的品种、数量、规格、位置、权属人意见以及树木补植计划或者补救措施。

2）加强风景园林绿化管理部门的监督检查

应当加强对风景园林绿化建设和养护的监督检查。禁止偷盗、践踏、损毁树木花草;禁止借用树木作为支撑物或者固定物、在树木上悬挂广告牌;禁止在树旁和绿地内倾倒垃圾或者有害废渣废水、堆放杂物及取土、焚烧;禁止在绿地内擅自设置广告,搭建建筑物、构筑物。及时处理对破坏园林绿化和园林绿化设施行为的投诉和举报。

因城市建设需要临时使用公园绿地的,应当向风景园林绿化管理部门提出申请,经同意后方可使用。临时使用公园绿地的,应当向风景园林绿化管理部门缴纳临时使用公园绿地补偿费。临时使用公园绿地补偿费应当上缴同级财政,并专门用于风景园林绿化建设、养护和管理。

6.2　风景园林绿化的标准化管理

随着我国城市建设和园林绿化事业的发展,尤其是我国加入 WTO 以后,城市风景园林绿化标准化建设显得越来越重要和迫切。风景园林行业标准化是将在风景园林绿化行业经济、技术、科学及管理等社会实践中可行的、重复使用的技术和概念,通过制订、发布和实施标准的形式,达到统一,在生产中巩固下来,加以全面推广,起到组织生产、指导生产、提高生产率的作用。其主要内容包括风景园林规划设计、建设施工、设施设备、材料产品、管理养护以及绿化信息系统等方面的技术标准,以及标准之间的配合要求、风景园林系统与其他相关系统的配合要求。

6.1　《北京市公共绿地建设管理办法》

6.2　《重庆市市级自然公园管理办法(试行)》

我国风景园林标准化建设还处于起步发展阶段,表现为风景园林行业标准化程度较低、标准缺项多、标准之间衔接与配套不够、风景园林行业的非标准化设施和行为仍很普遍、与国际接轨不够等。这些已不能适应我国风景园林发展新阶段的要求。为保证风景园林绿化的建设和管理保持科学、高效,有必要在借鉴国外的风景园林标准化经验的基础上,完善我国的风景园林标准体系。

6.2.1 绿化标准化的内容

1）风景园林标准体系构建

根据标准体系的内在联系特征和风景园林行业的具体特点,风景园林标准体系采用由专业门类、专业序列和层次构成的三维框架结构（见图6.1）。

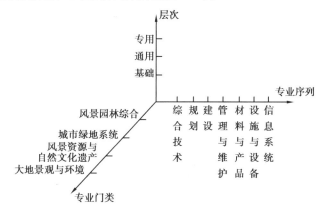

图6.1 风景园林标准体系三维框架结构图

（1）专业门类标准

专业门类标准与风景园林政府职能和施政领域密切相关,反映了风景园林行业的主要对象、作用和目标,体现了风景园林行业的特色。它分为"风景园林综合""城市绿地系统""风景资源和自然文化遗产"和"大地景观与环境"4大类。

①风景园林综合类:具有综合性或难以归入其他类别的技术标准。

②城市绿地系统类:涉及城市绿地系统、小城镇绿地系统等方面的标准。

③风景资源和自然文化遗产类:涉及风景名胜区、森林公园、自然保护区、地质公园、水利风景区和自然文化遗产等方面的标准。

④大地景观与环境类:涉及大尺度的土地利用、资源利用和生态管理、环境保护、生态系统保护、信息交通系统等方面的标准。

（2）专业序列标准

专业序列标准是指为实现上述专业目标所采取的工程建设程序或技术装备类别,反映了国民经济领域所具有的共性特征。它分为"综合技术""规划""建设""管理与维护""材料与产品""设施与设备"和"信息系统"7大序列,其中各个序列中又包含相应的小序列（见图6.2）。

（3）层次标准

层次标准是指在一定范围内一定数量的共性标准的集合,反映了各项标准之间的内在联系。上、下层体现了标准与标准之间的主从关系,上一层次的标准作为下一层次标准的共性提升,一般制约着下层次的标准;下一层次标准是对上一层次标准内容进行细化或补充,应服从上一层次标准的规定,而不得违背上一层次标准的规定。层次的高低表明了标准在一定范围内的共性程度及覆盖面的大小。它分为"基础标准""通用标准""专用标准"3个层次。

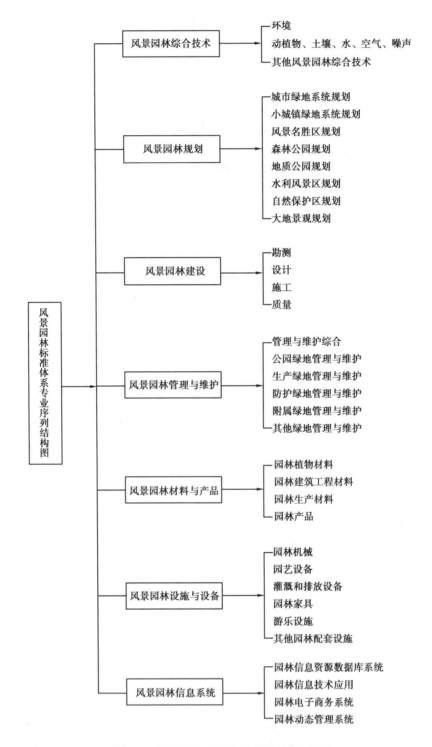

图6.2　风景园林标准体系专业序列结构图

①基础标准层次:基础标准作为本体系表中第一层次的标准,是指具有广泛的普及范围或包含一个特定领域的通用规定的标准,在风景园林行业范围内作为其他标准的基础并普遍使用,具有广泛指导意义的术语、符号、计量单位、图形、模数、基本分类、基本原则等的标准。如园

林基本术语标准、花卉术语、风景园林图例图示标准等。

②通用标准层次：通用标准作为本体系表中第二层次的标准，是指在一定范围和领域内通用的标准，是由各项专用标准中将其共性内容提升上来的标准，是针对某一类标准化对象制订的覆盖面较大的共性标准。它可以作为制订专用标准的依据。如通用的安全、卫生与环保要求，通用的质量要求，通用的设计、施工要求与试验方法，以及通用的管理技术等。

③专用标准层次：专用标准作为本体系表中第三层次的标准，是指受有关基础标准和通用标准所制约，针对某一具体标准化对象或作为通用标准的补充、延伸制定的专项标准。它的覆盖面一般不大。如园林工程的勘察、规划、设计、施工及质量验收的要求和方法，某个范围的安全、卫生、环保要求，某项试验的方法，某类产品的应用技术以及管理技术等。专用标准的数量在体系表中占大多数。

2）我国风景园林标准体系存在的问题

（1）标准体系结构不合理

城市园林绿化涉及各类园林植物的繁育、种植、管养，土壤与绿化环境的选择和维护；绿化施工过程的规范化管理；公园的等级考核与评定等诸多方面。现行体系未能涵盖风景园林当前和未来一段时间的主要专业领域，难以真正反映行业的结构和特点。例如，在古典园林、城镇绿地系统规划、风景资源（文化与自然遗产、风景名胜区、森林公园、自然保护区、地质公园、水利风景区等）、生态区域（绿色廊道、防护林网、大地绿化、生态示范区等）方面关注不够。

（2）标准制定缺乏系统性、协调性

现行体系没有覆盖园林绿化规划、勘测、设计、建设、管理和维护等全部环节，缺乏对绿化工程的上游、中游、下游全过程的系统性控制管理。园林绿化工程的标准主要集中在规划设计方面，而上游的勘测、土壤、水质标准和下游的质量、安全、管护标准却很少。由于标准归口管理问题，各标准大多相对孤立，标准内容之间的协调性、一致性比较差，有些标准重复，甚至有互相矛盾的地方。

现行的标准远远无法满足园林绿化工作的实际需要，有的领域发展快，标准数量多，有的领域应予发展却标准很少，标准编制修订的速度也跟不上技术发展的需要。据初步统计，按风景园林绿化标准化工作的需要，应制订不少于350个标准，才能建立比较完善的风景园林绿化标准体系，基本控制风景园林绿化行业的主要技术。

（3）标准内容不合理，标准技术含量低

在制订的标准中较多考虑了宏观控制技术，虽然覆盖的范围较大，多数是定性的，但缺乏相应控制细部和微观的定量标准，技术标准涉及的广度和深度还不够。从设计到施工、养护过程都缺乏配套的技术标准，缺乏明确的质量要求。

随着风景园林行业发展的日新月异，新材料、新工艺、新技术不断涌现，地理信息系统、航空遥感、卫星定位等先进技术以及数学模型等新方法已经开始大量使用。由于园林标准制订的滞后性，新材料、新技术、新装备等高新技术领域的标准，尤其是信息技术应用于传统领域方面的标准大量缺乏，无法满足园林绿化实际工作的需要。

（4）行业标准化意识薄弱

在园林绿化生产实践中大量存在"以经验代替标准"的现象。园林绿化建设施工不像建筑施工那样直接关系人的生命安全，也使园林绿化建设施工的标准化程度未受到足够的重视。从城市建设角度而言,标准化的观念还没有深入人们的意识中,其中也包括众多的风景园林从业人员。

6.2.2　标准化管理的主要措施

1)加强部门的监管职能

对于标准而言,政府的职能是对标准化机构实行监督管理,保证标准化机制和程序的公平公正,而将标准逐步交给社会中介组织来管理,将标准的技术问题留给利益相关方去协商解决,可以避免标准成为保护部门利益的一种形式,标准体系间的重叠、交叉等问题也可以得到解决。

2)发挥风景园林行业协会、学会的主导作用

由主管部门和行业协会、学会牵头,尽快筹建"全国风景园林标准化技术委员会",统一管理标准化事务,同时负责协调相关部门专业之间标准的交叉、重复问题,以保证标准体系的系统性、连贯性和完整性。

民间标准化组织已成为标准制订体系的重要组成部分,其宗旨就是要为企业、行业发展服务。协会组织为政府服务,协助政府开展某些工作,又可沟通政府与企业的关系,营造良好的市场竞争秩序。技术标准是民间标准组织行使其功能的一个重要手段,能体现市场的性质。民间标准化组织标准的制订、修订能反映市场的变化。同时,国家标准化管理部门可通过授权或委托的方式,赋予民间标准化组织制订、修订标准的权力,或者将这些民间组织制订的标准采用为国家标准,这样国家标准也能快速反映市场变化,从而与市场经济的发展相适应。

3)提高标准体系的整体技术水平

加大标准化研究的经费和力量,加强相关基础标准的制订,提高园林科技研究中的定量测定。只有加强量化指标,才能使绿化工程建设和养护质量等有科学公正的判断依据,园林质量的检验才能有据可依,加强质量管理才能落到实处。同时,要积极采用国内外先进的技术、工艺和材料,提高标准的技术含量。把园林产品的产前、产中、产后全过程纳入标准化生产和标准化管理轨道,以促进园林产品质量、科技含量的不断提高,占领国际市场。

4)保证标准体系的先进性和适用性

完善的标准制订修订程序是保证标准和标准体系质量的关键所在,它直接关系到标准体系的结构和组成是否合理。在标准体系构建上,充分考虑园林绿化行业未来的发展方向,将重要的关键技术纳入标准体系中。同时,针对行业相关领域技术标准呈现更新加快的趋势,对标准体系采用动态维护机制和快速反应机制,从而保证标准体系中标准的有效状态、修订替代关系、采标关系、引用关系等多种属性得到动态更新和维护,时刻保持标准体系的先进性。建立多渠道的标准信息反馈渠道,以及时获得市场对标准的需求信息,从而提高标准体系的市场适用性。

5)加强标准体系的信息化建设

随着科技的发展和设备的更新,遥感、GPS 等高新技术越来越多地应用在园林绿化信息的

研究和管理中。应该大力推进风景园林绿化信息系统建设,实行全周期的信息化管理,降低成本,提高质量和效率,并最终增强行业的竞争力。

6)加强园林标准化的宣传和贯彻实施

制订标准的目的在于贯彻标准,运用标准指导科研、生产和管理工作。应加大对园林标准的宣传工作,使之贯穿于行业的每个环节,强化标准化意识并明确利害关系,使人们有意识地去主动执行这些技术标准和规范。避免重"编"轻"管"、重"制订"轻"实施"的现象,加强对技术标准和规范的监督管理。

6.3 公园的管理

公园管理是指公园的管理者(机构)在一定的范围内协调人与人、人与自然、人与社会之间的关系,创造和谐的适宜人类活动的理想境域的过程。公园管理是随着社会的进步不断提高和发展的,不仅受到经济和社会条件的制约,也受到人们的文化素养和管理素养的制约。使公园管理纳入科学管理的轨道,减少粗放管理和经验管理给公园带来的影响和损失,建设和谐公园,落实科学发展观,构建和谐社会。

6.3.1 公园管理原则

为了科学规范我国城市绿地的保护、规划、建设和管理,住房和城乡建设部发布行业标准《城市绿地分类标准》,编号为 CJJ/T 85—2017,自 2018 年 6 月 1 日起实施。《城市绿地分类标准》按绿地主要功能将城市绿地分为 5 大类,即公园绿地、防护绿地、广场用地、附属绿地和区域绿地。

1)城市公园绿地管理的重要性

城市公园绿地是城市重要的生态空间,是市民、游客休憩娱乐和文化活动的重要场所,是促进经济发展、发展旅游事业的基础条件,是城市内在素质和文化内涵在城市外部形态上的直观反映,也是一张具有鲜明特色的城市名片。对其进行合理的管理和维护是城市公共设施建设的一项重要工作。通过精心管理,体现绿地生态效应和社会效应,更好地发挥其作为城市绿肺的重要价值,对构建社会主义和谐社会具有重要作用。

城市公园绿地是城市的重要节点、斑块和廊道,具有软化城市建筑轮廓、丰富城市色彩、缓解视觉压力和降低城市热岛效应的重要功能。建设城市公园绿地是改善城市生态环境的重要措施,是建设社会主义生态文明的重要指标,对提高城市居住条件,提升城市环境质量具有重要现实意义。

2)城市公园绿地管理的政策依据

随着经济发展和社会繁荣,必须建立健全城市公园绿地的长效管理机制,不断提升公园绿

地的管理水平和服务等级,满足市民、游客日益增长的精神文化消费需求。各级人民政府应重视公园绿地的建设和管理,国家的法律、法规为公园绿地的建设管理提供了相应的保证措施。

(1)公益性的财政政策

公园绿地是公益性的城市基础设施,作为改善生态环境的重要措施,国家规定各级人民政府应当将公园建设纳入国民经济和社会发展计划,并单列专项经费,保证公园绿地的养护和管理,并且规定可以通过接受捐赠、资助和社会集资等渠道筹集公园绿地建设、养护、管理经费。

(2)强制性的土地政策

城市发展规划中确定的公园绿地,任何单位和个人不得擅自改变或者侵占。公园绿地的范围应划定明确的绿线,并取得土地证。确需改变规划现有公园绿地用地性质的必须征得城市绿化管理部门同意,报市人民政府批准,并就近补偿相应的公园建设用地。

(3)植物造景为主的技术政策

公园管理要坚持其他用地不得挤占绿地面积,各项用地比例应符合国家规定,一般情况下,其绿地面积应不小于公园陆地面积的70%。

(4)权威性审批制度

公园绿地内新建、改建、扩建项目的审批和管理必须按照法定程序报批,项目的规划、计划、设计须经上级主管部门审批后方能进行。

3)科学管理遵循的原则

(1)公益性原则

目前,我国出现了多种体制建公园绿地的状况。有的是私营企业家以房地产开发为前提建设公园,有的是各种经济成分共同投资建公园,也有的是农村乡镇在集体土地上建设公园。但是就全国来看,主流仍然是以政府投资建设公园,从主体上讲,公园的性质不会改变。正如2001年《国务院关于加强城市绿化建设的通知》所指出的:"城市绿化是城市重要的基础设施,是城市现代化建设的重要内容,是改善生态环境和提高广大人民群众生活质量的公益事业。"

(2)以人为本的原则

公园的建设管理应当体现以人为本。公园一是具有良好的园林环境,是以(自然因素+人文因素)×创造来营造的人类宜居的生活境域,其目的就是为了人;二是要具有较完善的设施,来满足人们休憩娱乐的需要,体现以人为本的理念;三是向公众开放。

(3)三大效益原则

注重生态建设是公园的基本任务,特别是在城市化极其发达的地方,公园必须为生态平衡、生态安全和生态改善作最大的努力,提高市民的居住环境和生活质量。在公园建设管理中,必须以环境效益为前提、社会效益为目的、经济效益为基础,形成良性循环的发展态势。公园的经济效益应当形成大的循环模式,它所产生的价值给予了社会,社会(政府)应当对其作补偿,在其建设和管理费用上给予保障,促进公园事业的发展。公园的建设管理要适应时代的要求和市场经济的发展,逐步走社会化的道路,用较少的投入创造较大的效益。公园的建设和管理必须讲求景观的规划、设计和创造,通过生境的营造、环境的改造和意境的创造,融入历史的、现代的、健康的文化元素,提供给人们以美的享受和境界文化的信息。生态、景观、文化三者是辩证统一的一个整体,忽视任何一方面都是不正确的。

（4）科技兴园的原则

科技是第一生产力，在公园建设和管理过程中依然是这样。动植物的养育、新优品种的培养、病虫害的防治、环境保护、质量监测、生态安全等，任何建设和管理中的重点难点问题的解决都离不开科技的保证。要加大科技队伍的建设，增加科技资金投入的力度，发挥科学技术第一生产力的作用。

（5）"依法治园"的原则

公园是一个小社会，涉及社会生活的方方面面，必须做到有法可依、有法必依。"依法治园"是公园科学管理的重要标志，公园管理必须做到有法可依。关于公园法规，国外公园发展较早，法规也较健全。我国是发展中国家，公园发展历史较晚。公园是 20 世纪初叶逐步兴建起来的，当时法令法规尚在建设中。1992 年 6 月 22 日，国务院发布《城市绿化条例》。随后北京、上海、广州、重庆、贵州等城市相继出台了公园（管理）条例，由此展开良好的开端。而今，建立国家公园体制是我国生态文明制度建设的重要内容，制定国家公园法，已经列入《十三届全国人大常委会立法规划》。2022 年 4 月，《国家公园法（草案）》（征求意见稿）形成，《草案》分为总则、规划设立、保护管理、社区发展、公众服务、资金保障、执法监督、法律责任、附则 9 章，共 67 条。

6.14 《国家公园法（草案）》（征求意见稿）

6.15 《上海市绿化条例》

（6）精品原则

努力把公园建设管理成精品，不仅是公园行业应该具备的行业标准，而且也是公园行业的道德标准。精品原则应当从 3 个方面来把握：一是规划设计应当体现高水平。要把中国园林的优秀传统和时代精神很好地结合起来，根据不同地域的不同条件，因地制宜，把生态、景观、文化有机地统一起来，建设如颐和园那样的时代精品。二是建设要体现高质量。一草一木、一砖一瓦、一景一物都要根据规划设计进行再创造，把纸上的规划设计变成鲜活的景观。三是管理要体现高标准。管理是规划设计及建设施工的延续，也是一个永无止境的再创造的过程，要以构建和谐公园为指导，注重细节，追求完美。在管理中特别提倡进行 ISO 的认证，把管理和各个环节标准化、程序化。

（7）节约原则

在公园建设中管理力求节约，建设节约型的公园。第一是植物的配置要贯彻节约的原则，提倡多种树、少种草；多栽培宿根花卉，少养盆花；多保留些自然草地，少植些冷季型草坪。这样不仅有利于生态健全，而且节约管理成本。第二是公园的各项设施力求实用、经济、美观和统一，不可过分强调"高档"，公园的道路广场，适当保留土地或机砖地面，不仅经济，而且环保，使地面可呼吸。第三是改善公园的节水集水系统，提倡滴灌、喷灌等现代技术，节约资源，尽量把雨水收集起来用于灌溉和消防等。

（8）网络和系统的原则

应从本地区本城市的实际出发，依据总体规划，编制公园发展规划，从生态环境、生态安全的大局出发，建设一批公园绿地，逐步形成大、中、小公园构成的体系和网络布局。解决城市及社会矛盾，优化城市结构，使城市达到可持续发展的目标。

6.3.2　公园管理内容

公园管理是一项综合性的工作,是系统工程,关系方方面面,既有纵向的管理工作,又有横向的管理工作。其主要任务是解决公园的生存发展和服务社会的问题。

1)公园管理的层次性

按照纵向管理,公园管理可分为宏观管理、中观管理和微观管理 3 个层次(见图 6.3)。宏观管理、中观管理和微观管理 3 个层次的管理构成一个完整的系统,是有机结合的一个整体。

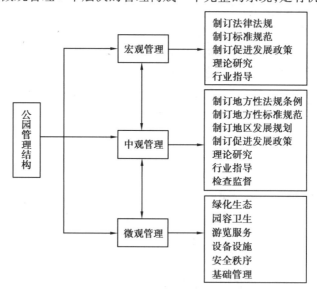

图 6.3　公园管理结构示意

宏观管理方面是国家最高级的层面。它主要从方向性、政策性方面,发挥政府职能作用。其主要任务是制订法律法规、标准规范,制订促进公园事业发展的政策、理论研究和行业指导。按照先进国家的经验,国家应当成立国家公园局,负责公园的管理工作。我国的公园管理职责在住建部,住建部先后制订了一系列政策和法规,促进了公园事业的发展,主要表现在坚持公园事业的方向、性质和任务。宏观管理应做到把得住、放得开,用法规规范,用政策引导,扩大公园数量,提高公园的质量,把根基打牢,把事业做大做强。

中观管理方面是省(市)自治区级的层面。它保证国家法律法规的执行和贯彻,制订地方性法律法规、标准规范,制定促进发展的政策,抓规划这个龙头,抓公园的宏观控制,抓基础建设,抓公园行业的监督检查工作,负责本行政区域内的公园行业工作。中观管理要发挥桥梁和中坚作用,根据本地区的实际情况,创造性地工作,同时发挥基层的积极性。

微观管理方面是指公园的一级管理,包括绿化生态、园容卫生、游览服务、设施设备、安全秩序和基础管理等方面。公园微观管理是一切管理的基础,必须抓好 6 个方面的工作,即绿化生态、园容卫生、经营服务、设施设备、安全秩序和基础管理(见图 6.4)。微观管理是公园管理的基础,是艰苦细致的工作,要做过细的工作,要学会自律自强和自我发展,工作精益求精,达到无可挑剔的程度。

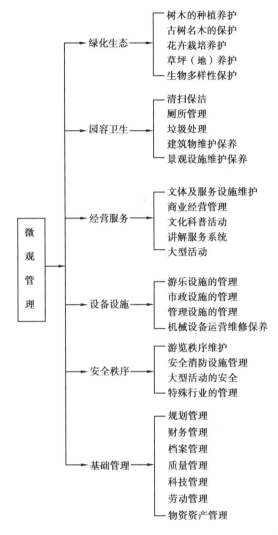

图6.4　微观管理示意图

2）公园管理的具体内容

要实现公园绿地的各项功能,建园是基础。管理工作要牢固地树立为人民服务的思想,要体现公园社会公益事业的宗旨,处处为游客着想,满足游客的要求。公园绿地的管理主要包括日常养护管理、突发事件应急管理和管理的标准化等内容。

（1）日常养护管理

①园艺养护:公园是以植物为主体的综合体,要服从植物生长的自然规律。公园里花草树木需要不断地进行养护管理,才能保持正常生长,达到美化园容的要求。任何园艺布置,都有一个逐步完善的过程,通过长期的养护调整,才能使园艺布局逐步完善,体现设计意图。园艺养护包括植物调整、合理修剪、花卉培育和更新、浇水、施肥、土壤改良、有害生物防控等内容。

②设备维修和安全管理:设备是实现服务的基本条件。重点是服务设备的维修,要贯彻经常持久,以修为主的原则,克服"重建轻修"的思想。设备维修的内容包括水电设备维修;建筑

物、构筑物的维修、油漆、粉刷;服务设施的检修和保养;机械保养等。保障游客安全是一项十分重要的工作,必须关心入微,坚持不懈,严格执行有关安全管理规定和制度,并且经常进行检查和监督。

③保持整洁卫生的环境:建立卫生管理制度,落实卫生岗位责任制,建立固定的卫生管理组织和聘任专职人员。其工作内容包括园地清扫和保洁,垃圾处理,厕所保洁和管理,下水道疏通和管理,所有标志牌、坐凳设施的保洁等。

④商业服务设施的管理:为了适应游客的需要,应当设置商业服务性设施,但要服从公园规划布局,与公园功能、规模、景观相协调,并经绿化主管部门批准。不能破坏景观,影响游览秩序。按照总体规划的要求,合理安排商业、服务网点的位置。对规模和形式,要统一进行规划和建设。餐饮服务、小卖部、游艺服务、照相服务等经营性活动须经主管部门批准,并获得工商行政等管理部门的许可,在指定地点从事经营活动,其内容、规模、形式、外形、色彩等必须与公园的功能、景观协调,要遵守卫生、安全等管理规定。

⑤丰富活动内容:要体察游人的心理和思想,举办丰富多彩的活动项目,达到"寓教于乐"的要求。活动管理的内容包括活动内容的确定、活动范围的界定、活动方式的认定、活动的收费管理、临时活动设施的管理等。大型群众性活动须有多方配合,应事先获得有关部门的许可,未经批准不得实施。

⑥协助执法管理:内容包括宣传、巡查、劝阻、报告等。

⑦资金核算管理:内容包括年度预算、中途核算、年末决算等。

⑧档案管理:内容包括公园种植调整档案、植物养护档案、设施维修档案、活动档案等。应加强数据管理和信息化管理手段的应用。

(2)突发事件应急管理

①生物灾害管理:"预防为主、科学防范、加强合作"是新时期防控生物入侵的指导原则。城市绿化必须从管理上降低生物入侵带来的风险,应以防为主,开展控制生物入侵的技术研究和防控体系建设。加大检疫力度,构筑外来生物入侵的第一道防线;加强有害生物风险分析,从源头上控制有害生物入侵;加强法律法规体系建设,从根本上治理入侵生物;加大防控技术的研究,为科学防控提供保障。

②自然灾害管理:公园绿地在应对自然灾害时发挥了不可替代的作用。群落层次丰富的绿地有蓄水抗洪,防止水土流失,抵制沙尘暴、防灾减灾等作用。在建设和管理中,要综合考虑绿地应对自然灾害的能力,在地形、植物群落结构方面尽可能模拟自然。管理部门在日常管理中,应制订一套自然灾害应急处置预案,有效地处理突发性自然灾害带来的负面影响。

③安全管理:安全管理是公园绿地日常养护管理不可缺少的一部分,包括机械使用、用电、高空作业、水体、设施隐患等方面的安全管理。要求管理部门重视安全管理,重视安全警示标志的设置和管理。强化安全责任制的落实等,实施安全管理考核一票否决制。公园绿地作为城市开放空间,人流的频繁聚散容易导致社会治安问题的出现。绿化管理部门可以通过联席会议制度来确保社会治安综合管理工作的有效开展。

(3)管理的标准化

①制订公园绿地养护技术标准,是城市公园绿地具有最佳景观效果的质量保证和措施要求。各省市可根据本地区实际情况,因地制宜制订地方公园绿地养护标准。

②公园绿地作为国家公共设施的一部分,其管理和维护费用已被列入各地财政支出之一。

绿化主管部门在管理的同时,要合理使用财政资源,保证绿地具有最佳状态的景观面貌。绿化主管部门可采取招投标等形式决定所管辖公园绿地的管理单位,并以合同形式进行考核管理。绿化主管部门作为合同的甲方,制订合理的养护管理技术要求和考核标准对养护效果进行监管。同时,投标的企业也应具有一定的资质以确保绿地养护质量。

③公园绿地内的环境和服务质量直接关系公园绿地的效益和功能发挥。对绿地管理企业要进行 ISO 9000 质量体系认证和 ISO 14001 环境体系认证。应用质量、环境安全管理体系为管理单位提供一个共同的、连续的管理思路,更有效地利用资源,降低管理成本,提高管理效率,提升绿地面貌。

6.3.3　公园管理的理论

公园管理的理论主要包括生态园林理论、城市大园林理论、价值评价理论和游客需求动力理论等。

1)生态园林理论

(1)生态园林的由来

近年来,随着全球化和城市化进程的不断加快,环境污染、生态破坏正在威胁着人类的生存和发展,改善生态环境、提高人们的居住质量日益成为人们关注的重点和谈论的焦点,出现了如生态环境、生态建设、生态城市、生态园林和生态设计等主导词语。

生态园林的理论是适应社会的进步和需要产生的。"生态园林"概念的提出是在 1986 年的中国园林学会召开的"城市绿地系统植物造景与生态学术讨论会"上。会后上海园林局程绪珂先生积极倡导并连续发表专文论述生态园林,提出了生态园林的定义,论述了生态园林的任务、目标、标准、原则和规划设计的指导思想等,逐步形成了生态园林的理论体系。

生态园林理论的提出,丰富和发展了园林的理论,对园林的发展产生了积极的影响,并逐步为人们所接受。创建"生态园林城市",不仅是满足人民生活水平不断提高的需要,也是落实党的十六大提出的"全面建设小康社会"的奋斗目标的重要措施。

(2)建设生态园林的生态学原理

生态园林的生态学原理包括竞争原理、共生原理、生态位原理、植物他感作用的原理和植物种群生态学的理论。生态园林是继承和发展传统园林的经验,遵循生态学原理,建设多层次、多结构、多功能、科学的植物群落,重建人类、动物、植物相联系的新秩序,达到生态美、科学美、文化美和艺术美。以经济学为指导,强调直接经济效益、间接经济效益并重,应用系统工程发展园林,使生态、社会和经济效益同步发展,实现良性循环,为人类创造清洁、优美、文明的生态环境。

2)城市大园林理论

(1)城市大园林理论的由来

1985 年 12 月召开的北京市第二次园林工作会议,总结第一次工作会议所取得的成就和经验,研究解决现存的问题。这次会议取得了两项重大突破:一是作了一系列改革决定,扫除了制约发展的各项不利因素,大胆改革不合时宜的体制,大胆革新不合时宜的观念;二是诞生了大园林理念,使园林绿化事业走上更宽广的康庄大道,千方百计地克服困难,大力搞好各种类型绿地建设,谋求园林事业的大发展,是贯穿建设城市大园林始终的一条红线。这两项重大突破为后来的北京园林绿化事业的发展奠定了良好的基础,使北京的园林绿化事业出现了更加欣欣向荣的大好局面。既然是以首都行政辖区大地加以园林化,当时定名为首都大园林(后改称城市大园林)。之后,经过长期担任首都绿化委副主任的陈向远同志总结提炼和发展,逐步形成了理论体系。

(2)城市大园林理论功能

城市大园林是在传统园林和现代园林的基础上,适应社会的发展而诞生的一种新型园林理念,其根本造园理论仍然是师法自然和天人合一学说,追求的目标是实现大地园林化,以期运用人造的办法创造出适应于人类生存的第二自然环境。实现大园林唯一的办法就是尽心竭力地去搞建设,只有大力搞好建设才能求得较为理想的发展,才能适应人民群众日益增长的需要。

城市大园林理论的功能主要是改善城市生态环境和保护生物多样性;把美化人居环境、美化市容作为一项重大功能;把适应人民群众日益增长的精神生活需求作为一项独特功能;在郊区发展大园林,引导农民调整农业结构,走脱贫致富之路,逐步缩小城乡差别;具有防灾避灾场所的功能;要发挥保持城市可持续利用功能。从以上所述城市大园林的6大功能可以清晰地知道,大园林观是符合时代需要的。城市大园林理论要遵循因需而建、因地制宜、循序渐进的原则,要继承城市传统园林风格并赋予时代气息。

城市大园林的理念是北京园林绿化建设多年实践的结晶,城市大园林理念的提出是园林绿化事业发展的必然逻辑。多年来绿化美化等系列工程的检验进一步证明,将园林绿化建设纳入我国现有的行政管理体制的轨道,以城市为单元实行统一领导、统一规划,协调管理,统一组织实施,是实现城市大园林的重要组织保证,它赋予城市大园林建设以充分的可操作性,城市大园林是符合我国国情的一项行业建设。

3)价值评价理论

游览参观点是指具有自然因素、人文因素和社会因素等,可供人们游览参观的空间体系。游览参观点包括公园、风景名胜区、博物馆、展览馆、纪念地等形态。

游览参观点的价值是根据游览参观点对人类生存与发展实用性的大小确定的。而这种实用性又是根据人类对游览参观点的认识深浅而确定的。游览参观点的价值,应是根据其在特定时代中所起的作用和在特定时代所发挥的影响来判断。游览参观点的本身价值在一定时段内是一种绝对价值,而其市场价值则是相对的价值。游览参观点的价格(即门票)是在特定的时段对游览参观点价值的一种反映。判断游览参观点的价值是一个比较复杂的问题,应当在动态中作判断,既要充分尊重游览参观点自身价值的客观肯定,又要充分尊重旅游市场对游览参观点价值的客观肯定。建立以"游人量"为中心的三维评价体系,可较全面反映游览参观点的价值。在市场经济条件下,随着游览参观点的数量不断扩大,质量不断提高,竞争日益激烈,游人选择游览参观点的机会越来越充分。游览参观点的市场占有率或游人量是游览参观点景气与否的重要标志,是游览参观点的自身价值的客观肯定,是衡量游览参观点价值的重要参数。

各个游览参观点的性质、功能、类型、规模及内涵各不相同,极为复杂,用专家评判的方法,很难准确地反映每个游览参观点的价值,即使使用量化体系给游览参观点赋值,因参与人的局限性和主观性,难免产生片面性,难以显示公平。游览参观点的价值是通过社会承认表现出来的。

一个游览参观点的价值的高低,主要看其是否被社会承认、认可。一般来说,被社会广泛认可的程度越高,其实际价值越高。游览参观点的价值被社会认可的一个重要依据,是权威机构的认可和认证。它是游览参观点的自身价值的客观肯定。业内专家是游览参观点直接或间接的参与者,具有独特的社会角色优势,有资格从理论和实践、宏观和微观上把握和评判游览参观点的价值。

4)游客需求动力理论

游客的需要是随着时代的进步、社会的发展以及生活水平的提高不断变化的。游人的需求反作用于公园,是推动公园建设、管理和服务发展的动力。游客的需要可分为前驱动力和后驱动力。前驱动力促使人们产生游园的动机;而后驱动力则成为公园建设管理和服务工作的动力。

满足游客的需求是公园建设和管理的目的。公园管理者应当不断研究游客的需要变化,不断关注游客各种合理的需求,满足游客的优势需要,特别应当跟上时代的发展步伐,树立世界眼光和一流标准。根据大量的事实和调查,游客的需要可分为多种类型:显性需要和隐性需要、优势需要和普通需要、群体需要和个体需要、一般需要和特殊需要、合理需要和非合理需要等。

6.3.4　公园管理的法律法规体系

依法行政,依法管理,是公园和公园行业的基本要求。从发达国家的经验看,自公园产生以来,就相继建立了公园的法规。欧美日本等国家和地区政府重视公园的发展和建设,在很大程度上是因为法规的健全。我国是发展中国家,公园产生于20世纪初叶,中华人民共和国成立后,公园事业有了长足的发展,有关园林绿化的法规相继出台。1992年6月22日国务院发布的《城市绿化条例》是我国城市园林绿化的第一个法律文件,在我国尚未建立公园法的时期,它成为公园工作的基本依据。

20世纪90年代后,各省市在没有上位法的前提下,为了发展和管理的需要,先后出台了地方的公园(管理)条例,是对《城市绿化条例》的有益补充,也提供了许多有益的探索。如《北京市公园条例》给出了公园的定义,将公园事业发展专门列为一章,突出了对历史名园的保护,规定了园林主管部门的三项审核和审批权,融入了新的管理理念,针对公园存在的问题有针对性地作了相应的规定。《上海市公园管理条例》则对风景园林管理部门的职责、公园的环境管理、公园的安全管理等作了明确的规定。《杭州市公园管理条例》对公园工作人员和游客的行为作了详细的规定。

近几年,各城市对永久性绿地的认定、保护管理和监督保障等提出规范要求。重庆、南京、深圳、武汉、西安、长沙、厦门等地均将永久性绿地保护管理内容在所在城市绿化条例中列明,特别是重庆市、南京市分别于2021年和2019年出台专门针对永久性绿地的管理办法或规定,2024年济南市人民政府办公厅印发《济南市永久性绿地管理办法》。

《重庆市永久保护绿地管理办法》中明确提出永久保护绿地应当严格控制,任何单位和个人不得擅自改变永久保护绿地的范围、用途和用地性质。因重大基础设施建设等原因,确需变更的,应当按照确认程序批准后方可进行调整,这是保证永久性绿地不被随意占用的制度刚性约束。《南京市永久性绿地管理规定》实施后,城市永久性绿地建立了严格的保护制度,永久性绿地的管理工作更加规范有序,更加契合城市发展的需要。按照《南京市永久性绿地管理规定》要求,南京市全面加强城市永久性绿地和树木监管,进一步提升了城市园林绿化水平,改善了城市生态和人居环境,巩固了城市绿化成果,塑造了城市独具特色的绿化景观风貌,市民绿色幸福感明显增强。《济南市永久性绿地管理办法》明确将已建成的公园绿地、防护绿地、广场用地和需要永久保护的其他绿地纳入永久性绿地保护范围,切实加大了城市绿地的保护力度,有利于保护济南绿地生态功能和历史文化价值,改善城市生态环境,助力生态宜居的公园城市建设。它的出台能够更好地维护济南城市生态安全,发挥永久性绿地的生态、景观和社会效益,进一步推动济南市绿化事业高质量发展。

2019年6月26日,中共中央办公厅、国务院办公厅印发了《关于建立以国家公园为主体的自然保护地体系的指导意见》。建立以国家公园为主体的自然保护地体系,是贯彻习近平生态文明思想的重大举措,是党的十九大提出的重大改革任务。自然保护地是生态建设的核心载体、中华民族的宝贵财富、美丽中国的重要象征,在维护国家生态安全中居于首要地位。我国经过60多年的努力,已建立数量众多、类型丰富、功能多样的各级各类自然保护地,在保护生物多样性、保存自然遗产、改善生态环境质量和维护国家生态安全方面发挥了重要作用,但仍然存在重叠设置、多头管理、边界不清、权责不明、保护与发展矛盾突出等问题。为加快建立以国家公园为主体的自然保护地体系,提供高质量生态产品,推进美丽中国建设,现提出该指导意见。其指导思想是:以习近平新时代中国特色社会主义思想为指导,全面贯彻党的十九大和十九届二中、三中全会精神,贯彻落实习近平生态文明思想,认真落实党中央、国务院决策部署,紧紧围绕统筹推进"五位一体"总体布局和协调推进"四个全面"战略布局,牢固树立新发展理念,以保护自然、服务人民、永续发展为目标,加强顶层设计,理顺管理体制,创新运行机制,强化监督管理,完善政策支持,建立分类科学、布局合理、保护有力、管理有效的以国家公园为主体的自然保护地体系,确保重要自然生态系统、自然遗迹、自然景观和生物多样性得到系统性保护,提升生态产品供给能力,维护国家生态安全,为建设美丽中国、实现中华民族永续发展提供生态支撑。

6.3 《公园服务基本要求》　　6.4 《矿山公园服务规范》　　6.5 《湿地公园服务规范》

6.6 《主题公园服务规范》　　6.7 《中国森林认证森林　　6.8 《关于建立以国家公园
　　　　　　　　　　　　　　　　　公园生态环境服务》　　　　　为主体的自然保护地体系
　　　　　　　　　　　　　　　　　　　　　　　　　　　　　　　　的指导意见》

综观我国关于公园的法律法规和政策,是在实践的基础上不断发展和完善的,在指导实践方面发挥了重要作用,成为公园法律法规体系的重要组成部分。在法律法规的指导下,国家和各地方政府还制订了许多行业的政策,它们是指导公园建设管理的重要依据。由于公园具有综合的性质,公园的建设和管理涉及社会的方方面面,因此,公园的法律法规体系应当是立体的、全方位的。不仅要有公园条例等专业法规,还要建立一个公园的法规体系,融汇各种法律法规为一体,为公园的发展建设和管理服务(见图6.5)。

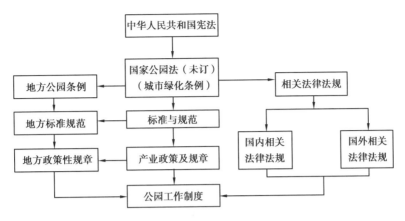

图6.5 公园法律法规体系示意图

6.4 风景名胜区的管理

　　风景名胜区是具有较高美学、科学技术、艺术、历史价值,能供人们进行科学研究、科学普及、参观、娱乐、旅游的自然景观和人文景观相结合的特殊区域。中国的风景名胜区系统大致可分为八大类型:

　　①山岳风景区,如安徽黄山、山东泰山、陕西华山、四川峨眉山、江西庐山、山西五台山、湖南衡山、台湾阿里山、云南玉龙山、浙江雁荡山、辽宁千山、河南嵩山、湖北武当山等。

　　②湖泊风景区,如江苏太湖、杭州西湖、昆明滇池、大理苍山洱海、新疆天山天池、新疆赛里木湖、青海青海湖、台湾日月潭、吉林长白山天池、黑龙江镜泊湖、武汉东湖、广东肇庆星湖等。

　　③河川风景区,如桂林漓江、长江三峡、武夷山九曲溪等。

　　④海滨风景区,如山东青岛、河北北戴河、辽宁大连、浙江普陀、福建厦门、广东汕头、海南天涯海角等。

　　⑤森林风景区,如四川卧龙、湖北神农架、吉林长白山、福建武夷山、云南西双版纳、广西花坪、广东鼎湖山、浙江西天目山、陕西秦岭等。

　　⑥石林瀑布风景区,如云南石林、贵州黄果树瀑布等。

　　⑦历史古迹名胜区,如北京古都、西安古都、北京长城、甘肃敦煌莫高窟、甘肃麦积山、河南洛阳龙门、山西云岗、新疆丝绸之路、新疆吐鲁番盆地、山东曲阜、西藏拉萨、承德避暑山庄、苏州园林、扬州园林等。

　　⑧革命纪念地,如陕西延安、江西井冈山、贵州遵义、福建古田、嘉兴南湖、南京中山陵、湖南韶山等。

　　做好风景名胜区的管理工作,要认真落实《风景名胜区条例》,贯彻执行"科学规划、统一管理、严格保护、永续利用"的风景名胜区工作原则,始终不渝地贯彻和落实科学发展观,以构建文明、和谐和可持续发展的风景名胜区为目标,深化改革,勇于创新,积极探索中国特色的风景名胜资源科学保护和规范化管理之路,创造性地完成好风景名胜区的各项工作。风景名胜区的管理工作主要包括对环境保护、游览组织、旅客接待、交通运输、基本建设、设施维修、安全卫生、生活供应、工商摊贩、山林水源、垃圾污水等各项事业的管理工作。

6.4.1 风景名胜区法规体系和制度建设

1)风景名胜区法规体系

(1)《风景名胜区管理暂行条例》将我国风景名胜区纳入法治轨道

1982年国务院公布第一批国家重点风景名胜区以来,为了强化风景名胜区的管理,依法保护风景名胜资源,制定了一系列法规和规章制度。1985年6月国务院颁布我国第一个风景名胜区专项法规《风景名胜区管理暂行条例》,为我国风景名胜区创业初期的制度建设、规划、管理以及风景名胜资源保护提供重要的法律依据,将我国风景名胜区工作纳入法治化轨道。

(2)国家建设行政主管部门制定规章及规范,为风景名胜区的可持续发展提供了法治保障

《风景名胜区管理暂行条例》颁布后,国务院先后制定颁布了关于加强风景名胜区工作、加强风景名胜区保护管理、加强和改进城乡规划工作以及加强城乡规划监督管理等一系列风景名胜区管理的规范性文件。1987年,建设部印发了《风景名胜区管理暂行条例实施办法》。90年代,建设部相继制定了《风景名胜区环境卫生管理标准》(1992)、《风景名胜区建设管理规定》(1993)、《风景名胜区管理处罚规定》(1994)、《风景名胜区安全管理标准》(1995),各省按照国家有关方针政策,制定了本省风景名胜区的管理条例,使风景名胜区逐步做到有法可依、有章可循。建设部2001年印发《国家重点风景名胜区规划编制审批管理办法》,2003年印发《国家重点风景名胜区总体规划编制报批管理规定》,接下来还有《建设部关于加强风景名胜区规划管理工作的通知》《关于开展国家重点风景名胜区综合整治工作的通知》等一系列部门规章及规范性文件,以保障国家法规的有效贯彻执行,为我国风景名胜区的可持续发展提供了法治保障。

(3)《风景名胜区条例》是我国风景名胜区事业发展的一个新的重要里程碑

为了适应不断发展的新形势,强化风景名胜区管理,国务院于2006年9月颁布了《风景名胜区条例》,通过立法程序进一步完善风景名胜区制度。这是我国风景名胜区事业发展的一个新的重要里程碑,它标志着我国政府对风景名胜区资源实行规范化、法治化管理又步入了一个新的更高的阶段,对在新的历史时期规范和指导风景名胜区各项工作具有十分重要的历史意义和现实意义,对风景名胜区事业的进一步发展起到十分重要的保障和促进作用。

2016年2月6日,中华人民共和国国务院令(第666号)公布《国务院关于修改部分行政法规的决定》,修订《风景名胜区条例》,将该条例第二十八条和第四十二条中的"国务院建设主管部门"修改为"省、自治区人民政府建设主管部门和直辖市人民政府风景名胜区主管部门"。

(4)国家的相关法律法规发挥了重要的作用

在对风景名胜区的依法保护、规划和管理的过程中,国家的相关法律法规如《城乡规划法》《中华人民共和国环境保护法》《中华人民共和国森林法》《中华人民共和国文物保护法》《土地管理法》《野生动物保护法》等也发挥了重要的作用。2007年全国人民代表大会常委会审议通过了《中华人民共和国城乡规划法》,该法于2008年1月开始实施,对风景名胜区规划的建设和管理提出了明确的法律要求。

(5)地方出台相应法规和规范,完善了风景名胜区管理的法规体系

全国绝大部分省区结合各地实际情况,与国家风景名胜区法规衔接,制定了相应的地方性法规和规章,形成了较为完整的风景名胜区管理法规体系。如《湖北省风景名胜区条例》《贵州

省风景名胜区条例》《重庆市风景名胜区条例》《云南省风景名胜区条例》等。

这些法规在我国市场经济转型期复杂的历史条件下,对风景名胜区的行政管理、规划建设、资源保护和旅游服务等发挥了重要的规范指导作用,更加完善了风景名胜区管理的法规体系,有力地保障和促进了风景名胜区保护、规划、管理和利用等各项工作的顺利开展。

2)风景名胜区制度建设

在推进法治建设的同时,要重视推进风景名胜区管理制度创新,要对风景名胜区管理体制、规划、保护、利用、建设和经营管理等方面存在的长期制约性因素和瓶颈问题进行调查研究,加快《风景名胜区条例》配套性法规及规章制度的制定,完善特许经营、资源有偿使用以及风景名胜区详细规划编制等有关规定,为完善风景名胜区立法提供依据,逐步健全风景名胜区的法律法规体系,使我国风景名胜区在良好的法治化条件下稳定、健康发展。

要建立和完善风景名胜区行业管理技术规范和标准体系,研究制定与风景名胜区保护管理相关的国家标准和技术规范,为风景名胜区规范化、科学化管理奠定基础。各级风景名胜区管理机构应当依据有关规定,制订和完善风景名胜区建筑施工、信息化建设、客户服务、安全管理、卫生管理、游乐活动管理等方面的制度,明确各项技术要求和操作手段,最大限度地实现风景名胜区内各项管理行为和活动的规范化。

3)风景名胜区条例的主要内容

《风景名胜区条例》是风景名胜区行业的基本法,它突出了8个方面的规定性内容:明确了风景名胜区工作"科学保护、统一管理、严格保护、永续利用"的原则;强调了优先和严格保护风景名胜资源的重要性,强化了对风景名胜区的保护措施;严格规定了风景名胜区规划的编制和审批程序,强调了风景名胜区规划的科学性和严肃性;重新确立了国家和省级风景名胜区的二级设立机制;明确了风景名胜区管理机构的执法主体地位,规定了风景名胜区管理机构对风景名胜区实行统一管理;对风景名胜区内经营性活动作出规定,明确了风景名胜资源有偿使用和风景名胜区门票收缴管理制度;明确了社会公众保护风景名胜资源的义务以及对风景名胜区的监督权、参与权;增加了对违法违规行为的行政责任追究制度,加大了对破坏风景名胜资源行为的处罚力度。

6.9　《风景名胜区　　　6.10　《湖北省风景　　　6.11　《贵州省风景
　　管理条例》　　　　　　　名胜区条例》　　　　　　名胜区条例》

6.12　《重庆市风景　　　6.13　《云南省风景
　　名胜区条例》　　　　　　名胜区条例》

6.4.2　风景名胜区管理体制

1)风景名胜区管理机制的形成

（1）风景名胜区管理工作的开端

1981 年 2 月,国家城市建设总局会同国务院有关部门,向国务院提交了《关于加强风景名胜保护管理工作的报告》。报告提出对全国风景资源进行调查,确定风景名胜区的等级和范围;建议将一些闻名中外、具有独特的自然和人文景观、规模较大的风景名胜区列为国家重点风景名胜区;建立健全风景名胜区的管理体制和管理机构,实行统一管理;加强风景名胜的保护工作。自此,全国各省区的风景名胜区管理机制建设工作相继展开。

（2）设立风景名胜区专门管理机构

1982 年 5 月,第五届全国人大常委会二十三次会议通过《关于国务院部委机构改革实施方案的决议》,国务院确定全国风景名胜区工作由城乡建设环境保护部市容园林局主管,同时下设风景名胜区处,这是国家建设行政主管部门第一次在内设机构中正式设立风景名胜区专门管理机构。

（3）从国家法规层面对风景名胜区工作作出规定

1985 年 6 月,国务院颁布的《风景名胜区管理暂行条例》,从国家法规层面对中央和地方政府机构管理风景名胜区工作作出规定:国务院建设主管部门负责全国风景名胜区的监督管理工作,国务院其他有关部门按照国务院规定的职责分工,负责风景名胜区的有关监督管理工作。各省、自治区人民政府建设主管部门和直辖市人民政府风景名胜区主管部门,负责本行政区域内风景名胜区的监督管理工作。各省、自治区、直辖市人民政府其他有关部门按照规定的职责分工,负责风景名胜区的有关监督管理工作。从而明确了中央人民政府及各地方人民政府有关部门风景名胜区管理和监督工作的各项职责。

（4）各级地方人民政府明确建设主管部门对各级风景名胜区的管理

各省区在历次机构改革中都明确了建设主管部门对各级风景名胜区的管理。北京市、重庆市人民政府明确了由城市园林绿化部门作为风景名胜区主管部门,并加强对风景名胜区行业的监管。各级风景名胜区所在的地县级以上地方人民政府根据国家法律法规有关风景名胜区管理机构的规定,在充分考虑当地的实际情况的基础上,根据风景名胜区特点、等级、所涉及的范围和区域以及管理的实际需要,按照有利于风景名胜区的保护和利用,有利于协调各方利益,有利于监督管理的原则,依法设置风景名胜区管理机构,负责风景名胜区的保护、利用和统一管理工作。

（5）风景名胜区的三级管理机制形成

经过改革开放以来 30 多年的不懈努力和建设发展,我国风景名胜资源完成了由松散型管理向制度化、规范化的集中管理模式的转变。根据国务院《风景名胜区条例》规定,我国风景名胜区形成了国务院主管部门、分管部门监督管理与地方人民政府管理机构负责日常管理的机制,有史以来第一次建立中央、地方政府主管部门以及风景名胜区的三级管理机制,形成了与世界国家公园体系相类似的中国特色的风景名胜区管理体制。

2）风景名胜区管理机构的类型

现阶段，全国风景名胜区在机构设置形式、行政级别、管理职能等方面仍处于几种管理模式并存的状况。全国国家级风景名胜区管理机构的设置可归纳为政府管理机构、政府协调议事机构和政府派出机构3种主要类型。

（1）政府管理机构

政府管理机构以风景名胜区规划范围及部分周边过渡地带为行政辖区设立人民政府，对风景名胜区直接实施完全政府职能的行政管理。政府管理机构等同于一般的地方人民政府，管理机构为政府职能部门，具有行政管理权，有明确的行政执法、规划建设、管理监督和资源保护等相应的职能权属，负责风景名胜区内所有行政事务的管理。

政府管理机构的优势在于执法主体地位明确，法律依据相对充分，能调动多种行政管理手段对风景名胜区实施统一管理、规划建设和资源保护。政府管理机构本身是一级政府，机构所属管理部门不仅承担风景名胜区管理的所有职能，还包括部分与风景名胜区管理无直接关系的许多社区综合管理职能，客观上存在机构设置大而全，管理目标分散、管理成本过大等问题。

（2）政府协调议事机构

政府协调议事机构主要是为协调和处理风景名胜区内重大事项而设立的政府专门机构。

政府协调议事机构的特点：一是具有相对较高的行政规格，协调力度较大，其决策具有一定的权威性。政府协调议事机构的基本形式是由风景名胜区所在地省、地或县（市）级人民政府主要分管领导牵头、各相关行政主管部门（包括建设、林业、文物、旅游、文化主管部门或乡镇政府等）作为成员单位组成的风景名胜区管理委员会；省级管理委员会日常办公机构设在建设行政主管部门，地、县（市）级人民政府设立的管理委员会日常办公机构设在风景名胜区。二是机构管理和协调范围较大，可就风景名胜区的某些重大事项实行有效的跨部门、跨辖区的协调和处理。三是政府协调议事机构不属实职性的管理职能机构，主要职责是协调相关政府行政主管部门或辖区间涉及风景名胜区总体规划、资源管理以及重大建设项目等方面的事项。

（3）政府派出机构

政府派出机构是由风景名胜区所在地人民政府设置的具有部分政府管理职能的专门机构，大多隶属于当地一级地方人民政府，也有部分由上级政府委托当地政府代管，管理机构的组织人事权在各级地方政府，其基本形式是设立专门的风景名胜区机构（管理委员会、管理局或管理处），作为地方政府的派出机构，负责风景名胜区的日常管理工作。政府派出机构接受人民政府或者有关主管部门依法委托的职权，具有地方政府授予的部分行政管理职能。目前，我国国家级风景名胜区管理机构中大多数属于政府派出机构。

政府派出机构存在的问题是：作为执法主体实施统一管理的法律依据不足，法律地位尚不明确，大多数风景名胜区内的土地、规划、林业、公安等行政执法权限不同程度地仍在地方政府相关职能部门，难以实行相对集中的行政执法。此外，政府派出机构大多属于事业单位，管理机构的经费较少纳入财政预算（有的甚至完全自收自支），使公共资源管理很难得到国家计划资金的支持。

在政府派出机构中，还存在其他为数很少的3种管理机构形式：第一种是两种保护地共管模式。此类管理机构一般处在风景名胜区与其他类型保护地重叠（如自然保护区）的地区，承担对两种类型保护地实施管理和保护的职责，并接受两个行业行政主管部门的指导和监管，即

"一套人马、两块牌子"的管理机构模式。第二种是两个行业共管模式。此类管理机构被地方政府赋予两个以上行业的管理职能(如风景、旅游承担除风景名胜区管理之外的其他相关行业的管理职责),也接受两个行业行政主管部门的指导和监管。第三种是由其他行业行政主管部门管理模式,目前有林业、文物、旅游、文化等行业主管部门负责对风景名胜区进行业务管理和指导。

3)风景名胜区管理机构的职责

  风景名胜区管理机构是风景名胜区管理的主体,也是第一责任单位。风景名胜区管理机构代表国家意志并行使国家法规赋予的各项管理职责,运用行政、法律、经济、教育和科技等手段对风景名胜区实施管理,负责处理和协调部门、单位、社区以及各利益相关方之间的关系,履行对国家公共资源管理、保护和利用的使命,以满足全社会物质文明和精神文明的需求。依据国务院《风景名胜区条例》和国家相关法律法规,风景名胜区管理机构的主要职责见表6.1。

表6.1 风景名胜区管理机构职责一览表

类　别	内　容
监督执法管理	检查、监督风景名胜区内各类违法违规行为和活动;制止景区内的违规行为;对违法违规建设活动进行处罚,并限期恢复原状或者采取其他补救措施
规划管理	依照有关法律、法规对风景名胜区规划和景区内建设活动实施监管;对规划实施情况进行监督检查和评估;根据有关规定审核建设活动并办理审批手续,依照有关法律、法规的规定办理审批手续;根据风景名胜区规划,对风景名胜区规划实施情况进行动态监督;向国务院建设主管部门报送风景名胜区规划实施情况;负责组织景区基础设施和公共服务设施的建设
经营服务管理	依照有关法律、法规的规定审核景区内各项经营活动,并依照有关法律、法规的规定报有关主管部门批准;督促风景名胜区内的经营单位接受有关部门依据法律、法规进行的监督检查;依照有关法律、法规和风景名胜区规划,采用招标等公平竞争的方式确定经营者
风景资源管理	建立健全风景名胜资源保护的各项管理制度;对风景名胜区内的重要景观进行调查、鉴定,并制订相应的保护措施;对资源保护状况进行监督检查评估;保护民族民间传统文化;建立风景名胜区管理信息系统,对风景名胜区资源保护情况进行动态监测;采取有效措施,保护好周围景物、水体、林草植被、野生动物资源和地形地貌;景区环卫管理;负责风景名胜区资源有偿使用费的收缴;向国务院建设主管部门报送风景名胜区土地、森林等自然资源保护的情况
景区游览管理	开展健康有益的游览观光和文化娱乐活动;建立健全景区安全保障制度,调控游客容量和维护景区游览秩序,实施景区游览安全管理,保障游客安全;负责风景名胜区门票的出售
公共设施管理	合理利用风景名胜资源,改善交通、服务设施和游览条件;管理和维护景区基础设施和公共服务设施;设置风景名胜区标志和路标、安全警示等标牌;对景区的交通、服务等项目实施监管
宣教科研管理	普及历史文化和科学知识;开展爱国主义教育、青少年科普教育、环保教育;组织开展科学研究工作,挖掘和整理景区自然科学、人文历史;宣传、展示风景名胜资源
社区事务管理	受所在地政府的委托或授权管理风景名胜区内的村镇、社区(街区)

4)风景名胜区管理机构的行政地位

风景名胜区管理范围较大,区内资源类型多样,涉及的相关部门和单位较多,为了使风景名胜区管理机构有效地行使政府赋予的各项管理职能,所在地政府依据《风景名胜区条例》关于统一管理的原则,从风景名胜区管理的现实需要出发,赋予风景名胜区管理机构相应的行政级别,以强化管理机构的管理和协调能力。

目前,国家级风景名胜区管理机构的行政级别大多为副县级或县级,部分国家级风景名胜区的行政级别为副地级甚至是地级。从行业发展总的趋势看,风景名胜区的社会关注度不断提高,在地区社会文化和经济发展中的作用日益突出,在所在地政府的高度重视和支持下,各级风景名胜区管理机构的地位在逐步提高和强化,并在发展国家旅游经济、保护自然和文化遗产、促进社区精神文明建设、推动地区经济结构调整等方面发挥着举足轻重的作用。

6.4.3　风景名胜区规划和监管

1)风景名胜区规划

风景名胜区规划范围跨度较大,内容广泛,涉及行业、部门及社区较多,应该以科学发展观为指导,从构建和谐的、可持续发展风景名胜区的高度出发,做好与相关规划之间的衔接与协调工作,科学编制规划,强化规划审批程序,维护规划的权威性和严肃性,推进风景名胜区依法管理、依法行政,使开发建设行为逐步得到规范,确保风景名胜区规划各项强制性要求的有效实施。

(1)风景名胜区规划的概念

风景名胜区规划从广义上讲,是国家在特定区域内对自然与文化遗产资源实行管理、保护、建设的基本手段和重要依据,是风景名胜区重要的和基本的技术规范,是遵循事物发展客观规律,运用科学的思想、理论和方法,潜心研究与谋划的产物,是为实现风景名胜区可持续发展战略目标制订的蓝图,也是做好风景名胜区工作的前提和重要基础。从狭义上讲,风景名胜区规划是"为了实现风景名胜区的发展目标而制订一定时期内的系统性的优化行动计划的决策过程。它要决定诸如性质、特征、作用、价值、利用目的、开发方针、保护范围、规模容量、景区划分、功能分区、游览组织、工程技术、管理措施和投资效益等重大问题的对策;提出正确处理保护和使用、远期与近期、整体与局部、技术与艺术等关系的方法,达到使区内与外界有关的各项事业协调发展的目的"。

(2)风景名胜区规划的任务

一是综合分析评价现状;二是依据风景区的发展条件,从其历史、现状、发展趋势和社会需求出发,明确风景区的发展方向、目标和途径;三是发展景物形象、组织游赏条件、调动景感潜能;四是对风景区的结构与布局、人口容量及生态原则等方面作出统筹部署;五是对风景游赏主体系统、旅游设施配套系统、居民社会经营管理系统,以及相关专项规划和主要发展项目进行综合安排;六是提出相应的实施步骤和配套措施。

(3)风景名胜区规划的法律地位

国家对风景名胜区规划工作高度重视。国务院 1985 年颁布的《风景名胜区管理暂行条例》对风景名胜区规划的组织编制部门、规划编制内容、规划论证和审批等作了相应的规定。在国家旅游经济快速发展及城市化、工业化进程不断加快的新形势下,为了完善风景名胜区规划体系,通过规划手段调控和实现风景名胜区的各项资源保护和利用目标,确立风景名胜区规划的法定地位,国务院2006年颁布《风景名胜区条例》,进一步对风景名胜区规划作出原则性规定,进一步明确了风景名胜区规划的法律地位,同时也明确了风景名胜区规划体系和规划审批制度,为风景名胜区规划的监督和实施提供了法律依据。

(4)风景名胜区规划应考虑的因素

风景名胜区规划必须符合我国国情,因地制宜地突出本风景名胜区特性;应当依据资源特征、环境条件、历史情况、现状特点,以及国民经济和社会发展趋势,统筹兼顾,综合安排;应严格保护自然与文化遗产,保护原有景观特征和地方特色,维护生物多样性和生态良性循环,防止污染和其他公害,充实科教审美特征,加强地被和植物景观培育;应充分发挥景源的综合潜力,发现风景游览欣赏主体,配置必要的服务设施与措施,改善风景区运营管理机能,创造风景优美、设施方便、社会文明、生态环境良好、景观形象和游赏魅力独特,人与自然协调发展的风景游憩境域;应合理权衡风景环境、社会、经济三方面的综合效益,权衡风景区自身健全发展与社会需求之间的关系,防止人工化、城市化、商业化倾向,促使风景区有度、有序、有节律地持续发展。

(5)风景名胜区规划的体系建设

1982年风景名胜区设立以来,经过30多年的探索与实践,在各级建设行政主管部门、规划设计部门、科研机构、高等院校以及风景名胜区的共同努力下,遵循国家有关方针政策并紧密联系地方的实际,注重结合自然规律和景区环境特点,从人与自然和谐相处和社会经济全面进步的高度,突出风景名胜资源的文化内涵和地方特色,全面发挥风景名胜区各项功能,积极探索风景名胜区规划对区域协调发展的指导作用,建立了适合我国国情的风景名胜区规划体系,建立并完善了国家风景名胜区规划评审和审批机制,制订了风景名胜区的规划编制审批程序(见图6.6),形成了全国风景名胜区规划体系。部分省级建设主管部门积极探索规划管理的经验,实行了风景名胜区建设选址审批书制度和建设工程初步设计报批制度,对风景名胜区规划和实施过程进行全面监管。

2)风景名胜区的监管

(1)国务院高度重视风景名胜区的规划管理工作

风景名胜区事业的发展离不开科学规划的指导。近年来,国务院高度重视风景名胜区的规划管理工作,先后多次发文强调要"科学编制风景名胜区规划","认真组织编制风景名胜区规划,并严格按规划实施",对风景名胜区规划管理工作提出明确要求。为了维护城乡规划的权威性和严肃性,强化对风景名胜区规划的监管,有效地保护风景名胜资源,国务院在2000年、2002年相继发布《国务院办公厅关于加强和改进城乡规划工作的通知》(国办发〔2000〕25号)和《国务院关于加强城乡规划监督管理的通知》(国发〔2002〕13号),通知强调:不准在风景名胜区内设立各类开发区、度假区等。要按照"严格保护、统一管理、合理开发、永续利用"的原则,认真组织编制风景名胜区规划,并严格按规划实施。规划未经批准的,一律不得进行各类项目建设。要正确处理风景名胜资源保护与开发利用的关系,切实解决当前存在的破坏性开发建设等问题。为切实做好风景名胜区规划工作,住建部对风景名胜区规划的编制审批和监督管理作了统一部署。同时,根据国务院要求,住建部会同有关部门通过风景名胜区规划审查部际联席会议对各地风景名胜区规划编制进行指导和监督。

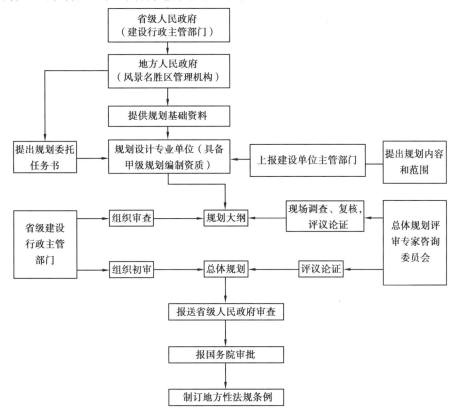

图6.6 国家级风景名胜区总体规划编制审批程序

(2)国务院对规划实施进行有效的监督和管理

为了在风景名胜区面临城市化和市场化巨大压力的形势下,对规划实施进行有效的监督和管理,2002年5月,国务院《关于加强城乡规划监督管理的通知》首次提出:要抓紧建立全国城乡规划和风景名胜区规划管理动态信息系统,采用现代技术手段,加强对全国城乡规划建设情况的动态监测。建设部发布了《关于开展城市规划和风景名胜区监管信息系统建设试点工作的通知》(建科信函〔2002〕143号)、《关于国家重点风景名胜区监督管理信息系统建设工作指导意见》(建城〔2003〕220号)等一系列重要文件,贯彻国务院关于加强风景名胜区监督管理工作的指示精神,开展了以部分国家级风景名胜区为监测对象,基于遥感技术、GIS技术、MIS技术和网络技术,采用遥感、地形、总体规划、详规数据比对和专家判读的方法,通过实施大范围、可视化、短周期的动态监测体系建设的试点工作,正式启动了国家重点风景名胜区监督管理信息系统建设,风景名胜区规划监督管理技术流程如图6.7所示。

(3)运用现代科技手段,建立部、省、风景名胜区三级监管信息系统和数字化景区体系

按照《风景名胜区条例》要求,住房和城乡建设部在各级地方政府有力支持和风景名胜区积极配合下,创新景区监测模式,推动数字化建设。自2001年以来,利用中央和地方财政资金1.5亿元,运用现代科技手段,逐步建立部、省、风景名胜区三级监管信息系统和数字化景区体系,取得了大量风景名胜资源定期监测的重要成果。为了适应风景名胜区提升现代化管理水平的需要,在部分国家级风景名胜区开展了数字化景区建设试点工作,探索将信息化技术与风景

名胜区管理相结合的崭新模式,充分利用高科技信息化手段,提高了风景名胜区的日常管理、资源保护和旅游服务的水平,最终实现"资源保护数字化、景区管理智能化、信息整合网络化"的数字化景区建设目标。

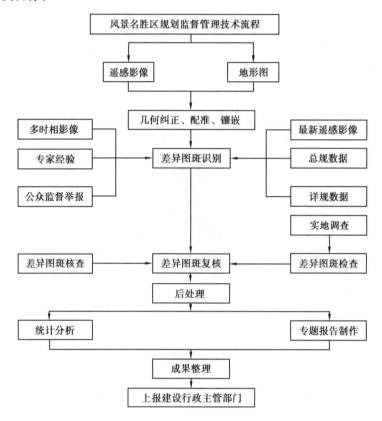

图6.7 风景名胜区规划监督管理技术流程

6.4.4 风景名胜区资源保护

针对一些风景名胜区出现的管理混乱、急功近利、过度开发、轻视保护的状况,住建部根据《国务院关于加强城乡规划监督管理的通知》精神,于2003年在全国国家级风景名胜区开展了包括管理机构设置、标牌标志设立、总体规划编制、核心保护区设立、依法查处破坏风景名胜资源,违法违规案例等方面的综合整治工作。经过5年的风景名胜区综合整治工作,部分风景名胜区对不符合规定的管理体制实行政企分开、事企分开,实现风景名胜区管理与企业经营的分离,规范了风景名胜区的管理行为。这次综合整治工作是1982年风景名胜区设立以来,国家建设行政主管部门开展的规模最大、时间最长、成效最显著、影响和涉及面最广的一次风景名胜资源保护行动。在各级地方人民政府的高度重视和积极支持下,通过各级风景名胜区卓有成效的工作,综合整治工作取得了举世瞩目的成果,强化了风景名胜资源保护的长效机制,风景名胜区资源保护状况和环境面貌得到了极大的改善。

各级建设行政主管部门坚持风景名胜区的工作原则,采取措施强化风景名胜区规划的综合调控作用,规范景区经营开发的行为,强化风景名胜区管理机构的行政管理职能,为有效地保护

风景名胜资源做了大量的工作。同时,风景名胜区资源保护事业始终得到社会各界和广大公众的高度关注和宝贵支持,形成了一个广泛的社会参与和舆论监督氛围,保障了风景名胜资源和安全。

6.4.5　风景名胜区服务和经营

1) 风景名胜区的服务

(1) 强化科学管理,提供优质服务

为了满足广大公众的精神和文化需求,最大限度地实现风景名胜区的社会价值、生态价值和经济价值,全国各级风景名胜区把强化科学管理与提供优质服务结合起来,以构建和谐、诚信和可持续发展的风景名胜区为宗旨,运用行政、道德、法律和经济等综合手段,广泛地动员和整合相关社会力量,把景区内的交通运输、餐饮住宿、商品经营、信息咨询、旅行社等行业纳入监管目标,着力提高景区从业服务人员的个人素质和服务技能,从而提升风景区管理水平和服务质量,使景区的旅游服务市场得到不断改善和优化。

(2) 加强游客中心建设,完善游客中心的功能

各级风景名胜区充分发挥景区展陈和宣传窗口的作用,在大力加强游客中心建设,提高服务质量的基础上不断完善游客中心的功能。通过采取一系列的有效措施和开展丰富多彩的活动,一大批风景名胜区不仅成为促进地方旅游经济发展和活跃社区文化的龙头,还成为展示和宣传区域形象的名片。

2) 风景名胜区的经营

(1) 安置社会劳动力

各级风景名胜区在完成繁重的管理和保护工作的同时,注重解决社会劳动力就业问题,提供大量的景区管理、维护和服务就业岗位,在风景名胜区安置了大批城镇待业人员和农村劳动力。一些风景名胜区根据当地的条件和资源禀赋,帮扶景区原住居民脱贫致富,帮助农民开拓旅游经营和服务市场,发展地方特色农副业和传统手工业,开办农家乐、家庭旅馆和旅游产品销售点,围绕景区旅游开展多种经营,对当地社区经济发展起到了促进和带动作用。各级风景名胜区已经成为区域发展旅游经济依托的基地,为国家旅游经济的发展作出了重要贡献。

(2) 规范风景名胜区管理机构的经营行为

目前,全国风景名胜区行业正处在快速发展的重要时期,如何充分发挥风景名胜资源的优势,解决风景名胜区生存和发展问题,是各级风景名胜区面临的重要课题。针对风景名胜区旅游经营状况,各级风景名胜区创新发展理念,开拓发展模式,将风景名胜区事业与新时代发展、社会发展以及新兴旅游经济的发展紧密联系起来,通过规范风景名胜区管理机构的经营行为,协调好风景名胜资源保护与利用的矛盾,促进风景名胜区一系列问题的解决。

逐步建立规范经营性项目的准入模式,充分发挥市场机制的调节作用,合理地配置风景名胜区内的市场资源,明确政府与经营企业的权力、义务和责任,积极探讨风景名胜区特许经营制度和资源有偿使用制度,最终实现规范和活跃风景名胜区旅游服务市场的目的。

（3）正确引导相关产业和企业的投资项目和开发方向,走可持续旅游之路

鉴于风景名胜区的旅游服务市场尚处在初级阶段,近年来,为了推动风景名胜区的自然与文化资源保护,提升风景名胜区旅游管理和服务水平,扭转部分风景名胜区旅游过度商业化的倾向,要正确引导相关产业和企业的投资项目和开发方向。

动员全社会参与风景名胜资源的保护,在世界保护组织的积极倡导和推动下,各级风景名胜区积极探讨风景资源保护与永续利用相协调的可持续旅游,借鉴世界各国国家公园的成熟经验,通过推进人与自然和谐共处的旅游模式,倡导文明健康的旅游方式和真正意义上原生态旅游,倡导低碳旅游方式,提升游客的旅游质量和品位,探索我国风景名胜区特色的可持续旅游最佳规范和途径,使风景名胜区的经营理念从盲目的快餐型旅游向理性的体验型旅游转变,从单纯的数量旅游向质量旅游转变,从过度商业化旅游向可持续的生态旅游转变。在新的历史时期,风景名胜区的可持续旅游之路将会越走越宽。

思考题

1. 园林绿化标准化存在哪些问题?
2. 园林标准化管理的主要措施有哪些?
3. 简述公园管理的原则。
4. 简述公园管理的层次性。
5. 简述公园管理的微观管理。
6. 简述风景名胜区管理机构的类型。
7. 简述风景名胜区规划监督管理。

7 城市绿化法规

【本章导读】

　　城市绿化作为城市公用事业、环境建设和国土绿化事业的重要组成部分,是风景园林建设的主要内容之一。通过本章学习,掌握城市绿化的保护与管理和违反城市绿化法规的法律责任;熟悉城市绿化法规的立法;了解城市绿化的规划与建设。

7.1　城市绿化法规概述

7.1.1　城市绿化的概念和意义

　　城市绿化有狭义和广义之分。狭义的城市绿化是指种植和养护树木花草的活动;广义的城市绿化是指城市中栽种植物和利用自然条件以改善城市生态、保护环境,为居民提供游憩地和美化城市景观的活动。广义的城市绿化应包含这样一些内容:充分利用城市自然条件、地貌特点和基础种植,将城市按国家标准规划设计的各级各类园林绿地用具有地方特色和特性的园林植物最大限度地覆盖起来,并以一定的科学规律加以组织和联系,使其构成有机的系统。城市绿地系统要同城市郊区的自然环境和大片林地相沟通。城市绿化要使城市具有健全的生态,形成自己的风貌特点。

　　城市绿化是城市重要的基础设施,是城市现代化建设的重要内容,是改善生态环境和提高广大人民群众生活质量的公益事业。改革开放以来,特别是20世纪90年代以来,我国的城市绿化工作取得了显著成绩,城市绿化水平有了较大提高。城市绿化作为城市生态系统中的还原组织,就是通常所说的城市生态系统的还原功能。城市生态系统具有还原功能的主要原因是城市绿化有调节生态环境的作用。

　　为了促进城市经济、社会和环境的协调发展,进一步提高城市绿化工作水平,地方各级人民政府和国务院有关部门充分认识城市绿化的重要作用,采取有力措施,改善城市生态环境和景观环境,提高城市绿化的整体水平。

7.1.2 城市绿化法规的立法

城市绿化法规(简称"城市绿化法")有广义和狭义之分。广义的城市绿化法是泛指调整城市绿化法律关系的法律规范总和,包括宪法中的有关内容,相关法律、行政法规、地方性法规、规章以及法律、法规中有关城市绿化的规范内容;狭义的城市绿化法是指具体的、形式的城市绿化法,专指1992年6月22日国务院发布,1992年8月1日施行的《城市绿化条例》(以下简称《条例》)。这是我国目前直接对城市绿化事业进行全面规定和管理的行政法规,包括总则、规划与建设、保护与管理、罚则、附则五章三十三条。

中华人民共和国成立后,人民政府关心人民的生产生活和环境改善,坚持城市建设、经济建设和环境建设协调发展的方针,使城市绿化事业从无到有蓬勃发展起来。1958年2月,国家城市部召开了第一次全国城市绿化会议,要求全国城市发展绿化用苗圃普遍植树,给城市增添绿色。1959年12月,国家建筑工程部召开了第二次全国城市绿化和园林工作会议,充分肯定了中华人民共和国成立十周年来城市绿化所取得的成就。提出要继续发动群众,争取实现城市普遍绿化的园林。进入20世纪60年代,国民经济出现困难,城市绿化事业发展受到影响。1963年3月,建筑工程部制定颁发了《关于城市园林绿化的若干规定》,总结新中国成立以来城市绿化工作实际,将其上升到条法地位的文件。然而在"文化大革命"中全国城市绿化遭受到巨大破坏和损失。1978年年底,国家建委召开了全国城市绿化工作会议,1979年国家城乡环境保护部城市建设总局发布《关于加强城市园林绿化工作的意见》,从此,城市绿化进入新的发展时期。1981年12月,五届全国人民代表大会四次会议作出了《关于开展全民义务植树活动的决议》,有力推动了城市绿化事业。此后又相继采取了许多有效措施推动城市绿化,如开展创建园林式城市活动,截至2008年,住建部先后命名九批国家园林城市,颁布了一系列法规和政策。随着城市绿化事业的发展,城市绿化法治建设也逐步完善,特别是改革开放以来得到迅速发展。

1982年国务院常务会议通过《国务院关于开展全民义务植树运动的实施办法》,1982年12月,城乡建设环境保护部颁发了《城市园林绿化管理暂行条例》,各省、直辖市和各城市人民政府也颁布了一系列有关城市绿化或城市园林绿化方面的地方性法规、规章。国家颁发有关法律,如《中华人民共和国环境保护法》《中华人民共和国森林法》《中华人民共和国城市规划法》等都与城市绿化事业有着密切关系。但到《城市绿化条例》颁布前,全国还没有一部直接对城市绿化事业进行全面规定和管理的行政法规。《城市绿化条例》是我国首部城市绿化行政法规。此后相关法规陆续出台。关于城市绿化主要的规范性文件有《关于开展全民义务植树运动的决议》(1981)、《国务院关于开展全民义务植树运动的实施办法》(1982);《关于扎实地开展绿化祖国运动的指示》(1984);《城市绿化规划建设指标的规定》(1994)、《城市园林绿化当前产业政策实施办法》(1992)、《关于加强城市绿地和绿化种植保护的规定》(1994)等。《城市绿化条例》根据2011年1月8日《国务院关于废止和修改部分行政法规的决定》修订,2017年3月21日依据《国务院关于修改和废止部分行政法规的决定》第二次修订。

7.1 《城市绿化条例》　　7.2 《城市园林绿化管理暂行条例》　　7.3 《中华人民共和国森林法》　　7.4 《中华人民共和国环境保护法》　　7.5 《中华人民共和国城乡规划法》

7.6　五届人大四次会议
关于开展全民义务
植树运动的决议

7.7　中共中央 国务院
关于深入扎实地开展
绿化祖国运动的指示

7.8　《城市园林
绿化当前产业
政策实施办法》

7.9　《国务院关于
开展全民义务植树
运动的实施办法》

7.1.3　城市绿化的指导思想

《国务院关于加强城市绿化建设的通知》（国发〔2001〕20号）中明确指出城市绿化工作的指导思想是以加强城市生态环境建设,创造良好的人居环境,促进城市可持续发展为中心;坚持政府组织、群众参与、统一规划、因地制宜、讲求实效的原则,以种植树木为主,努力建成总量适宜、分布合理、植物多样、景观优美的城市绿地系统。

城市绿化主要是为人民服务。为了实现城市绿化改善生态环境,美化城市,增进人民身心健康,促进社会经济、环境全面协调可持续发展的目的,在城市绿化中还必须强化以下指导思想:

1）为民服务

城市绿化的出发点和归属点都是为了人民的生存和生活、精神需要,在城市园林绿化上应该以满足人民群众的基本需求为标准。人民的需求是随着整个经济社会的发展而不断变化的,城市绿化是经济社会的有机组成部分,在发展中应该把握人民群众的基本需求,因势利导,加强管理,才能实现为民服务。

2）以人为本

从城市绿化的本质出发,坚持为民服务,必须要树立以人为本的指导思想。在城市绿化中要遵循自然规律,促进人与自然的协调。管子曾提出"人与天调然后地之美生"。道家也提出"人法地,地法天,天法道,道法自然",就是明确把自然作为人的精神价值来源。在人与自然的关系上,主张返璞归真。在园林绿化上树立以人为本的指导思想,就是要求园林绿化的建设将数千年的中国传统园林的设计与建设将自然之美营造于现代城市建设之中。通过强调人与自然协调、人与自然共同持续发展,以改善人们的生存环境、提升城市景观的整体品质为目的,从而使它不仅关注环境方面的视觉审美感受,还要注重环境品质,以及必须关注城市绿化中的人的心理需求、娱乐需求与审美需求,真正做到"以人为本"。

3）追求实效

城市绿化是专业性较强的行业,与经济社会发展和人民群众的需求联系密切,在制订方针政策和确定目标时特别要注重实效,在组织实施中也要讲求因地制宜、实事求是。比如,在1993年国家制订绿地指标的时候,住建部提出的人均公共绿地面积指标是根据城市人均建设用地指标而定:a.人均建设用地指标不足75 m^2 的城市,人均公共绿地面积到2000年应不少于

5 m²,到 2010 年应不少于 6 m²;b.人均建设用地指标 75～105 m² 的城市,人均公共绿地面积到 2000 年不少于 6 m²,到 2010 年应不少于 7 m²;c.人均建设用地指标超过 105 m² 的城市,人均公共绿地面积到 2000 年应不少于 7 m²,到 2010 年应不少于 8 m²。城市绿地率到 2000 年应不少于 25%,到 2010 年应不少于 30%。2001 年,为适应我国经济社会发展的基本要求,国务院在《关于加强城市绿化建设的通知》中提出了今后一个时期城市绿化的工作目标和主要任务:到 2005 年,全国城市规划建成区绿地率达到 30% 以上,绿化覆盖率达到 35% 以上,人均公共绿地面积达到 8 m² 以上,城市中心区人均公共绿地达到 4 m² 以上;到 2010 年,城市规划建成区绿地率达到 35% 以上,绿化覆盖率达到 40% 以上,人均公共绿地面积达到 10 m² 以上,城市中心区人均公共绿地达到 6 m² 以上。各地城市经济、社会发展状况和自然条件差别很大,各地应根据当地的实际情况确定不同城市的绿化目标。

7.10 《城市用地分类与规划建设用地标准》

7.2 城市绿化的规划与建设

7.2.1 城市绿化规划

1)城市绿化规划的原则

《条例》第八条规定:"城市人民政府应当组织城市规划行政主管部门和城市绿化行政主管部门等共同编制城市绿化规划,并纳入城市总体规划。"该法第九条规定:"城市绿化规划应当从实际出发,根据城市发展需要,合理安排同城市人口和城市面积相适应的城市绿化用地面积。"上述规定明确了城市绿化规划的以下两个原则:

(1)城市绿化规划必须纳入城市总体规划

城市绿化规划是城市总体规划的重要组成部分,是城市绿化建设的依据,其主要任务是根据城市发展的要求和具体条件,在国家有关法规政策的指导下,制订绿化的发展目标和各类绿化的用地指标,选定各项主要绿地的用地范围和使用性质,论证其特点和主要工程、技术措施。城市绿化规划作为一项独立的专业规划,只有纳入城市总体规划,才能较好地平衡与整个城市的其他种类设施的协调发展、同步建设。

(2)从实际出发,合理安排城市绿化规划指标

城市绿化规划指标反映城市绿化的水平和质量,制定科学、合理的城市绿化指标,是提高我国城市整体绿化水平和质量的必要措施,也是衡量城市绿化建设的重要参数,同时为考核城市绿化水平提供了量化标准。《条例》的这一原则性规定,为城市绿化规划建设提供了有力的法律保障,有利于全国城市绿化事业均衡地发展。鉴于世界各国城市绿化规划指标有所不同,考核城市绿化的指标也不尽相同。

2)城市绿化规划的编制原则

(1)突出和利用城市的自然条件和人文条件,形成特有的城市风貌

从城市规划的角度而言,各个城市都应有自己的特色,没有风貌特色的城市是缺乏个性的

城市,在城市之林中就缺少独特的魅力。城市绿化规划是解决城市风貌特色问题的一个重要手段。《条例》第十条规定:"城市绿化规划应当根据当地的特点,利用原有的地形、地貌、水体、植被和历史文化遗址等自然、人文条件,以方便群众为原则,合理设置公共绿地、居住区绿地、防护绿地、生产绿地和风景林地等。"城市绿化规划和绿地系统的特色主要是利用自然人文条件,通过城市绿化规划方法和相关措施而形成的。其中的自然条件包括地形、地貌、土壤、水体、植被、气象等因素;人文条件包括历史背景和遗迹、文化特征、宗教、民俗、风情等因素,还应当包括城市的社会经济状况、人的素质、心理因素等。总之,只有在充分考虑上述各种因素的基础上,才能使城市绿化扬长避短、趋于完善,使其既继承优良传统,又具有崭新的时代特色。

(2)科学安排各类城市绿地,充分发挥城市绿化的最大效益

这一原则又称为强调城市绿地系统的完整性原则。城市绿地系统是指城市中各种类型和规模的绿化用地组成的整体。一般认为,完整的城市绿地系统的形成需要两个因素:一是要有构成系统的各个元素,即园林景点,各类绿地、绿带以及道路、水体系统等直到与市郊的自然环境的有机结合,也即通常所称的点、线、面相结合的系统;二是各元素之间和各元素与城市之间以科学的分布规律使之融为一体,着眼于提高城市整体的环境质量和景观水平,使之向综合功能和网络结构的方向发展,即要有有机的联系或者合理布局。《条例》将城市绿地划分为公共绿地、居住区绿地、单位附属绿地、防护绿地、生产绿地、风景林地和道路绿地,同时规定了合理设置这些绿地的原则和要求,以构成城市的绿地系统,为充分发挥绿化的最大效益,包括生态、美化和方便群众利用的效益,提供了法律依据。

3)城市绿化规划的编制主体

根据《条例》第八条的规定,城市规划行政主管部门和城市绿化行政主管部门是城市绿化规划的编制主体,即城市绿化规划的编制者和执行者。实践中,城市绿化规划的编制大体分为3种情况:一是以城市规划部门为主,吸收城市绿化部门参加;二是由规划部门编制后征求绿化部门的意见;三是由绿化部门编制后交规划部门汇总到城市总体规划中。在城市绿化规划的结构和形式上,实践中大体也有3种情况:一是城市总体规划中包含了城市绿化规划的全部内容,且内容详细、指标具体、发展项目落实;二是城市总体规划中只涉及城市绿化总体布局和绿地系统的概要和原则,具体规划和细节均作为总体规划的一项专业规划,单独成为一部分;三是城市总体规划中对城市绿化规划只作原则规定,缺乏指导实践的细节,需单独组织编制城市绿地系统规划或城市绿化专业规划,并纳入城市总体规划。

4)城市绿化规划指标

《条例》第九条规定:"城市人均公共绿地面积和绿化覆盖率等规划指标,由国务院城市建设行政主管部门根据不同城市的性质、规模和自然条件等实际情况规定。"该条是关于城市绿化指标的规定,相应地,住建部制定了《城市用地分类与规划建设用地标准》(自 2012 年 1 月 1 日起实施),对城市公共绿地和居住区绿地分别提出了规划指标,解决了城市总体规划阶段的用地平衡问题。接下来住建部陆续出台了一些技术性规范标准,对规划指标作了进一步规定,各地也分别制订了一些地方性规定。

5）城市绿地分类

《条例》第十条对城市绿地分类进行了规定：城市绿地是城市中各种类型和规模的绿化用地，它是城市绿化的物质载体。按照一定的标准对城市绿地进行分类，其意义在于：一是有利于针对不同绿地分别制订不同的标准和要求，使城市绿化规划更加深入和细致；二是便于考核各项规划指标；三是在城市绿化工程设计和施工中，对各类绿地可以提出不同的要求；四是便于区别对待，实施不同的管理体制，有助于城市绿化工作的科学管理。

根据《条例》第十条的规定，以绿地的性质和作用为标准，城市绿地大致分为公共绿地、居住区绿地、防护绿地、生产绿地和风景林地。虽然这些绿地的绿化性质、标准、要求各不相同，但共同构成城市的整个绿地系统，发挥城市绿化整体的、综合的效益。

7.2.2　城市绿化建设

1）城市绿化的设计与施工

（1）城市绿化工程设计原则

《条例》第十二条规定："城市绿化工程的设计，应当借鉴国内外先进经验，体现民族风格和地方特色。城市公共绿地和居住区绿地的建设，应当以植物造景为主，选用适合当地自然条件的树木花草，并适当配置泉、石、雕塑等景物。"这一规定主要确立了城市绿化工程设计的两个原则：一是借鉴国内外先进经验、体现民族风格和地方特色；二是以植树造景为主，辅之适合当地自然条件的树木花草。"借鉴国内外先进经验"是指要借鉴、学习国内外一切对城市绿化建设有价值的范例、方法和经验，以及借鉴国内外当代城市绿化的有益实践和先进理论；"体现民族和地方特色"是指要反映一个民族历史延续下来的生活习惯、风土人情、民族艺术等文化特征的精髓，以及反映一个地方区别于其他地方的特点和优秀成分；"植物造景为主"是指以植物材料为主，通过一定的技艺手法进行造园或绿化建设；"选用适合当地自然条件的树木花草"是指"适地适树"。

（2）城市绿化工程项目的设计管理

《条例》第十一条规定："城市绿化工程的设计，应当委托持有相应资格证书的设计单位承担。"这里的"城市绿化工程"包括列入各级政府基本建设和更新改造计划的各类绿地及绿化建设的工程项目。城市绿化工程项目的设计管理，主要包括以下规定内容：

①设计委托管理：城市绿化工程的设计单位必须持有国家或地方城市建设、园林行政主管部门根据国家统一标准和业务范围按法定程序评定合格，并取得相应等级的设计资格证书。设计资格证书是城市绿化工程设计单位依法从事规定业务范围的法定凭证。凡是列入各级城市建设计划的城市绿化工程项目，都必须委托具有相应资质的设计单位进行工程项目设计。

②设计审批和变更设计：根据《条例》的规定，城市的公共绿地、居住区绿地、风景林地和干道绿化带等绿化工程的设计方案，必须按照规定报城市人民政府城市绿化行政主管部门或者其上级行政主管部门审批；项目主管部门不是城市园林行政主管部门，在审批项目设计方案时应有城市绿化行政主管部门参加，对已批准的设计方案，任何单位和个人都不准擅自改变，确需改

变的须报原审批机关审批。

2)关于设置防护绿地、附属绿地及生产绿地等相关规定

《条例》第十三、十四、十五、十六条对城市绿化规划中设置防护绿地和建设责任、单位附属绿地建设、生产绿地建设以及工程项目的配套绿化工程作了规定。

（1）关于设置防护绿地和建设责任的规定

《条例》第十三条规定："城市绿化规划应当因地制宜地规划不同类型的防护绿地。各有关单位应当依照国家有关规定,负责本单位管界内防护绿地的绿化建设。"这一规定既是对负责城市绿化的城市规划部门和城市园林部门的要求,也是对防护绿地所有单位建设责任的规定。

随着城市的开发建设,各类污染源的增加,因地制宜地设置不同类型的防护绿地成为解决环境问题的一个重要手段。首先,在编制城市绿化规划的过程中,要根据城市的自然特点、环境污染状况等条件,在不同的区域设置不同的防护绿地。如沿城市道路、水体及边缘地带设置防风、防沙、防海潮、保持水土的防护林带;在工业污染区外围设置绿化隔离带;在工业区和居住区间设置隔离林带;在城市中心与郊区之间设置片林保护区;为保护古迹、文物和特种地貌,在外围设置环状、带状等各种类型的保护带。其次,在防护绿地建设中,各有关单位要严格按照城市绿化规划的要求,并依照国务院、住建部及地方的有关规定,搞好本单位所属或管界内的防护绿地建设。

（2）关于单位附属绿地建设的规定

《条例》第十四条规定："单位附属绿地的绿化规划和建设,由该单位自行负责,城市人民政府城市绿化行政主管部门应当监督检查,并给予技术指导。"单位附属绿地在城市绿地系统中占有重要比例,在地域上与城市在职职工和居民较为接近,是城市普遍绿化的基础,同时,单位附属绿地的建设也是城市绿化中的一个重要方面。单位附属绿地隶属于各种机关、团体、企业、事业单位等,涉及各行各业,遍布城市的各个角落。加强对单位附属绿地的行业管理,在规划、建设和管理中进行必要的规定十分必要。

首先,单位附属绿地的建设应达到"规划指标"要求。这些"规划指标"是由国家、地方按照实际情况对各类单位附属绿地标准作出的规定。除了《条例》第九条规定的将由"国务院城市建设行政主管部门"规定外,各地方性法规也应根据本地区的实际情况作出规定,如《北京市城市绿化条例》第二十条规定"应当按照绿地系统规划和详细规划确定建设工程附属绿化用地面积占建设工程用地总面积的比例。其中,新建居住区、居住小区绿化用地面积比例不得低于30%,并按照居住区人均不低于2平方米、居住小区人均不低于1平方米的标准建设集中绿地"。各个单位都应按标准搞好附属绿地建设,这是本单位环境建设所必需,同时也为城市的普遍绿化作出贡献。

7.11 《北京市绿化条例》

7.12 违法案例（风景区/公园/园林中违法、违建）

其次,单位附属绿地分属于各个单位,情况比较复杂,绿化业务熟悉程度不一,为保证单位附属绿地建设的标准和质量,按《条例》第十四条规定进行。

再次,对绿化质量,如植树成活率、保存率等技术指标有具体要求。如果经过检查,达不到要求,城市人民政府城市绿化行政主管部门有权责令其停工、返工或采取其他补救措施;达到要求,成绩突出的,城市人民政府城市绿化行政主管部门应当给予表彰和鼓励。"技术指导"一般

包括提供有关规划、设计、施工、养护管理等方面的技术咨询、培训、服务,以及提供有关优质苗木、材料及专用工具等。

为保证实现城市绿化规划,达到规定的环境质量,体现立法的严肃性,《条例》第十一条规定:工程建设项目的附属绿化工程设计方案,按照基本建设程序审批时,必须有城市人民政府城市绿化行政主管部门参加审查。第二十五条规定:工程建设项目的附属绿化工程设计方案,未经批准或者未按照批准的设计方案施工的,由城市人民政府城市绿化行政主管部门责令停止施工、限期改正或者采取其他补救措施。

(3)关于生产绿地建设的规定

《条例》第十五条规定:"城市苗圃、草圃、花圃等生产绿地的建设,应当适应城市绿化建设的需要。"这既是对编制城市绿化规划的要求,也是生产绿地的建设单位应遵循的原则。第一,城市绿化规划应当根据城市绿化苗木每年实际需要情况及今后苗木市场预测等资料,合理安排生产绿地的建设,在数量上满足城市绿化建设的需要,逐步做到苗木自给。具体规定可在技术法规和地方性法规中规定。第二,为实现"适应城市绿化建设的需要"这一目标,城市人民政府应当通过一些优惠政策或措施鼓励多渠道办苗圃、建设生产绿地。园林部门在搞好专业苗圃建设的同时,还应支持和帮助有条件的工厂、机关、部队、学校等单位开展群众育苗。第三,生产绿地除了在数量上"适应城市绿化建设需要"外,在产品质量上要求苗木品种、质量、规格等方面也能适应城市绿化建设发展的需要。在生产绿地建设上考虑技术进步的要求。

(4)关于工程项目配套绿化工程建设的规定

《条例》第十六条规定:"城市新建、扩建、改建工程项目和开发住宅区项目,需要绿化的,其基本建设投资中应当包括配套的绿化建设投资,并统一安排绿化工程施工,在规定的期限内完成绿化任务。"

所谓"城市新建、扩建或者改建工程项目和开发住宅区项目",是指城市的工业、民用、商业、公共建筑等工程项目的新建、扩建、改建工程,如宾馆、体育场、医院、工厂、学校以及居住区等各类建设项目,这些项目依法都需要按标准进行配套的绿化建设。

《条例》规定配套绿化建设不仅要投资落实,还要求与主体工程一起统一安排配套绿化工程的施工,并且按绿化工程的施工规律和特点,在规定的期限内完成。所谓"规定的期限"一般要求与主体工程同步进行。考虑城市绿化的特点和主体工程的管网道路施工情况,在有关城市绿化施工规范中规定,完成绿化的时间不得迟于主体工程投入使用后的第二个年度绿化季节。对未完成绿化的,责令限期完成;逾期不完成的,由绿化专业部门进行绿化,并对责任单位按实需绿化费用数额征收绿化延误费。这一规定是保证绿化设施与所有工程建设项目配套实施的重要法律依据,必须严格执行。

7.2.3　创建国家园林城市

为了推动国家园林城市活动深入开展,1992年以来,国务院建设行政主管部门先后制定颁布了一系列规范性文件,这些规范性文件大都属行政规章,是相关法律的延伸和具体化。主要有《城市园林绿化当前产业政策实施办法》(城建〔1992〕313号文)、《创建国家园林城市实施方案》《国家园林城市标准》《园林城市评选标准》《城市园林绿化企业资质标准》等规范性文件。根据2017年住房城乡建设部办公厅关于调整《国家园林城市系列标准》有关考核指标的通知,

"城市园林绿化管理机构"不再作为《国家园林城市系列标准》考核指标,在国家园林城市系列申报材料初审和现场考察时遵照执行。

从法律法规层面讲,植树造林、绿化祖国是我国的基本国策。城市园林绿化是国土绿化的组成部分,受国家法律保护,列为政府的职责、公民的义务。《中华人民共和国宪法》《中华人民共和国森林法》《中华人民共和国环境保护法》《城乡规划法》《城市绿化条例》和其他法律、法规都作出了加强城市园林绿化建设,保护绿地、树木的规定,从法律上确定了城市园林绿化在国民经济和社会发展中的地位,无疑也是创建国家园林城市的法律法规依据。

创建国家园林城市是风景园林建设的重要内容,园林城市的国家标准和园林城市建设的实施等规定参见"2.3 国家园林城市申报与评审办法"。

7.3　城市绿化的保护与管理

《条例》的第三章规定了城市绿化的保护和管理,包括第十七条至第二十四条。主要内容包括对城市各类绿地管理责任的规定,保护城市绿化规划用地及其自然条件的规定,保护城市绿化成果的规定,保护城市绿化种植和绿化设施的规定,关于加强对城市公共绿地内商业、服务经营活动的管理规定,对各城市绿地管理单位加强绿地管理、搞好绿化种植和各项设施维护管理的规定,关于市政公用设施管理和城市绿化树木发生矛盾时协调处理的规定,关于古树木保护的规定等。

7.3.1　城市绿地的保护管理

为了促进城市绿化事业的发展,改善生态环境,美化生活环境,增进人民身心健康,必须制定相应的城市绿地的保护管理法律法规。

1) 城市绿地的管理责任分工

根据《条例》第十七条的规定:城市的公共绿地、风景林地、防护绿地、行道树及干道绿化带的绿化,由城市人民政府城市绿化行政主管部门管理;各单位管界内的防护绿地的绿化,由该单位按照国家有关规定管理;单位自建的公园和单位附属绿地的绿化,由该单位管理;居住区绿地的绿化,由城市人民政府城市绿化行政主管部门根据实际情况确定的单位管理;城市苗圃、草圃和花圃等,由其经营单位管理。

2) 对城市绿化规划及其自然条件的保护

根据《条例》和住建部《关于加强城市绿地和绿化种植保护的规定》的有关规定,对城市绿化规划用地的保护措施主要有:其一,任何单位和个人都不得擅自占用城市绿化用地,占用的城市绿化用地,应当限期归还;其二,因道路、建筑等施工需要或其他特殊需要临时占用城市绿化用地的,占用绿化用地的单位必须首先向绿化行政主管部门申请,其次经主管部门审查同意,办理用地手续并给予补偿后

7.13　违法案例(园林绿化)

方可用地,最后在临时用地期满后恢复原貌,按期归还;其三,任何单位和个人都不得擅自改变城市绿化规划用地性质或者破坏绿化规划用地的地形、地貌、水体和植被;其四,因城市总体规划调整,确需占用城市绿地的,由规划行政主管部门制订调整规划,须征得园林绿化主管部门同意,并报经原规划审批单位批准后实施;其五,禁止将城市公共绿地、防护绿地、生产绿地、风景林地出租或抵押,禁止侵占公共绿地搞其他建设项目,禁止将公园绿地用于合资共建,城市国有土地成片出让时不应包括其中的公共绿地、防护绿地、生产绿地和风景林地;其六,因建设或特殊原因确需占用城市绿地的单位,应向城市园林绿化行政主管部门提出申请,落实补偿措施,根据占地规模报经规定的城市建设行政主管部门批准,一次占用城市绿地 1 hm² 以上的,必须经省级主管部门审核并报国务院城市建设行政主管部门批准,方可依法办理规划用地手续。

7.3.2　绿化设施的保护管理

第一,任何单位和个人都不得损坏城市花草树木,对破坏者依法追究法律责任;第二,因建设或其他需要必须砍伐树木和毁坏花草的,必须按规定报经城市园林绿化主管部门批准,并根据树木花草价值和生态效益等综合价值加倍赔偿;第三,城市树木大规模的更新,必须经专家论证签署意见后,报省级主管部门批准,并报国务院主管部门备案;第四,城市的绿化管理单位,应当建立健全管理制度,保持树木花草繁茂及绿化设施(灌溉、防护、照明、指示标志、游览休息场所、装饰设施等)完好;第五,城市市政公用管线的管理单位,为保证管线的安全使用需要修剪树木时,必须经城市绿化行政主管部门批准,并按照兼顾管线安全使用和树木正常生长的原则进行修剪。因不可抗力致使树木倾斜危及管线安全时,管线管理单位可以先行修剪、扶正或者砍伐树木,但是应当在采取上述保护管理的安全措施后,及时向城市绿化行政主管部门和树木所在绿地的管理单位报告情况,证实其措施得当,并共同处理善后或采取补救措施。

7.3.3　古树名木的保护管理

《条例》第二十四条对保护古树名木作了规定,住建部还颁布了专门的《城市古树名木保护管理办法》,对此作出了更具体的规定。

1)古树名木的管理部门和保护管理原则

根据《城市古树名木保护管理办法》的规定,古树是指树龄在 100 年以上的树木;名木是指国内外稀有的以及具有历史价值和纪念意义、重要科研价值的树木。其中树龄在 300 年以上或者特别珍贵稀有、具有重要历史价值和纪念意义以及具有重要科研价值的古树名木,为一级古树名木;其余为二级古树名木。

7.14　《城市古树名木保护管理办法》

7.15　违法案例

(1)古树名木的管理部门

根据有关法规、规章的规定,对古树名木的管理实行分级分部门管理的体制,即国务院建设主管部门负责全国城市古树名木的保护管理工作;省、自治区、直辖市人民政府及其建设行政主管部门负责本行政区域内的城市古树名木的保护管理工作;城市人民政府及其园林绿化行政主管部门负责本行政区域内古树名木的保护管理工作。

(2)古树名木保护管理的原则

古树名木保护管理工作实行专业养护部门保护管理和单位、个人保护管理相结合的原则。具体保护管理单位和个人的责任分工是:生长在城市园林、绿化专业养护管理部门管理的绿地、公园等的古树名木,由城市园林绿化专业养护管理部门保护管理;生长在铁路、公路、河道用地范围内的古树名木,由铁路、公路、河道管理部门保护管理;生长在风景名胜区内的古树名木,由风景名胜区管理部门保护管理;散生在各单位管界内及个人庭院中的古树名木,由所在单位和个人保护管理。变更古树名木养护单位或者个人,应当到城市园林绿化行政主管部门办理养护责任转移手续。

2) 对古树名木的保护管理措施

根据《条例》《城市古树名木保护管理办法》等法规、规章的有关规定,对古树名木的保护管理措施主要包括以下几项:

(1)建立古树名木的确认、备案和档案制度

城市人民政府的园林绿化行政主管部门应当对本行政区域内的古树名木进行调查、鉴定、定级、登记、编号,并建立档案和设立标志。一级古树名木由省、自治区、直辖市人民政府确认,报国务院建设行政主管部门备案;二级古树名木由城市人民政府确认,直辖市以外的城市报省、自治区建设行政主管部门备案。

(2)设立古树名木价值说明和保护标志

古树名木的管理部门应当对本部门保护管理的古树名木进行挂牌,标明树名、学名、科属、树龄、价值说明等内容,划定一定的保护范围,并完善相应的保护设施。

(3)制订养护管理方案,落实养护管理责任制

城市人民政府园林绿化行政主管部门应当对城市古树名木按实际情况分别制订养护、管理方案,落实养护责任单位和责任人,并进行检查指导。古树名木养护单位或者责任人,应当按照城市园林绿化行政主管部门规定的养护管理措施实施养护管理,并承担养护管理费用。抢救、复壮古树名木的费用,城市园林绿化行政主管部门可适当给予补贴。当古树名木受到损害或者长势衰弱时,养护单位和个人应当立即报告城市园林绿化行政主管部门,由城市园林绿化行政主管部门组织治理复壮;对已死亡的古树名木,应当经城市园林绿化行政主管部门确认,查明死因,明确责任并予以注销登记后,方可进行处理。处理结果应及时上报省、自治区建设行政部门或者直辖市园林绿化行政主管部门。

(4)实行建设工程对古树名木的避让、保护措施

新建、改建、扩建的建设工程影响古树名木生长的,建设单位必须提出避让和保护措施。城市规划行政部门在办理有关手续时,要征得城市园林绿化行政部门的同意,并报城市人民政府批准。

(5)严禁砍伐和擅自移植古树名木,严格特殊情况下的移植批准程序

任何单位和个人不得以任何理由、任何方式砍伐和擅自移植古树名木。对大型工程建设等特殊情况确需移植古树名木的,移植单位在移植前必须制订移植方案,确保移植地点、移植方法等符合古树名木的生长要求,确保移植方案切实可行。移植一级古树名木的,应报经省、自治区建设行政主管部门审核,并报省、自治区人民政府批准;确需移植二级古树名木的,应当经城市园林绿化行政主管部门和建设行政主管部门审查同意后,报省、自治区建设行政主管部门批准;

直辖市确需移植一、二级古树名木的,由城市园林绿化行政主管部门审核,报城市人民政府批准。移植所需费用,由移植单位承担。

此外,城市园林绿化行政主管部门应当加强对城市古树名木的监督管理和技术指导,积极组织开展对古树名木的科学研究,推广应用科研成果,普及保护知识,提高保护和管理水平。城市人民政府应当每年从城市维护管理经费、城市园林绿化专项资金中划出一定比例的资金用于城市古树名木的保护管理。

7.3.4 公共绿地内商业、服务经营活动的管理

为了保证城市公共绿地范围内的商业和服务设施设置合理,《条例》第二十一条就加强对城市公共绿地办商业、服务经营活动的统一管理作了规定:在城市的公共绿地内开设商业、服务摊点的,应当持工商行政管理部门批准的营业执照,在公共绿地管理单位指定的地点从事经营活动,并遵守公共绿地和工商行政管理的规定。城市公共绿地是居民休息、参观、游览和开展科学文化活动的主要场所。城市绿化行政主管部门对城市公共绿地的日常养护、管理的主要目的在于保证其清洁、美观、方便,使公共绿地常年做到环境清新、景色宜人、花木茂盛、服务周全。

7.4 违反城市绿化法的法律责任

7.4.1 违反城市绿化法的法律责任概述

违反城市绿化法的法律责任,是指违反城市绿化法应当承担的法律后果,《条例》第四章专门作了规定。一般而言,关于法律责任的规定是法律规范的必备条款,否则立法宗旨难以实施。在城市绿化法中,法律责任有两个含义:一是违法者实施了城市绿化法所禁止的行为所承担的法律责任,如损害城市树木花草的行为;二是不履行城市绿化法规应作为的行为,或拒绝、迟延履行法定义务要求承担的责任和义务由此而产生的法律责任,如城市绿化行政主管部门及其工作人员玩忽职守的行为等。

在城市绿化法的法律责任中,根据违法主体不同可以分为3类:一是城市绿化行政主管部门及其工作人员的责任;二是建设单位和建设者的责任;三是其他单位和人员的责任。违反城市绿化法的法律责任,是由城市绿化的相关法律法规及其有关的民法、行政法、刑法等法律法规,特别是《条例》等所明文规定的,并由国家强制力保障实施的。

违反城市绿化法的法律责任是综合性的法律责任,根据违法行为及其触犯的法律可分为违反城市绿化法的民事责任、违反城市绿化法的行政责任以及违反城市绿化法的刑事责任。法律责任不同承担责任的方式不同。违反城市绿化法的民事责任,是指违法主体违反了城市绿化法中的民事法律规范应受到的制裁,可通过自行协商和诉讼途径实施。具体方式根据《中华人民共和国民法典》规定有停止侵害、排除妨碍、消除危险、返还财产、恢复原状、修理、重做、更换、支付违约金、赔偿损失、恢复名誉、赔礼道歉等,可单处也可并处。违反城市绿化法中行政法律规范应受到的制裁,主要通过城市绿化行政主管部门、公安部门或其他相关行政部门的行政处

分和行政处罚来实施,主要方式有警告、罚款、拘留、没收、停业整顿和吊销执照、限期出境或驱逐出境等。违反城市绿化法的刑事责任,是指违法主体违反了城市绿化法中刑事法律规范,触犯刑律应受的制裁,刑事责任只能由人民法院对犯罪分子实施,通过刑事诉讼的程序决定,通过刑罚的方式实施,刑罚包括主刑含管制、拘役、有期徒刑、无期徒刑、死刑和附加刑含罚金、剥夺政治权利、没收财产,对犯罪的外国人可以独立适用或附加适用驱逐出境。

追究违反城市绿化法的法律责任必须具备一定的条件,根据相关法律,承担法律责任必须具备4个要件:一是必须有违法行为;二是必须有侵害的主体;三是行为主体必须有责任能力;四是法律法规规定要具备过错才能追究责任的,必须有过错。追究某一具体行为的法律责任时必须要符合法律规范规定的具体要件。

7.4.2　违反城市绿化法的违法行为及其法律责任

《条例》第四章还规定了罚则。如果行为触犯了其他相应规定,则按其他法律规范追究法律责任,如擅自砍伐城市树木,情节严重,触犯了《中华人民共和国森林法》《中华人民共和国刑法》相关规定,则应追究其盗伐林木罪或滥伐林木罪等法律责任。

1)违法建设施工的行为及法律责任

《条例》第二十五条规定了城市绿化工程设计方案未经批准或者未按照批准的设计方案施工的违法行为应承担的法律责任。

违法建设施工行为是指建设、施工单位建设、施工所依据的城市绿化工程设计方案未经法定主管部门批准或者未按照批准的施工方案进行建设施工的行为。根据《条例》第十一条的规定,工程建设项目的附属绿化工程和公共绿地、居住区绿地、风景林地、干道绿地等绿化工程项目的设计方案,必须按照规定报城市人民政府绿化行政主管部门或其上级行政主管部门审批;建设施工单位必须按照批准的设计方案进行施工。

建设施工单位违法施工的行为包括两种情况:一是建设施工所依据的设计方案未经批准。设计方案未经批准包括:设计方案不是由具有相应资质证书的设计单位设计的;设计方案不符合国家有关方针政策和法规的规定;设计方案的科学性和技术性达不到专业要求,或者不符合城市规划的要求,同周围的环境不协调;设计方案未报经城市园林绿化行政主管部门审批,或者虽报经审批而未获批准或未取得批准文件。二是未按批准的设计方案施工,即虽然设计方案经审批部门批准,但是建设施工单位未经原批准部门同意,擅自完全或部分改变原设计方案进行建设施工。

违法建设施工的法律责任包括行政责任和民事责任。行政责任是指城市人民政府绿化行政主管部门根据违法建设、施工单位的违法程度,分别对其给予停止施工、限期改正或者采取其他补救措施(交纳绿化延误费、罚款、重新委托或指定施工单位等)的处罚。违法建设施工单位的民事责任,是指违法建设施工单位因其违法建设施工行为给设计单位造成经济或信誉上的损失时所应承担的赔偿损失责任。

2)损坏花草、树木及绿化设施的行为及法律责任

《条例》第二十六条规定了损坏城市树木花草,擅自修剪或者砍伐城市树木,砍伐、擅自迁

移古树名木或因养护不善致使古树名木受到损伤或死亡,损坏城市绿化设施这四种违法行为的法律责任。

(1) 损坏城市树木花草的行为

该行为是指行为人损坏城市中绿化树木的器官,损坏花卉的整体或布局,通过践踏、挖掘或开路等行为破坏草坪、地被植物以及在树木花草周围乱弃废弃物,排放烟尘、粉尘、有毒气体等间接破坏行为。

(2) 擅自修剪或砍伐城市树木的行为

该行为是指行为人以营利为目的,未经法定主管部门批准,擅自修剪或砍伐城市树木的行为。这里的"法定主管部门"通常是指园林绿化行政主管部门或未设城市园林绿化行政主管部门的城市建设行政主管部门。县级以上人民政府规定由林业行政主管部门核发林木采伐许可证的,砍伐城市树木的单位和个人,必须依法经林业行政主管部门核发林木采伐许可证,并按林木采伐许可证规定的内容采伐城市树木。

(3) 破坏古树名木及其标志、保护设施的行为

该行为是指行为人违法砍伐、移植、买卖、转让、损伤古树名木,危害古树名木生长以及不尽养护管理责任,导致古树名木死亡的行为。这些行为包括:未经法定主管部门、机关审查、审核和批准,砍伐和擅自移植古树名木的;集体和个人所有的古树名木,未经城市园林绿化行政主管部门审核并报城市人民政府批准,进行买卖、转让的;建设单位新建、改建、扩建的建设工程影响古树名木生长时,未经法定主管部门同意并报有关人民政府批准,又未采取避让和保护措施的;在古树名木上刻画、张贴或者悬挂物品的;在施工等作业时借古树名木作为支持物或者固定物的;攀树、折枝、挖根、采摘果实种子或者剥损树枝、树干、树皮的;在距树冠垂直投影5 m的范围内堆放物料,挖坑取土,兴建临时设施建筑,倾倒有害污水、污物、垃圾,动用明火或者排放烟气的;古树名木的养护管理责任单位和责任人,不按规定的管理养护方案实施保护管理,影响古树名木正常生长,或者古树名木已受损害或者衰弱未报告有关部门,并未采取补救措施而导致古树名木死亡的等。

(4) 损坏城市绿化设施的行为

该行为是指行为人损坏与绿化植物相配套的人工构筑物或者设置物的行为。绿化设施一般包括以下几类:一是维护或保护绿化植物正常生长的设施,如给水排水管道、喷灌、树木支架、风障、护栏等;二是游人休息设施、如座椅、坐凳等;三是观赏、游览设施,如建筑小品、说明牌、指示标志、路灯等;四是场地和设施,如园路、铺装广场;五是城市绿化用机具,如洒水车、剪草机、打坑机等;六是其他与城市绿化或绿地有关的设施。

《条例》第二十六条规定,对行为人有上述一、二、三、四项违法行为、未构成犯罪的,由城市人民政府绿化行政主管部门或其授权单位责令停止侵害,可以并处罚款;造成损失的,依法承担赔偿损失;对应当给予治安管理处罚的,由公安机关依法处罚。

损坏城市花草树木及城市绿化设施的行为,数额较大或者有其他严重情节的,可构成故意毁坏财物罪,处3年以下有期徒刑或罚金;数额巨大或者有其他特别严重情节的,处3年以上7年以下有期徒刑。"数额较大"的标准,暂由各省、自治区、直辖市根据当地犯罪行为发生时的经济发展状况以及公民家庭、个人平均收入、城乡差别等情况规定;"情节严重"一般是指行为人作案动机卑鄙,手段恶劣,多次作案,损失严重,聚众作案以及教唆未成年人作案等情节。擅自砍伐城市树木,情节严重的,可构成盗伐林木罪、滥伐林木罪;违法采伐、毁坏古树名木的,构

成非法采伐、毁坏古树名木罪,均可依法追究刑事责任。

3) 擅自占用城市绿化用地的行为及法律责任

《条例》第二十七条对擅自占用城市绿化用地的行为及其法律责任作了规定。擅自占用城市绿化用地的行为,是指行为人未经城市绿化行政主管部门批准,占用城市绿化用地或者将其用地性质改作他用的行为。《条例》第二十七条规定,对擅自占用城市绿化用地的行为,由城市绿化行政主管部门责令其限期退还、恢复原状,可以并处罚款;造成损失的,应当依法赔偿损失;情节严重的,可构成非法批准征用、占用土地罪,处 3 年以下有期徒刑或者拘役;致使国家或者集体利益遭受特别重大的损失的,处 3 年以上 7 年以下有期徒刑。"情节严重"是指:一次性非法批准征用、占用基本农田、其他耕地以外的土地 3.33 hm² 以上的;12 个月内非法批准征用、占用土地数量虽未达到上述标准,但接近上述标准且导致被非法批准征用、占用的土地植被严重破坏的,或者直接经济损失 20 万元以上的等情况。

4) 擅自在城市公共绿地开设商业、服务摊点和不服公共绿地管理单位对商业、服务摊点管理的行为及法律责任

《条例》第二十八条对擅自在城市公共绿地内开设商业、服务摊点和不服公共绿地管理单位管理的行为及其法律责任作了规定。公共绿地是城市绿地系统重要的组成部分,它的主要功能是:改善城市生态环境;美化城市;为广大人民群众提供休息、游览和活动的场所。一般商业、服务摊点由公共绿地管理单位统一安排,其他单位和个人设置商业服务摊点必须符合公共绿地的性质,并依《条例》第二十一条规定,"经城市人民政府城市绿地行政主管部门或者其授权的单位同意",这是保障实行公共绿地行业统一管理的必要前提。规定对违法行为处罚十分必要。该条规定了两种行为:一是擅自在城市公共绿地开设商业、服务摊点的行为,是指未经城市绿化行政主管部门或其授权单位同意,自行在城市公共绿地开设商业、服务摊点的行为;二是商业、服务摊点的经营者不服公共绿地管理单位管理的行为。具体包括:不在公共绿地管理单位指定的地点从事经营活动;不符合公共绿地管理单位的有关规章制度;不服从检查,不按规定更新改造、维护管理等;因经营作风不正,影响公共绿地管理单位信誉,经批评教育拒不改正等。

根据《条例》第二十八条的规定,对实施上述第一种行为的行为人,由城市绿化行政主管部门或其授权单位责令其限期迁出或拆除,可以并处罚款;造成损失的,应当承担赔偿责任。对上述第二种行为,由城市绿化行政主管部门或其授权的单位给予警告,可以并处罚款;情节严重的,由城市园林绿化行政主管部门取消其设点申请批准文件,并可以提请工商行政管理部门吊销其营业执照。

对上述各种违反城市绿化法的罚款金额、补偿办法、补救措施等,根据《条例》第三十二条的规定,由省、自治区、直辖市人民政府制定地方政府规章或地方性法规具体规定。

5) 城市绿化行政主管部门和城市绿地管理单位的工作人员玩忽职守、滥用职权和徇私舞弊的行为及法律责任

《条例》第三十条对城市人民政府城市绿化行政主管部门和城市绿地管理单位的工作人员的违法行为及法律责任作了规定。城市绿化行政主管部门和城市绿地管理单位的工作人员,在

管理工作或执法过程中玩忽职守、滥用职权和徇私舞弊的行为,属于渎职行为。这些行为亵渎公职和损害国家机关的正常管理活动,而且往往因其渎职行为而致使公共财产或国家和人民利益遭受一定的损失。对此直接责任人员或者单位负责人,依法由其所在单位或者上级主管机关给予行政处分;情节严重触犯刑律、构成犯罪的,依法追究刑事责任。

6)城市绿地管理单位的民事侵权行为及法律责任

城市绿地管理单位是指依据国家园林法规规定对城市各类绿地分别负有管理责任的单位。根据《条例》第十七条的规定,城市绿地管理单位包括:对城市的公共绿地、风景林地、防护绿地、行道树及干道绿化带的绿化负有管理责任的城市绿化行政主管部门;对本单位所属的防护绿地和附属绿地负有管理责任的单位;由城市绿化行政主管部门根据实际情况确定的管理居住区绿地的单位和负责生产绿地管理的经营单位。这些单位因自身过失管理不善,使其管理范围内的树木和相关设施给他人造成人身(或财产)损害的,依据《中华人民共和国民法典》所规定的,由所有人或管理人对受害人依法承担侵权民事赔偿责任。

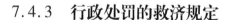

7.16 《中华人民共和国民法典》

7.4.3 行政处罚的救济规定

《条例》第三十一条规定:“当事人对行政处罚不服的,可以自处罚决定通知之日起十五日内,向作出处罚决定机关的上一级机关申请复议;对复议决定不服的,可以自接到复议决定之日起十五日内向人民法院起诉。逾期不申请复议或者不向人民法院起诉又不履行处罚决定的,由作出处罚决定的机关申请人民法院强制执行。对治安管理处罚不服的,依照《中华人民共和国治安管理处罚法》的规定执行。”这一规定对行政处罚的救济作了规定。也就是说,如果不服行政处罚有两条救济途径:一是行政复议;二是行政诉讼。被处罚者接到处罚通知书的,可以向作出行政处罚决定机关的上一级机关申请复议;对复议决定不服的,接到复议决定后,向人民法院起诉。被处罚的单位和个人在法律规定的两个十五日之内,既未申请复议也未起诉,行政处罚即可生效,生效后如拒不执行,由作出处罚决定的机关向其所在地的人民法院申请强制执行,由人民法院作出强制执行已生效的行政处罚决定。

思考题

1. 城市绿化的指导思想是什么?
2. 简述城市绿化规划的编制原则。
3. 简述古树名木的保护与管理。

8 园林绿化相关法律法规

【本章导读】

通过本章学习,要求掌握城乡规划法、环境保护法和文物保护法的基本知识。

8.1 城乡规划法规

8.1.1 城乡规划法概述

《中华人民共和国城乡规划法》(以下简称《城乡规划法》)是我国社会主义现代化建设新时期,适应新形势需要,为加强城乡规划管理,协调城乡空间布局,改善人居环境,涉及城乡建设和发展全局,促进城乡经济社会全面、协调、可持续发展而制定的一部基本法。该法 2007 年 10 月 28 日第十届全国人民代表大会常务委员会第三十次会议通过,根据 2015 年 4 月 24 日第十二届全国人民代表大会常务委员会第十四次会议《关于修改〈中华人民共和国港口法〉等七部法律的决定》第一次修正,根据 2019 年 4 月 23 日第十三届全国人民代表大会常务委员会第十次会议《关于修改〈中华人民共和国建筑法〉等八部法律的决定》第二次修正。

1)立法指导思想

制定《城乡规划法》的指导思想是:按照贯彻落实科学发展观和构建社会主义和谐社会的要求,统筹城乡建设和发展,确立科学的规划体系和严格的规划实施制度,正确处理近期建设与长远发展、局部利益与整体利益、经济发展与环境保护、现代化建设与历史文化保护等关系,促进合理布局,节约资源,保护环境,体现特色,充分发挥城乡规划在引导城镇化健康发展、促进城乡经济社会可持续发展中的统筹协调和综合调控作用。

2)立法背景

《城乡规划法》是由建设部(现住建部)起草的。它总结了 1990 年 4 月 1 日起施行的《城市

规划法》和1993年11月1日起施行的《村庄和集镇规划建设管理条例》的实施经验,结合我国城镇化发展战略实行以来城市经济社会发展中城乡规划管理遇到的一些新问题和建设社会主义新农村的客观需要,形成《城乡规划法(修订送审稿)》,提请国务院审议。国务院法制办收到《城市规划法(修订送审稿)》后,反复征求发展改革委、国土资源部等部门和北京、上海等地方人民政府以及清华大学、同济大学、中国城市规划设计研究院等科研机构的意见,到陕西、江苏、北京、上海、广东等地进行调研,并专门召开了专家论证会和有关部门的协调会。国务院法制办会同建设部和有关部门多次进行研究、论证、协调、修改,并按照中共十六届三中全会、中共十六届五中全会提出的统筹城乡发展和建设社会主义新农村的要求,进一步对有关内容作了补充、完善,形成了《城乡规划法(草案)》,经过国务院常务会议讨论通过,报全国人民代表大会常务委员会审议。

2007年4月24日,第十届全国人民代表大会常委会第二十七次会议对《城乡规划法(草案)》进行了初次审议。会后,全国人民代表大会常委会法制工作委员会将草案印发各省(区、市)和中央有关部门等单位征求意见。2007年8月10日,全国人民代表大会法律委员会召开会议对草案进行了逐条审议。8月21日再次审议后,8月24日将修改情况提交常委会第二十九次会议进行第二次审议。之后,法制工作委员会就进一步修改草案,同有关部门交换意见,9月27日和10月22日法律委员会召开会议再次审议。经常务会两次审议修改,认为比较成熟,于2007年10月24日将草案第三次审议稿提交第十届全国人民代表大会常务委员会第三十次会议分组审议,会议建议进一步修改后提交本次会议表决通过。法制委员会10月25日召开会议,再次逐条审议和进行修改,10月27日会议对建议表决稿进行审议,于10月28日通过并公布。2015年4月24日第十二届全国人民代表大会常务委员会第十四次会议《关于修改〈中华人民共和国港口法〉等七部法律的决定》第一次修正,2019年4月23日第十三届全国人民代表大会常务委员会第十次会议《关于修改〈中华人民共和国建筑法〉等八部法律的决定》第二次修正。

3)制定《城乡规划法》的重要意义

制定《城乡规划法》的根本目的,在于依靠法律的权威,运用法律的手段,保证科学、合理地制定和实施城乡规划,统筹城乡建设和发展,实现我国城乡的经济和社会发展目标,建设具有中国特色的社会主义现代化城市和社会主义新农村,从而推动我国整个经济社会全面、协调、可持续发展。

城乡的建设和协调发展是一项庞大的系统工程,城乡规划涉及很多领域,而且随着经济社会的大发展,出现了许多新情况、新问题、新经验。在新的形势下,以城市论城市、以乡村论乡村的规划制定与实施管理模式,已经不能适应现实的需要和时代的要求,必须充分考虑统筹城乡建设和发展,加强统一城市与乡村的规划、建设与管理,强化城乡规划的有效调控、引导、综合、协调职能,才能保证城市与乡村的发展建设遵循科学发展观和构建社会主义和谐社会的要求进行科学合理的发展和协调运转。制定《城乡规划法》的重要意义,就在于与时俱进,通过新立法来提高城乡规划的权威性和约束力,进一步确立城乡规划的法律地位与法律效力,以适应我国社会主义现代化城市建设与社会主义新农村建设和发展的需要,使各级政府能够对城乡发展建设更加有效地依法行使规划、建设、管理的职能,从而进一步促进我国城乡经济社会全面协调可持续地健康发展。

4）城乡规划、城乡规划管理和城乡规划区的概念

城乡规划是指对一定时期内城市、镇、乡、村庄的经济和社会发展、土地利用、空间布局以及各项建设的综合部署、具体安排和实施管理。它由城镇体系规划、城市规划、镇规划、乡规划和村庄规划组成，是政府指导、调控城市和乡村建设的基本手段，是促进城市和乡村协调发展的有效途径，也是维护社会公平、保障公共安全和公众利益、提供公共服务的重要公共政策之一。

城乡规划管理是指组织编制和审批城乡规划，并依法对城市、镇、乡、村庄的土地使用和各项建设的安排实施控制、指导和监督检查的行政管理活动。

城乡规划区是指城市、镇和村庄的建成区以及因城乡建设和发展需要，必须实行规划控制的区域。它分为两个部分：一是建成区，即实际已经成片开发建设市政公用设施和公共设施基本具备的地区；二是尚未建成但由于进一步发展建设的需要必须实行规划控制的区域。

5）城乡规划法的适用范围

城乡规划法的适用范围包括地域适用范围和人的适用范围两方面。城乡规划法地域适用范围指规划区，即城市、镇、乡、村庄的建成区以及城乡建设和发展需要，必须实行规划控制的区域。城乡规划法人的适用范围是，凡与城乡规划的编制、审批、管理活动有关的单位和个人，都适于该法，具体包括：a.负责城乡规划的编制、审批和管理的各级人民政府、城乡规划行政主管部门和其他相关部门及其有关人员；b.具体从事城乡规划编制工作的生产、科研、教学、设计单位及其有关人员；c.凡在城乡规划区内进行建设活动的建设单位、勘察设计单位、施工企业、其他相关单位及其上述单位的有关人员。

8.1.2　城乡规划的立法与管理

《城乡规划法》共七章七十条，对制定和实施城乡规划的重要原则和全过程的主要环节作出了基本的法律规定，成为我国各级政府和城乡规划主管部门工作的法律依据，也是人们在城乡发展建设活动中必须遵守的行为准则。

1）城乡规划的体系

《城乡规划法》第二条规定，本法所称城乡规划，包括城镇体系规划、城市规划、镇规划、乡规划和村庄规划。城市规划、镇规划分为总体规划和详细规划。详细规划分为控制性详细规划和修建性详细规划。第十二条、第十三条又规定了全国城镇体系规划和省域城镇体系规划。第三十四条还规定了近期建设规划。这就形成了本法所法定的城乡规划体系。

（1）城镇体系规划

全国城镇体系规划用于指导省域城镇体系规划、城市总体规划的编制。省域城镇体系规划从宏观上控制城镇规模、资源利用、环境保护和空间布局，引导城镇合理发展的总体布置。

（2）城市规划、镇规划分为总体规划和详细规划

城市、镇总体规划是指从宏观上控制城市、镇土地利用和空间布局，引导城、镇合理发展的总体布置，规划期限一般为20年。城市总体规划还应对城市更长远的发展作出预测性安排。

城市、县、镇人民政府还应当根据城市总体规划,镇总体规划、土地利用总体规划和年度计划及国民经济和社会发展规划,制定近期建设规划。近期建设规划应当以重要基础设施、公共服务设施和中低收入居民住房建设以及生态环境保护为重点内容,明确近期建设的时序、发展方向和空间布局。规划期限一般为 5 年。

详细规划是指依据城市或镇总体规划,对城市、镇近期建设区域内各项建设作出具体规划。详细规划分为控制性详细规划和修建性详细规划。修建性详细规划应当符合控制性详细规划。另外,首都的总体规划、详细规划应当统筹考虑中央国家机关用地布局和空间安排的需要。

(3)乡规划和村庄规划

乡规划和村庄规划应当从农村实际出发,尊重村民意愿,体现地方和农村特色。

2)城乡规划原则

制定和实施城乡规划应遵循的基本原则:应当遵循城乡统筹、合理布局、节约土地、集约发展和先规划后建设的原则,改善生态环境,促进资源、能源节约和综合利用,保护耕地等自然资源和历史文化遗产,保持地方特色、民族特色和传统风貌,防止污染和其他公害,并符合区域人口发展、国防建设、防灾减灾和公共卫生、公共安全的需要。

(1)城乡统筹、合理布局、节约土地、集约发展的原则

要以科学发展观统筹城乡区域协调发展,在充分发挥城市中心辐射带动作用,促进大中小城市和小城镇协调发展的同时,合理安排城市、镇、乡村空间布局,贯彻科学用地、合理用地、节约用地的方针,不浪费每一寸土地资源,走集约型可持续的具有中国特色的城镇化和城乡健康发展道路。

(2)先规划后建设的原则

城乡规划是对一定时期内城乡的经济和社会发展、土地利用、空间布局以及各项建设的综合部署、具体安排和实施管理。它对城乡建设、管理、发展具有指导、调整、综合和科学合理安排的重要作用,是城乡各项建设发展和管理的依据和"龙头"。城乡各项建设活动必须依照城乡规划进行,否则,就会带来城乡建设的盲目、无序、混乱,后患无穷。必须坚持先规划、后建设的原则,同时要杜绝边建设边规划、先建设后规划、无规划乱建设的现象发生,以保证城乡建设科学、合理、有序、可持续性进行和健康发展。

(3)环保节能,保护耕地的原则

要高度重视对自然资源的保护,切实考虑城乡环境保护问题,努力改善生态环境和生活环境,加强对环境污染的防治,促进各种资源、能源的节约和综合利用,落实节能减排、节地、节水等措施,防止污染和其他公害的发生,确保我国 18 亿亩的耕田数量不能减少、质量不能下降,绝不能以任何借口侵占,以保障城乡规划建设能够获得最大的经济效益、社会效益和环境效益。

(4)保护历史文化遗产和城乡特色风貌的原则

要切实加强对世界自然和文化遗产、历史文化名城、名镇、名村的保护,以及对历史文化街区、文物古迹和风景名胜区的保护,包括对非物质文化遗产的保护,努力保护和保持城乡的地方特色、民族特色和传统风貌,维护历史文化遗产的真实性和完整性,正确处理经济社会发展与文化遗产保护的关系,不搞城乡建设形象的千篇一律,体现城乡风貌的各具特色,提倡在继承的基础上发展创新,以实际行动来继承、弘扬和发展中华民族的优秀传统文化和城乡发展建设成就。

（5）公共安全、防灾减灾的原则

城乡是人们赖以生存、生活居住和工作就业，即安身立命、安居乐业的地方，公共安全极其重要。这就要充分考虑区域人口发展，合理确定城乡发展规模和建设标准，努力满足防火、防爆、防震抗震、防洪防涝、防泥石流、防暴风雪、防沙漠侵袭等防灾减灾的需要，以及社会治安、交通安全、卫生防疫和国防建设、人民防空建设等各方面的保障安全要求，并考虑相应的公共卫生、公共安全预警救助措施，创造条件以保障城乡人民群众生命财产安全和社会的和谐安定。

3）城乡规划管理体制

各级政府城乡规划主管部门的职责：国务院城乡规划主管部门负责全国的城乡规划管理工作；县级以上地方人民政府城乡规划主管部门负责本行政区域内的城乡规划管理工作。

（1）国务院城乡规划主管部门，即住房和城乡建设部

根据本法规定，主要负责：a. 全国城镇体系规划的组织编制和报批；b. 部门规章的制度，规划编制单位资质等级的审查和许可；c. 报国务院审批的省域城镇体系规划和城市总体规划的报批有关工作；d. 对举报或控告的受理、核查和处理；e. 对全国城乡规划编制、审批、实施、修改的监督检查和实施行政措施等。

（2）省、自治区城乡规划主管部门

主要负责：a. 省域城镇体系规划和本行政区内城市总体规划、县人民政府所在地总体规划的报批有关工作；b. 规划编制单位资质等级的审查和许可；c. 对举报或控告的受理、核查和处理；d. 对区域内城乡规划编制、审批、实施、修改的监督检查和实施行政措施等。

（3）城市、县人民政府城乡规划主管部门

主要负责：a. 城市、镇总体规划以及乡规划和村庄规划的报批有关工作；b. 城市、镇控制性详细规划的组织编制和报批；c. 重要地块修建性详细规划的组织编制；d. 建设项目选址意见书、建设用地规划许可证、建设工程规划许可证、乡村建设规划许可证的核发；e. 对举报或控告的受理、核查和处理；f. 对区域内城乡规划编制、审批、实施、修改的监督检查和实施行政措施等。

直辖市人民政府城乡规划主管部门还负责对规划编制单位资质等级的审查和许可工作。

（4）乡、镇人民政府

《城市规划法》没有授权乡、镇人民政府设有城乡规划主管部门。a. 乡、镇人民政府负责乡规划、村庄规划的组织编制；b. 镇人民政府负责镇总体规划的组织编制，还负责镇的控制性详细规划的组织编制；c. 乡、镇人民政府对乡、村庄规划区内的违法建设实施行政处罚。

8.1.3　城乡规划的规定

1）城乡规划的内容

《城乡规划法》对城乡规划的主要规划内容作了明确的规定。

（1）省域城镇体系规划

省域城镇体系规划应当包括城镇空间布局和规模控制，重大基础设施的布局，为保护生态环境、资源等需要严格控制的区域等。

（2）城市、镇总体规划

城市、镇总体规划应当包括城市、镇的发展布局,功能分区,用地布局,综合交通体系,禁止、限制和适宜建设的地域范围,各类专项规划等。其中,规划区范围、规划区内建设用地规模、基础设施和公共服务设施用地、水源地和水系,基本农田和绿化用地、环境保护、自然与历史文化遗产保护以及防灾减灾等内容,属于强制性内容。城市总体规划还应对城市更长远的发展作出预测性安排。

详细规划——主要包括规划各项建设的具体用地范围;规划建设密度和高度控制指标;总平面布置、工程管线综合规划和竖向规划等内容。

控制性详细规划——以城市总体规划或分区规划为依据,确定建设地区的土地使用性质和使用强度的控制指标,道路和工程管线控制性位置以及空间环境控制的规划要求。

修建性详细规划——以城市总体规划、分区规划和控制性规划为依据,制定用以指导各项建筑和工程设施的设计和施工的规划设计。

（3）乡规划和村庄规划

乡规划和村庄规划应当包括规划区范围,住宅、道路、供水、排水、供电、垃圾收集、畜禽养殖场所等农村生产、生活服务设施、公益事业等各项建设的用地布局、建设要求,以及对耕地等自然资源和历史文化遗产保护、防灾减灾等的具体安排。乡规划还应当包括本行政区域内的村庄发展布局。

2）城乡规划编制和审批程序

《城乡规划法》对城乡规划的编制和审批程序作了明确的规定。

（1）全国城镇体系规划

由国务院城乡规划主管部门会同国务院有关部门组织编制,并由国务院城乡规划主管部门报国务院审批。

（2）省域城镇体系规划

由省、自治区人民政府组织编制,经本级人民代表大会常务委员会审议后附审议意见及修改情况一并报送国务院审批。

（3）直辖市城市总体规划

由直辖市人民政府组织编制,经本级人民代表大会常务委员会审议后附审议意见及修改情况一并报送国务院审批。

（4）城市总体规划

省、自治区人民政府所在地的城市以及国务院确定的城市的总体规划,由城市人民政府组织编制,经本级人民代表大会常务委员会审议后附审议意见及修改情况,并由省、自治区人民政府审查同意后,报送国务院审批。其他城市的总体规划,由城市人民政府组织编制,经本级人民代表大会常务委员会审议后附审议意见及修改情况一并报送省、自治区人民政府审批。

（5）镇总体规划

县人民政府所在地镇的总体规划,由县人民政府组织编制,经本级人民代表大会常务委员会审议后附审议意见及修改情况一并报送上一级人民政府审批。其他镇的总体规划,由镇人民政府组织编制,经镇人民代表大会审议后附审议意见及修改情况一并报送上一级人民政府审批。

（6）乡规划、村庄规划

由乡、镇人民政府组织编制，报上一级人民政府审批。村庄规划应经村民会议或者村民代表会议同意后报上一级人民政府审批。

（7）城市控制性详细规划

由城市人民政府城乡规划主管部门组织编制，经本级人民政府批准后，报本级人民代表大会常务委员会和上一级人民政府备案。

（8）镇的控制性详细规划

县人民政府所在地镇的控制性详细规划，由县人民政府城乡规划主管部门组织编制，经县人民政府批准后，报本级人民代表大会常务委员会和上一级人民政府备案。其他镇的控制性详细规划，由镇人民政府组织编制，报上一级人民政府审批。

（9）修建性详细规划

城市、镇重要地块的修建性详细规划，由城市、县人民政府城乡规划主管部门和镇人民政府组织编制。

3）科学、民主地制定规划的要求

《城乡规划法》为依法科学、民主地制定城乡规划作出了明确的规定。

①城乡规划组织编制机关，应当委托具有相应资质等级的单位承担城乡规划的具体编制工作。编制城乡规划应当遵守有关法律、行政法规和国务院的规定，必须遵守国家有关标准。

②编制城乡规划，应当具备国家规定的勘察、测绘、气象、地震、水文、环境等基础资料。国家鼓励采用先进的科学技术，增强城乡规划的科学性。

③城乡规划报送审批前，应当依法将规划草案予以公告，并采取论证会、听证会或者其他方式征求专家和公众的意见。省域城镇体系规划、城市总体规划、镇总体规划批准前，应当组织专家和有关部门进行审查。

8.1.4　城乡规划的实施

城乡规划的实施是指城乡规划经法定程序批准生效后，即具有了法律效力，在城乡规划区内的任何土地利用及各项建设活动，都必须符合城乡规划，满足城乡规划的要求，使生效的城乡规划得以实现。城乡规划公布制度是指城乡规划一经批准，就应向社会公布。一方面使广大人民群众及时了解城乡规划内容，以其作为各项建设活动的准则，自觉规范自己的建设行为，即按照城乡规划的要求进行建设活动；另一方面接受广大人民群众监督、检查。民众对各类违背城乡规划的违法行为，应及时进行监督和举报。

1）城乡规划实施的原则

《城乡规划法》对城乡的建设和发展过程中城乡规划实施应遵循的原则作出了明确的规定。

（1）地方各级人民政府组织实施城乡规划时应遵循的原则

应当根据当地经济社会发展水平，量力而行，尊重群众意愿，有计划、分步骤地组织实施城乡规划。

（2）在城市建设和发展过程中实施规划时应遵循的原则

应当优先安排基础设施以及公共服务设施的建设，妥善处理新区开发与旧区改建的关系，统筹兼顾进城务工人员生活和周边农村经济社会发展、村民生产与生活的需要。

城市新区的开发和建设，应当合理确定建设规模和时序，充分利用现有市政基础设施和公共服务设施，严格保护自然资源和生态环境，体现地方特色。

旧城区的改建，应当保护历史文化遗产和传统风俗，合理确定拆迁和建设规模，有计划地对危房集中、基础设施落后等地段进行改建。

城市地下空间的开发利用，应当与经济和技术发展水平相适应，遵循统筹安排、综合开发、合理利用的原则，充分考虑防灾减灾、人民防空和通信等需要，并符合城市规划，履行规划审批手续。

（3）在镇的建设和发展过程中实施规划时应遵循的原则

应当结合农村经济社会发展和产业结构调整，优先安排供水、排水、供电、供气、道路、通信、广播电视等基础设施和学校、卫生院、文化站、幼儿园、福利院等公共服务设施的建设，为周边农村提供服务。

（4）在乡、村庄的建设和发展过程中实施规划应遵循的原则

应当因地制宜、节约用地，发挥村民自治组织的作用，引导村民合理进行建设，改善农村生产、生活条件。

（5）城乡规划确定的用地在规划实施过程中禁止擅自改变用途的原则

城乡规划确定的用地是指城乡规划所确定的铁路、公路、港口、机场、道路、绿地、输配电设施及输电线路走廊、通信设施、广播电视设施、管道设施、河道、水库、水源地、自然保护区、防洪通道、消防通道、核电站、垃圾填埋场及焚烧场、污水处理厂和公共服务设施的用地以及其他需要依法律保护的用地。

2）近期建设规划

近期建设规划的制定和实施，是实施城市、镇总体规划的关键环节和重要组成部分，是总体规划的分阶段实施安排和行动计划，是落实总体规划的重要步骤。只有通过近期建设规划的制定和实施，才能保证总体规划的有效实施。《城乡规划法》对近期建设规划作出了明确的规定。

（1）近期建设规划的制定

城市、县、镇人民政府应当根据城市总体规划、镇总体规划、土地利用总体规划和年度计划以及国民经济和社会发展规划，制定近期建设规划。

（2）近期建设规划的重点内容

应当以重要基础设施、公共服务设施和中低收入居民住房建设以及生态环境保护为重点内容，明确近期建设的程序、发展方向和空间布局。

（3）近期建设规划的实施

城市、镇总体规划的实施是要靠近期建设规划的制定和实施来落实的。近期建设规划的规划期限为五年，这就能够与国民经济和社会发展规划中的五年计划相一致，有利于近期建设规划的具体落实和有效施行。

3)"一书两证制度"

(1)选址意见书

选址意见书是指建设工程(主要是新建的大、中型工业与民用建设项目)在立项过程中,由城乡规划行政主管部门出具的该建设项目是否符合城乡规划要求的意见书。依据《城乡规划法》的规定,建设单位在上报设计任务书前,其项目拟建地址必须先经城乡规划部门审查,并取得其核发的选址意见书,然后方可连同设计任务书一并上报,否则,有关部门对设计任务书将不予审批。建设项目用地选址意见书应当包括下列内容:

第一部分　建设项目的基本情况:建设项目的名称、性质、用地与建设规模;供水、能源的需求量、运输方式与运输量;废水、废气、废渣的排放方式和排放量等。

第二部分　建设项目规划选址的主要依据:经批准的项目建议书;建设项目与城市规划布局的协调;建设项目与城市交通、通信、能源、市政、防灾规划的衔接与协调;建设项目配套的生活设施与城市生活居住及公共设施规划的衔接与协调;建设项目对城市环境可能造成的污染影响,以及与城市环境保护规划和风景名胜、文物古迹保护规划的协调。

第三部分　建设项目选址、用地范围和具体规划的要求。

建设项目选址意见书还应当包括除建设项目地址和用地范围外的附图和明确有关问题的附件。附图和附件是建设项目选址意见书的配套证件,具有同等的法律效力。附图和附件由发证单位根据法律、法规规定和实际情况制定。

需要申请核发选址意见书的项目,建设单位必须向当地市、县人民政府城乡规划行政主管部门提出选址申请,即填写建设项目选址申请表,城乡规划行政主管部门根据《建设项目选址规划管理办法》第七条规定,分级核发建设项目选址意见书。按规定应由上级城乡规划行政主管部门核发选址意见书的建设项目,市、县城乡规划行政主管部门应对建设单位的选址报告进行审核,并提出选址意见,报上级城乡规划行政主管部门核发建设项目选址意见书。

(2)建设用地规划许可证

建设用地规划许可证是指城乡规划行政主管部门依据城乡规划的要求和建设项目用地的实际需要,向提出用地申请的建设单位或个人核发的确定建设用地的位置、面积、界限的证件。

第一类　划拨方式建设用地规划许可

在城市、镇规划区内以划拨方式提供国有土地使用权的建设项目,经有关部门批准、核准、备案后,建设单位应当向城市、县人民政府城乡规划主管部门提出建设用地规划许可申请,由城市、县人民政府城乡规划主管部门依据控制性详细规划核定建设用地的位置、面积、允许建设的范围,核发建设用地规划许可证。建设单位提出用地规划许可申请需要具备3个前提条件:a.地域范围条件,即在城市、镇规划区内;b.以划拨方式提供国有土地使用权的建设项目;c.已依法经有关部门批准、核准或者备案。

其一般程序为:a.用地申请,凡在城市规划区内进行建设需要申请用地的,必须持国家批准建设项目的有关文件,向城乡规划主管部门提出定点申请;b.初步确定位置和界限;c.征求意见;d.提供规划设计条件;e.提供规划设计总图;f.核发建设用地规划许可证。

第二类　出让方式建设用地规划许可

在城市、镇规划区内以出让方式提供国有土地使用权的,在国有土地使用权出让前,城市、县人民政府城乡规划主管部门应当依据控制性详细规划,提出出让地块的位置、使用性质、开发强度等规划条件,作为国有土地使用权出让合同的组成部分。未确定规划条件的地块,不得出让国有土地使用权。规划条件是指由城市、县人民政府城乡规划主管部门根据控制性详细规划提出的包括出让地块的位置、使用性质、开发强度等方面的要求。规划设计条件应当包括地块面积、土地使用性质、容积率、建筑密度、建筑高度、停车泊位、主要出入口、绿地比例、须配置的公共设施、工程设施、建筑界线、开发期限以及其他要求。附图应当包括地块区位和现状,地块坐标、标高,道路红线坐标、标高,出入口位置,建筑界线以及地块周围地区环境与基础设施条件。

以出让方式取得国有土地使用权的建设项目,办理建设用地规划许可证的程序为:a. 申请并取得规划条件,向城乡规划主管部门申请并取得规划条件;b. 申请并取得建设用地规划许可证,持建设项目的批准、核准、备案文件与国土主管部门签订土地出让合同,并按期缴纳完出让金,向城乡规划主管部门申请并取得建设用地规划许可证。

(3)建设工程规划许可证

建设工程规划许可证是指乡规划行政主管部门向建设单位或个人核发的确认其建设工程符合城乡规划要求的证件,是申请工程开工的必备证件。

申请办理建设工程规划许可证应提交:a. 使用土地的有关证明文件,通常是指使用权属证明文件;b. 有关建设工程设计方案等材料;c. 需要建设单位编制修建性详细规划的建设项目,还应当提交修建性详细规划。

申请建设工程规划许可证的一般程序为:a. 提出建设申请;b. 核发规划设计要点通知书;c. 核发设计方案通知书;d. 核发建设工程规划许可证。

8.1.5　各种违法行为及法律责任

应当由城乡规划主管部门依法给予行政处罚的行为有:a. 超越资质等级许可的范围承揽城乡规划编制工作的;b. 违反国家有关标准编制城乡规划的;c. 未依法取得资质证书承揽城乡规划编制工作的;d. 以欺骗手段取得资质证书承揽城乡规划编制工作的;e. 城乡规划编制单位取得资质证书后,不再符合相应的资质条件,逾期不改正的;f. 未取得建设工程规划许可证或者未按照建设工程规划许可证的规定进行建设的;g. 未经批准进行临时建设的;h. 未按照批准内容进行临时建设的;i. 临时建筑物、构筑物超过批准期限不拆除的;j. 建设单位未在建设工程竣工验收后 6 个月内向城乡规划主管部门报送有关竣工验收资料的。

8.1 《中华人民共和国城乡规划法》　8.2 《中华人民共和国城乡规划法》解读　8.3 《中华人民共和国建筑法》　8.4 违法案例

8.2 环境保护法

8.2.1 环境保护法概述

为保护和改善环境,防治污染和其他公害,保障公众健康,推进生态文明建设,促进经济社会可持续发展,制定环境保护法。现行《中华人民共和国环境保护法》(以下简称《环境保护法》)于1989年正式实施,一直沿用至今。经过三十几年时间,我国的政治、经济、环境状况发生了翻天覆地的变化,现行《环境保护法》已不能满足当今环保工作需求。现行《环境保护法》与其他相关法律法规有"冲突"。现行《环境保护法》实施以后,国务院颁布了30多部专门的环境保护行政法规。与它相关的法律法规也有过多次修改,很多方面与《环境保护法》中的规定有"冲突"。现行《环境保护法》于2011年列入立法计划,2014年4月24日,历经四次审查,新《环境保护法》经十二届全国人民代表大会常委会第八次会议表决通过,新《环境保护法》于2015年1月1日施行。

1)环境的概念

我国《环境保护法》对"环境"的定义是"影响人类生存和发展的各种天然的和经过人工改造的自然因素的总体",并具体列举了"包括大气、水、海洋、土地、矿藏、森林、草原、野生生物、自然遗迹、人文遗址、自然保护区、风景名胜区、城市和乡村等"。

2)环境的分类

(1)生活环境和生态环境

生活环境是指人类居住和生活的空间,由一个个的院落、村落和城镇所组成,同时也包括人们生产劳动的场所。生态环境是指由各种自然因素组成的总体,可以是纯自然的,也可以是半人工的,如农田生态环境。

(2)自然环境和人工环境

自然环境也称天然环境,是指地球在发展演化过程中自然形成的、未受人类干预或只受人类轻微干预、尚保持自然风貌的环境,如野生动植物、原始森林等。人工环境又称人为环境,是指在自然环境的基础上经过人类改造或人类创造的,体现了人类文明的环境,如水库、道路、公园、城市等。

(3)大气环境、水环境、土壤环境、生物环境等

风景园林建设与人类生存环境密切相关,对保护环境和改善、提供新的环境有重要影响,是解决人类生存环境问题的重大措施之一。

3)环境保护的概念

环境保护是指为保证自然资源的合理开发利用、防止环境污染和生态环境破坏,以协调社

会经济发展与环境的关系,保障人类生存和发展为目的而采取的行政、经济、法律、科学技术以及宣传教育等诸多措施和行动的总称。环境保护的任务就是保护人类发展和生态平衡,其主要内容包括两个方面:一是保护和提高环境质量,保护人体健康,防止人类在环境的不良影响下产生变异和退化;二是合理利用自然资源,减少或消除有害物质进入环境,同时也保证自然资源的恢复和扩大再生产,以利于人类生命活动。

4)环境保护与城市园林绿化

环境保护是为人民谋福利,为子孙后代造福的伟大事业,直接关系着国家的强弱、民族的兴衰、社会的稳定,关系着全局战略和长远发展,是人们的长远的根本利益所在。保护环境已成为我国的一项基本国策。经济建设与生态环境相协调,走可持续发展的道路,是关系我国现代化建设事业全局的重大战略问题,而目前存在的诸多环境问题中,城市环境与生态环境又是重中之重。城市园林绿化则是解决城市环境和生态环境的重要措施,是环境建设的重要组成部分,是城市物质文明和精神文明的重要体现。加强城市园林绿化工作,提高城市绿地覆盖率,美化人们的生活环境改善生态环境,是实现可持续发展的具体举措。

城市园林绿化作为城市基础设施,是城市市政公用事业和城市环境建设事业的重要组成部分。随着城市化、工业化的发展,城市环境矛盾日益突出,园林绿地是城市生态系统中促进良性发展的积极因素,在创造优良的城市环境和改善人们生存条件方面有着其他系统所不能替代的作用,是治理环境、提高环境质量必不可少的手段。风景园林建设与环境保护关系密切,集中表现在两个方面:一是风景园林建设本身就是环境建设和环境保护的重要组成部分;二是在进行风景园林建设时,必须遵守环境保护法规的规定,否则要承担相应的法律责任。

8.2.2 环境保护的立法与规定

1)环境保护的立法

《环境保护法》第四、五条规定,保护环境是国家的基本国策。国家采取有利于节约和循环利用资源,保护和改善环境,促进人与自然和谐的经济、技术政策和措施,使经济社会发展与环境保护相协调。环境保护坚持保护优先、预防为主、综合治理、公众参与、损害担责的原则。

2)环境保护的规定

《环境保护法》第六条规定,一切单位和个人都有保护环境的义务。地方各级人民政府应当对本行政区域的环境质量负责。企业、事业单位和其他生产经营者应当防止、减少环境污染和生态破坏,对所造成的损害依法承担责任。公民应当增强环境保护意识,采取低碳、节俭的生活方式,自觉履行环境保护义务。

《环境保护法》第七、八、九条规定,国家支持环境保护科学技术研究、开发和应用,鼓励环境保护产业发展,促进环境保护信息化建设,提高环境保护科学技术水平。各级人民政府应当加大保护和改善环境、防治污染和其他公害的财政投入,提高财政资金的使用效益。

各级人民政府应当加强环境保护宣传和普及工作,鼓励基层群众性自治组织、社会组织、环

境保护志愿者开展环境保护法律法规和环境保护知识的宣传,营造保护环境的良好风气。教育行政部门、学校应当将环境保护知识纳入学校教育内容,培养学生的环境保护意识。新闻媒体应当开展环境保护法律法规和环境保护知识的宣传,对环境违法行为进行舆论监督。

《环境保护法》第十、十一、十二条规定,国务院环境保护主管部门,对全国环境保护工作实施统一监督管理;县级以上地方人民政府环境保护主管部门,对本行政区域环境保护工作实施统一监督管理。县级以上人民政府有关部门和军队环境保护部门,依照有关法律的规定对资源保护和污染防治等环境保护工作实施监督管理。对保护和改善环境有显著成绩的单位和个人,由人民政府给予奖励。每年6月5日为环境日。

8.2.3　环境保护的监督管理

1)强化环境监督管理

《环境保护法》既规范约束政府环境行为,又强化环境监督管理的职权。《环境保护法》第十三条规定:县级以上人民政府应当将环境保护工作纳入国民经济和社会发展规划。第十四条规定:国务院有关部门和省、自治区、直辖市人民政府组织制定经济、技术政策,应当充分考虑对环境的影响,听取有关方面和专家的意见。第十七条规定:国家建立、健全环境监测制度。国务院环境保护主管部门制定监测规范,会同有关部门组织监测网络,统一规划国家环境质量监测站(点)的设置,建立监测数据共享机制,加强对环境监测的管理。第十八条规定:省级以上人民政府应当组织有关部门或者委托专业机构,对环境状况进行调查、评价,建立环境资源承载能力监测预警机制。

2)坚持环境优先思想

《环境保护法》宣示了"经济社会发展与环境保护相协调"的环境优先思想,进一步强化了政府特别是政府决策主要领导人对环境质量的责任。第二十条规定:国家建立跨行政区域的重点区域、流域环境污染和生态破坏联合防治协调机制,实行统一规划、统一标准、统一监测、统一的防治措施。前款规定以外的跨行政区域的环境污染和生态破坏的防治,由上级人民政府协调解决,或者由有关地方人民政府协商解决。第二十一条规定:国家采取财政、税收、价格、政府采购等方面的政策和措施,鼓励和支持环境保护技术装备、资源综合利用和环境服务等环境保护产业的发展。

《环境保护法》在给环境监管部门赋予更大执法权力的同时,也相应规定了环境监管失职行为的制裁措施。第二十四条规定:县级以上人民政府环境保护主管部门及其委托的环境监察机构和其他负有环境保护监督管理职责的部门,有权对排放污染物的企业、事业单位和其他生产经营者进行现场检查。被检查者应当如实反映情况,提供必要的资料。实施现场检查的部门、机构及其工作人员应当为被检查者保守商业秘密。第二十五条规定:企业、事业单位和其他生产经营者违反法律法规规定排放污染物,造成或者可能造成严重污染的,县级以上人民政府环境保护主管部门和其他负有环境保护监督管理职责的部门,可以查封、扣押造成污染物排放的设施、设备。

3）健全管理制度

《环境保护法》对既往的环境规划、环评、生态补偿等管理制度作了切合实际的修改。第十九条规定：编制有关开发利用规划，建设对环境有影响的项目，应当依法进行环境影响评价。未依法进行环境影响评价的开发利用规划，不得组织实施；未依法进行环境影响评价的建设项目，不得开工建设。第二十九条规定：国家在重点生态功能区、生态环境敏感区和脆弱区等区域划定生态保护红线，实行严格保护。第三十一条规定：国家建立健全生态保护补偿制度。国家加大对生态保护地区的财政转移支付力度。有关地方人民政府应当落实生态保护补偿资金，确保其用于生态保护补偿。国家指导受益地区和生态保护地区人民政府通过协商或者按照市场规则进行生态保护补偿。第三十五条规定：城乡建设应当结合当地自然环境的特点，保护植被、水域和自然景观，加强城市园林、绿地和风景名胜区的建设与管理。第三十九条规定：国家建立健全环境与健康监测、调查和风险评估制度；鼓励和组织开展环境质量对公众健康影响的研究，采取措施预防和控制与环境污染有关的疾病。

4）公开环境信息

《环境保护法》第二十六条规定：国家实行环境保护目标责任制和考核评价制度。县级以上人民政府应当将环境保护目标完成情况纳入对本级人民政府负有环境保护监督管理职责的部门及其负责人和下级人民政府及其负责人的考核内容，作为对其考核评价的重要依据。考核结果应当向社会公开。第五十三条规定：公民、法人和其他组织依法享有获取环境信息、参与和监督环境保护的权利。各级人民政府环境保护主管部门和其他负有环境保护监督管理职责的部门，应当依法公开环境信息、完善公众参与程序，为公民、法人和其他组织参与和监督环境保护提供便利。第五十四条规定：国务院环境保护主管部门统一发布国家环境质量、重点污染源监测信息及其他重大环境信息。省级以上人民政府环境保护主管部门定期发布环境状况公报。县级以上人民政府环境保护主管部门和其他负有环境保护监督管理职责的部门，应当依法公开环境质量、环境监测、突发环境事件以及环境行政许可、行政处罚、排污费的征收和使用情况等信息。县级以上地方人民政府环境保护主管部门和其他负有环境保护监督管理职责的部门，应当将企业、事业单位和其他生产经营者的环境违法信息记入社会诚信档案，及时向社会公布违法者名单。

5）接受社会监督

《环境保护法》第二十七条规定：县级以上人民政府应当每年向本级人民代表大会或者人民代表大会常务委员会报告环境状况和环境保护目标完成情况，对发生的重大环境事件应当及时向本级人民代表大会常务委员会报告，依法接受监督。第五十六条规定：对依法应当编制环境影响报告书的建设项目，建设单位应当在编制时向可能受影响的公众说明情况，充分征求意见。负责审批建设项目环境影响评价文件的部门在收到建设项目环境影响报告书后，除涉及国家秘密和商业秘密的事项外，应当全文公开；发现建设项目未充分征求公众意见的，应当责成建设单位征求公众意见。第五十七条规定：公民、法人和其他组织发现任何单位和个人有污染环境和破坏生态行为的，有权向环境保护主管部门或者其他负有环境保护监督管理职责的部门举

报。公民、法人和其他组织发现地方各级人民政府、县级以上人民政府环境保护主管部门和其他负有环境保护监督管理职责的部门不依法履行职责的,有权向其上级机关或者监察机关举报。接受举报的机关应当对举报人的相关信息予以保密,保护举报人的合法权益。

8.2.4   各种违法行为及法律责任

1)行政诉讼规定

《环境保护法》第五十八条规定:对污染环境、破坏生态,损害社会公共利益的行为,符合下列条件的社会组织可以向人民法院提起诉讼:(一)依法在设区的市级以上人民政府民政部门登记;(二)专门从事环境保护公益活动连续五年以上且无违法记录。符合前款规定的社会组织向人民法院提起诉讼,人民法院应当依法受理。提起诉讼的社会组织不得通过诉讼牟取经济利益。

2)经济处罚规定

《环境保护法》第五十九条规定:企业、事业单位和其他生产经营者违法排放污染物,受到罚款处罚,被责令改正,拒不改正的,依法作出处罚决定的行政机关可以自责令改正之日的次日起,按照原处罚数额按日连续处罚。前款规定的罚款处罚,依照有关法律法规按照防治污染设施的运行成本、违法行为造成的直接损失或者违法所得等因素确定的规定执行。地方性法规可以根据环境保护的实际需要,增加第一款规定的按日连续处罚的违法行为的种类。

第六十条规定:企业、事业单位和其他生产经营者超过污染物排放标准或者超过重点污染物排放总量控制指标排放污染物的,县级以上人民政府环境保护主管部门可以责令其采取限制生产、停产整治等措施;情节严重的,报经有批准权的人民政府批准,责令停业、关闭。

3)刑事处罚规定

《环境保护法》第六十三条规定:企业、事业单位和其他生产经营者有下列行为之一,尚不构成犯罪的,除依照有关法律法规规定予以处罚外,由县级以上人民政府环境保护主管部门或者其他有关部门将案件移送公安机关,对其直接负责的主管人员和其他直接责任人员,处十日以上十五日以下拘留;情节较轻的,处五日以上十日以下拘留:(一)建设项目未依法进行环境影响评价,被责令停止建设,拒不执行的;(二)违反法律规定,未取得排污许可证排放污染物,被责令停止排污,拒不执行的;(三)通过暗管、渗井、渗坑、灌注或者篡改、伪造监测数据,或者不正常运行防治污染设施等逃避监管的方式违法排放污染物的;(四)生产、使用国家明令禁止生产、使用的农药,被责令改正,拒不改正的。

第六十四条规定:因污染环境和破坏生态造成损害的,应当依照《中华人民共和国侵权责任法》的有关规定承担侵权责任。

第六十九条规定:违反本法规定,构成犯罪的,依法追究刑事责任。

4)对有关部门和人员的处罚规定

《环境保护法》第六十五条规定:环境影响评价机构、环境监测机构以及从事环境监测设备和防治污染设施维护、运营的机构,在有关环境服务活动中弄虚作假,对造成的环境污染和生态破坏负有责任的,除依照有关法律法规规定予以处罚外,还应当与造成环境污染和生态破坏的其他责任者承担连带责任。

第六十七条规定:上级人民政府及其环境保护主管部门应当加强对下级人民政府及其有关部门环境保护工作的监督。发现有关工作人员有违法行为,依法应当给予处分的,应当向其任免机关或者监察机关提出处分建议。依法应当给予行政处罚,而有关环境保护主管部门不给予行政处罚的,上级人民政府环境保护主管部门可以直接作出行政处罚的决定。

第六十八条规定:地方各级人民政府、县级以上人民政府环境保护主管部门和其他负有环境保护监督管理职责的部门有下列行为之一的,对直接负责的主管人员和其他直接责任人员给予记过、记大过或者降级处分;造成严重后果的,给予撤职或者开除处分,其主要负责人应当引咎辞职:(一)不符合行政许可条件准予行政许可的;(二)对环境违法行为进行包庇的;(三)依法应当作出责令停业、关闭的决定而未作出的;(四)对超标排放污染物、采用逃避监管的方式排放污染物、造成环境事故以及不落实生态保护措施造成生态破坏等行为,发现或者接到举报未及时查处的;(五)违反本法规定,查封、扣押企业事业单位和其他生产经营者的设施、设备的;(六)篡改、伪造或者指使篡改、伪造监测数据的;(七)应当依法公开环境信息而未公开的;(八)将征收的排污费截留、挤占或者挪作他用的;(九)法律法规规定的其他违法行为。

8.5 中华人民共和国
环境保护法

8.6 违法案例(1)

8.7 违法案例(2)

8.3 文物保护法

8.3.1 文物保护法概述

风景园林建设与文物保护息息相关,在从事园林工程建设、园林建筑包括古建筑修复,园林绿化过程中都会涉及文物保护问题,必须依法办事。

《中华人民共和国文物保护法》(以下简称《文物保护法》)是为了加强对文物的保护,继承中华民族优秀的历史文化遗产,促进科学研究工作,进行爱国主义和革命传统教育,建设社会主义物质文明和精神文明,而制定的法规。1982年11月19日第五届全国人民代表大会常务委员会第二十五次会议通过。根据1991年6月29日第七届全国人民代表大会常务委员会第二十次会议《全国人民代表大会常务委员会关于修改〈中华人民共和国文物保护法〉第三十条第三十一条的决定》第一次修正。2002年10月28日第九届全国人民代表大会常务委员会第三十

次会议修订。根据 2007 年 12 月 29 日第十届全国人民代表大会常务委员第三十一次会议《关于修改〈中华人民共和国文物保护法〉的决定》第二次修正。根据 2013 年 6 月 29 日第十二届全国人民代表大会常务委员会第三次会议《关于修改〈中华人民共和国文物保护法〉等十二部法律的决定》第三次修正。根据 2015 年 4 月 24 日第十二届全国人民代表大会常务委员会第十四次会议《关于修改〈中华人民共和国文物保护法〉的决定》第四次修正。根据 2017 年 11 月 4 日第十二届全国人民代表大会常务委员会第三十次会议通过的《全国人民代表大会常务委员会关于修改〈中华人民共和国会计法〉等十一部法律的决定》第五次修正。本节介绍文物及文物保护法的一般知识,文物的保护与管理以及法律责任等法律规定。

1）文物的概念

文物,是指在各个历史时期生产、生活和斗争中遗留下来的,具有历史、科学和艺术价值的遗迹遗物。概括地说就是历史上物质文明和精神文明的遗留物,是对历史文化遗存的专称。

2）文物的种类

文物种类繁多,其分类方法不同而形成多种多样的特征。

（1）按法定范围分为 5 类

按照《文物保护法》第二条关于保护范围的规定,分为 5 类,即应依法保护的 5 个方面。

（2）按文物性质分为历史文物和革命文物

历史文物,是指各个历史时代遗留下来的遗迹遗物,如古文化遗址、古墓葬、石刻艺术、古建筑、古代生产工具、古代生活用品、古代兵器和各种文化艺术品等。

革命文物,主要是指反映中国人民在各个历史时期反对帝国主义、封建主义、官僚资本主义斗争的遗物和有纪念意义的旧址,包括旧民主主义革命时期(1840—1919 年)和新民主主义革命时期(1919—1949 年)以及社会主义革命和建设时期产生的遗迹遗物。

（3）按文物来源分为出土文物和传世文物

出土文物,是指考古工作者从地下发掘出来的地藏文物,主要包括历史文物。

传世文物,是指私人收藏的文物,祖传的文物和宫廷官府收藏的文物,包括历史文物和革命文物,还有废旧物资回收部门拣选出掺杂在金银器和废旧物资中的文物。

（4）按保存方法分为馆藏文物和散存文物

馆藏文物,是指由国家文物单位收藏和保管的文物,包括历史文物和革命文物、出土文物和传世文物。

散存文物,是指流散在社会上单位和个人保存的尚未被国家文物单位收藏和保管起来的文物,包括出土文物和传世文物。

（5）按移动状况分为固定文物和可移动文物

固定文物,也称文物保护单位,是指不能移动的文物,包括革命遗址和革命纪念建筑物,石窟寺、石刻及其他不能移动的文物。

非固定文物,也称可移动文物,是指可以移动的文物,包括从遗址、墓葬等中出土的文物,博物馆等单位中收藏的出土文物、传世文物以及私人收藏的文物。

3）文物的分级

（1）不可移动文物的分级

古文化遗址、古墓葬、古建筑、石窟寺、石刻、壁画、近代现代重要史迹和代表性建筑等不可移动文物的分级,按照《文物保护法》第三条规定,上述文物,根据它们的历史、艺术、科学价值,可分为全国重点文物保护单位、省级文物保护单位和市、县级文物保护单位。

①全国重点文物保护单位是国务院文物行政主管部门在省级,市、县级文物保护单位中选择确定的具有重大历史、艺术、科学价值的文物保护单位,或者直接确定的文物保护单位。全国重点文物保护单位需报国务院核定公布。

②省级文物保护单位是由省、自治区、直辖市人民政府核定公布,并报国务院备案的文物保护单位。

③市、县级文物保护单位是由分别设区的市、自治州和县级人民政府核定公布,并报省、自治区、直辖市人民政府备案的文物保护单位。

此外,对尚未核定公布为文物保护单位的不可移动文物,由县级人民政府文物行政部门予以登记并公布。

（2）可移动文物的分级

历史上各时代的重要实物、艺术品、文献、手稿、图书资料以及代表性实物等可移动文物的分级,按照《文物保护法》第三条规定,上述文物可分为珍贵文物和一般文物。珍贵文物又分为一、二、三级。《文物藏品定级标准》（2001 年 4 月 9 日中华人民共和国文化部第 19 号令发布实施）对珍贵文物和一般文物定级标准作了明确规定。

①一级文物定级标准。一级文物是指具有特别重要历史、艺术、科学价值的代表性文物。符合以下标准之一的文物,均可确定为一级文物。

反映中国各个历史时期的生产关系及其经济制度、政治制度,以及有关社会历史发展的特别重要的代表性文物;反映历代生产力的发展,生产技术的进步和科学发明创造的特别重要的代表性文物;反映各民族社会历史发展和促进民族团结,维护祖国统一的特别重要的代表性文物;反映历代劳动人民反抗剥削、压迫和著名起义领袖的特别重要的代表性文物;反映历代中外关系和在政治、经济、军事、科技教育、文化艺术、宗教、卫生、体育等方面相互交流的特别重要的代表性文物;反映中华民族抗御外侮、反抗侵略的历史事件和重要历史人物的特别重要的代表性文物;反映历代著名的思想家、政治家、军事家、科学家、发明家、教育家、文学家、艺术家特别重要的代表性文物,著名工匠的特别重要的代表性作品;反映各民族生活习俗、文化艺术、工艺美术、宗教信仰的具有特别重要价值的代表性文物;中国古旧图书中具有特别重要价值的代表性善本;反映有关国际共产主义运动中的重大事件和杰出领袖人物的革命实践活动,以及为中国革命作出重要贡献的国际主义战士的特别重要的代表性文物;与中国近代（1840—1949 年）历史上的重大事件、重要人物、著名烈士、著名英雄模范有关的特别重要的代表性文物;与中华人民共和国成立以来的重大历史事件、重大建设成就、重要领袖人物、著名烈士、著名英雄模范有关的特别重要的代表性文物;与中国共产党和近代其他各党派、团体的重大事件、重要人物、爱国侨胞及其他社会知名人士有关的特别重要的代表性文物;其他具有特别重要历史、艺术、科学价值的代表性文物。

②二级文物定级标准:二级文物是指具有重要历史、艺术、科学价值的文物,其标准低于一

级文物。在定级标准的条款内容上与一级文物基本相同。一级文物定级标准分列为 14 条,而二级文物定级标准简列为 12 条(具体条款内容略)。在重要程度上,一级文物为具有特别重要价值的文物,而二级文物为具有重要价值的文物。

③三级文物定级标准:三级文物是指具有比较重要历史、艺术、科学价值的文物,其标准低于二级文物(具体条款略)。

④一般文物定级标准:一般文物是指具有一定历史、艺术、科学价值的文物,其标准低于三级文物标准。

4)文物保护法的概念

文物保护法有广义、狭义之分。广义的文物保护法是指国家管理保护文物的法律规范总称,包括《文物保护法》及其实施细则,国务院制定的有关文物保护的行政法规以及相关部门规章,地方性法规和规章等关于文物保护的规范性文件。狭义的文物保护法专指形式的具体的《文物保护法》,是我国文化领域里的第一部专门法律,是 1982 年由第五届全国人民代表大会常务委员会第二十五次会议公布实施的,1991 年 6 月 29 日第七届全国人民代表大会常务委员会第二十次会议对该法的第三十条、第三十一条进行审议修改。国家文物局依据《文物保护法》制定了《中华人民共和国文物保护法实施细则》(以下简称《文物保护法实施细则》),于1992 年 4 月 30 日经国务院批准,1992 年 5 月 5 日国家文物局第 2 号令发布施行。2002 年 10月 28 日第九届全国人民代表大会常务委员会第三十次会议通过修订后的《文物保护法》的内容分为总则、不可移动文物、考古发掘、馆藏文物、民间收藏文物、文物进境出境、法律责任、附则共分 8 章 80 条。

8.8 《中华人民　　8.9 《中华人民　　8.10 《文物　　8.11 《中华人民共和国
共和国文物保护法》　共和国会计法》　藏品定级标准》　文物保护法实施条例》

8.3.2　文物保护的立法与管理

1)《文物保护法》的立法宗旨

《文物保护法》第一条开宗明义规定了其立法宗旨:"为了加强国家对文物的保护,有利于开展科学研究工作,继承我国优秀的历史文化遗产,进行爱国主义和革命传统教育,建设社会主义精神文明。"换言之,就是保护文化遗产的真实性、完整性,使之世代相传,永续利用。依法管理和保护文物这一人类珍贵的文化遗产,在保护的前提下,发挥文物的作用。

2)文物管理部门及管理范围

文物管理,是指国家文物主管机关依法对文物资源进行收集、保管和整理的总称。管理文物是文物主管机关的职责,是国家赋予主管机关的权利。《文物保护法》第八条规定,国务院文

化行政管理部门主管全国文物工作;地方各级人民政府保护本行政区域内的文物。各省、自治区、直辖市和文物较多的自治州、县、自治县、市可以设立文物保护管理机构,管理本行政区域内的文物工作。《文物保护法实施细则》具体规定,主管全国文物工作的国家文化行政管理部门是国家文物局。国家文物局对全国的文物保护工作依法实施管理、监督和指导。同时规定,各级公安部门、工商行政管理部门、城乡规划部门和海关,应当依照文物保护法的规定,在各自的职责范围内做好文物保护工作。一切机关、组织和个人都有保护国家文物的义务。第十条还规定,文物保护管理经费分别列入中央和地方的财政预算。

3) 文物的所有权

《文物保护法》第三条、第五条规定了文物的所有权,中华人民共和国境内地下、内水和领海中遗存的一切文物,包括古文化遗址、古墓葬、石窟寺和国家指定保护的纪念建筑物、古建筑、石刻、壁画、近代现代代表性建筑等不可移动文物,除国家另有规定的以外,属于国家所有:第一,中国境内出土的文物,国家另有规定的除外;第二,国有文物收藏单位以及其他国家机关、部队和国有企业、事业组织等收藏、保管的文物;第三,国家征集、购买的文物;第四,公民、法人和其他组织捐赠给国家的文物;第五,法律规定属于国家所有的其他文物。属于国家所有的可移动文物的所有权不因其保管、收藏单位的终止或者变更而改变。国有文物所有权受法律保护,不容侵犯。

第六条规定属于集体所有和私人所有的纪念建筑物、古建筑和祖传文物以及依法取得的其他文物,其所有权受国家法律保护。文物的所有者必须遵守国家有关文物保护的法律、法规的规定。

8.3.3　文物保护的规定与实施

1) 文物保护的基本要求

(1)坚持文物保护工作方针

文物保护是关系国家和民族利益的千秋事业,是国家主权独立,民族团结,经济繁荣,文化发达的标志之一;是世代相传,不可中断的历史任务。文物保护要坚定不移地贯彻执行"保护为主,抢救第一,合理利用,加强管理"的文物工作方针,将工作落到实处。

(2)文物保护工作继续坚持"四有"工作要求

1961 年,文化部发布《文物保护管理暂行条例》,首次提出"四有"工作要求,即要划定保护范围、要有保护管理机构派专人管理、要建立说明牌、要有记录档案。1982 年 11 月 19 日《文物保护法》正式颁布,"四有"工作作为各级政府的责任,第一次以法律的形式明确下来,这标志着文物保护单位的管理工作开始纳入依法管理的轨道。对文物保护单位加强"四有"工作应该从经验走向科学,使文物保护单位的管理向科学化、系统化、规范化、法治化方面发展。

(3)认真贯彻落实文物保护工作"五纳入"要求

按照国务院《关于加强和改善文化工作的通知》(国发〔1997〕13 号文件)的要求,努力建立适应社会主义市场经济体制要求、遵循文物工作自身规律、国家保护为主并动员全社会参与的

文物保护体制。《文物保护法》规定:国家发展文物保护事业,县级以上人民政府应当将文物保护事业纳入本级国民经济和社会发展规划;所需经费纳入本级财政预算;国家用于文物保护的财政拨款随着财政收入增长需增加;各级人民政府制定城乡建设规划,应当根据文物保护的需要,事先由城乡建设规划部门会同文物行政部门商定对本行政区域内各级文物保护单位的保护措施,并纳入规划;文物保护要纳入体制改革;纳入各级领导责任制。文物保护工作牵涉面广,组织文物、公安、城建、工商和文化等部门,齐心协力,才能担负起这一历史重任。同时,要积极引导社会各界参与文物保护工作,形成全社会人人爱护文物、保护文物人人有责的氛围。

(4)要正确处理好文物保护与利用等方面的关系

要加大对文物保护方面的宣传教育力度,统一思想,转变观念,不断提高对文物保护工作的全面认识,以对国家和人民高度负责的态度来对待文物保护工作,做到合理利用与旅游开发的协调统一。要本着既有利于文物保护,又有利于经济建设和提高人民群众生活水平的原则,妥善处理文物保护与经济建设以及人民群众切身利益的一些局部性矛盾,正确处理好文物保护与文化建设以及其他工作的关系。做到对文物实行合理、适度、科学的利用。坚决纠正"重利用,轻保护"的错误观点,坚决打击有法不依、执法不严和法人违法等错误行为,把文物保护工作提高到一个新的水平。

(5)文物保护工作要求高素质的现代化专业人才

随着社会的发展和科学技术的进步,对文物保护的管理人员的要求也越来越高。作为文物保护单位要进一步加强有关专业技术人才的培养,并有计划地组织对外技术交流,选派优秀中青年科技人员到国外学习先进的文物保护科学技术,不断提高文物保护技术水平,提高文物鉴定、修复、古建筑维修等专业技术人才的专业技术水平,促进我国文物保护工作更加科学化、规范化、法治化。

2)文物保护的措施

按照《文物保护法》《文物保护法实施细则》的有关规定,我国现阶段对文物的保护主要采取国家为主,动员全社会共同参与保护的管理体制,采取由政府公布不同级别的文物保护单位,以及兴建博物馆、纪念馆,保护展示珍贵文物等形式保护和利用文物。规定了国家、社会、公民在保护文物中的权利和义务,制定了在文物古建筑、古遗址、石刻、壁画、石窟寺、水下文物遗存、考古发掘、馆藏文物、民间收藏文物、社会流散文物、文物进境出境等方面的管理措施和制度,加大了文物保护法治建设。我国将进一步制定完善《文物保护单位管理办法》《文物保护工程管理办法》《文物保护工程施工资质认证管理办法》和相应的《文物保护工程施工资质标准》及《世界文化遗产保护管理办法》等法规和规章,这些法规的出台将会使我国保护文物工作进一步规范化、科学化、法治化,促进我国文物保护工作水平的提高。具体的保护与管理措施如下:

(1)加强领导,认真严格执行文物保护规划

各级政府要有高度的历史责任感,把文物保护规划建设作为大事纳入领导责任制,切实加强领导,严格按规划,有计划、有步骤地进行文物保护。在文物环境保护区域内,不许随便乱拆建,确需拆建的,必须严格履行报批手续。

(2)严格按文物保护的法律、法规办事

在文物的保护、利用、修缮时,要求严格按文物保护的法律、法规进行,特别是对不可移动文物进行修缮、保养、迁移时,必须遵守不改变文物原状的原则。整旧如旧不是简单的以假乱真,

而是要尽量维护文物的原有状态,在尽可能的情况下使用原材料、原结构、原工艺,保持原风格。对文物保护单位的修缮、迁移、重建由取得文物保护工程资质证书的单位承担。对不可移动文物已经全部毁坏的,应当实施遗址保护,不得在原址重建。但是,因特殊情况需要在原址上重建的,按法律规定报有关主管部门批准,方可实施。对一些重要的、大型的相对比较集中的历史遗存,可制定专门的保护、管理规定。

（3）加强文物部门内部的管理和日常的保护监测工作

依据《文物保护法》的规定,结合文物部门自身的特点,建立适应社会主义市场经济发展要求的文物部门内部管理机制,把文物保护的各项管理工作纳入责任制中,层层落实,严格考核,奖罚分明。加强日常的保护监测工作,做好各种监测指标的记录,逐步改善设施,不断提高文物保护工作的科学技术水平,制订切实可行的保护措施。

（4）加强与宗教、城市建设、环境保护、园林绿化等部门的协作配合

有些文物与宗教部门及其信徒密切相关,有些文物与城市建设、环境保护和园林绿化部门及其职工也有关联。文物行政部门要和这些部门及其职工密切协作、相互配合,做好各项文物保护管理和防范工作。加强对历史文化名城和历史文化街区、村镇的保护工作,要求历史文化名城和历史文化街区、村镇所在地的县级以上地方人民政府组织编制专门的历史文化名城和历史文化街区、村镇保护规划,并纳入城市总体规划。

（5）建立一支高素质的文物保护管理人才队伍

各有关部门和单位要高度重视文物保护管理的人才队伍建设,要建立一支政治强、业务精、作风正、思想好、懂科学、热爱文物事业、有献身文物事业精神的文物保护管理的人才队伍,这是做好文物保护的主要措施之一。

（6）广泛宣传,提高全社会的文物保护意识

文物行政部门及其他有关部门和单位,要广泛宣传《文物保护法》和《文物保护法实施细则》,提高全社会的文物保护意识,提高全民主动参与文物保护的意识,积极配合文物部门共同保护好文物,尽量减少和避免文物被随意划损、被盗窃、失火等文物损失事件的发生。

3）关于文物保护单位的法律规定

《文物保护法》第二章作出了关于文物保护单位的法律规定,对文物保护单位的管理,是对不能移动的文物的管理,包括下列具体规定:

（1）文物保护单位的核定与公布

《文物保护法》第三条规定,根据文物保护单位的价值大小,即对革命遗址、纪念建筑物、古文化遗址、古墓葬、古建筑、石窟寺、石刻等文物,应当根据它们的历史、艺术、科学价值,分别定为不同级别的文物保护单位。

（2）确立历史文化名城

历史文化名城是重要的旅游资源的载体,是指保存文物特别丰富,且有重大价值和革命意义的城市。历史文化名城,由国家文化行政管理部门会同城乡建设环境保护部门报国务院核定并公布。

（3）划定保护范围、做好管理工作

《文物保护法》第十五条规定,要划分保护范围、明确保护职责,搞好管理工作。具体要求是:各级文物保护单位,分别由省、自治区、直辖市人民政府和市、县人民政府划定必要的保护范

围,作出标志说明,建立记录档案,并区别情况分别设置专门机构或专人负责管理。全国重点文物保护单位的保护范围和记录档案,由省、自治区、直辖市文化行政管理部门报国家文化行政管理部门备案。

(4)文物保护单位区域及周围建设工程管理的规定

第一,要求保护措施与建设规划、设计施工同步进行;第二,禁止在保护范围内进行其他工程建设;第三,需划设建设控制地带。此外,《文物保护法》第二十条到第二十三条对文物保护单位迁移、拆除作出了明确规定,因建设工程特别需要而必须对文物保护单位进行迁移或者拆除的,应根据文物保护单位的级别,经该级人民政府和上一级文化行政管理部门同意。全国重点文物保护单位的迁移或者拆除,由省、自治区、直辖市人民政府报国务院决定。核定为文物保护单位的革命遗址、纪念馆建筑物、古墓葬、古建筑、石窟寺、石刻等(包括建筑物的附属物),在进行修缮、保养、迁移的时候,必须遵守不改变文物原状的原则。

(5)关于改变文物保护单位用途的法律规定

《文物保护法》第二十三条规定,核定为文物保护单位的属于国家所有的纪念建筑物或者古建筑,除可以建立博物馆、保管所或成为参观游览场所外,如果必须作其他用途,应当根据文物保护单位的级别,由当地文化行政管理部门报原公布的人民政府批准。全国重点文物保护单位如果必须作其他用途,应经省、自治区、直辖市人民政府同意,并报国务院批准,这些单位以及专设的博物馆等机构,都必须严格遵守不改变文物原状的原则,负责保护建筑物及附属文物的安全,不得损毁、改建、添建或者拆除。使用纪念建筑、古建筑的单位,应当负责建筑物的保养和维修。

4)关于文物考古发掘的法律规定

《文物保护法》第三章专章规定了对文物考古发掘的管理。对文物发掘的管理,是指对埋藏在我国领域内的地下、水中的文物进行考古、发掘的管理,包括对发掘机构和发掘人员的管理。主要包括下述几项规定:

(1)对从事考古发掘的单位的主要规定

从事考古发掘的单位,应当经国务院文物行政部门批准。一切考古发掘工作,必须履行报批手续,未经批准,地下埋藏的文物,任何单位或者个人都不得私自发掘。从事考古发掘的单位进行考古发掘是为了科学研究的,应当提出发掘计划,报国务院文物行政部门批准;对全国重点文物保护单位的考古发掘计划,经国务院文物行政部门审核后,报国务院批准。并要求国务院文物行政部门在批准或者审核前,应当征求社会科学研究机构及其他科研机构和有关专家的意见。

(2)对因基本建设和生产建设的需要进行考古调查、勘探、发掘的主要规定

进行大型基本建设工程,建设单位应当事先报省级人民政府文物行政部门组织从事考古发掘的单位,在工程范围内有可能埋藏文物的地方进行考古调查、勘探,发现文物的,由省级人民政府文物行政部门根据文物保护的要求,会同建设单位共同商定保护措施。遇有重要发现的,应及时报国务院文物行政部门处理。需要配合建设工程进行考古发掘工作的,由省级文物行政部门在勘探工作的基础上,提出发掘计划,报国务院文物行政部门批准。在批准前应当征求社会科学研究机构及其他科研机构和有关专家的意见。确因建设工期紧迫或者有自然破坏危险,对古文化遗址、古墓葬急需进行抢救发掘的,由省级人民政府文物行政部门组织发掘,并同时补

办审批手续。凡因基本建设和生产建设的需要进行的考古调查、勘探、发掘所需要的费用,由建设单位列入建设工程预算。

（3）对发掘文物报告的时限规定

在进行建设或者在农业生产中,任何单位或者个人发现文物,应当保护现场,立即报告当地文物行政部门。文物行政部门在接到报告后,如无特殊情况,应当在24小时内赶赴现场,并在7日内提出处理意见。文物行政部门根据情况可以报请当地人民政府通知公安机关协助保护现场;发现重要文物的,应当立即上报国务院文物行政部门。国务院文物行政部门在接到报告后15日内提出处理意见。凡是所发现的文物均属国家所有,任何单位或者个人不得哄抢、私分、藏匿。

（4）对考古发掘的结果处理的主要规定

考古调查、勘探、发掘工作结束后,应及时写出考古发掘报告,向国务院文物行政部门和省级人民政府文物行政部门报告。考古发掘的文物,应当登记造册,妥善保管,任何单位或者个人不得侵占。按照国家有关规定,移交给省级人民政府文物行政部门或国务院文物行政部门指定的博物馆、图书馆或者其他国有收藏文物的单位收藏。经省级人民政府文物行政部门或者国务院文物行政部门批准,从事考古发掘的单位可以保留少量出土文物作为科研标本。根据保证文物安全、进行科学研究和充分发挥文物作用的需要,省级文物行政部门经本级人民政府批准,可以调用本行政区域内的出土文物;国务院文物行政部门经国务院批准,可以调用全国的重要出土文物。

（5）其他法律规定

非经国务院文物行政部门报国务院特别许可,任何外国或外国团体不得在中华人民共和国境内进行考古调查、勘探、发掘。

8.12 《文物保护工程管理办法》

8.13 《文物保护工程施工资质管理办法（试行）》等

8.14 违法案例

8.3.4 各种违法行为及法律责任

1）行政处罚规定

违反《文物保护法》的有关规定,有《文物保护法》第六十六条、第六十八条、第七十条、第七十一条所列行为之一,尚不构成犯罪的,由县级以上人民政府文物主管部门责令改正,没收违法所得,违法经营额一万元以上的,并处违法经营额二倍以上五倍以下的罚款;违法经营额不足一万元的,并处五千元以上二万元以下的罚款。

文物商店、拍卖企业有前款规定的违法行为的,由县级以上人民政府文物主管部门没收违法所得、非法经营的文物,违法经营额五万元以上的,并处违法经营额一倍以上三倍以下的罚款;违法经营额不足五万元的,并处五千元以上五万元以下的罚款;情节严重的,由原发证机关吊销许可证书。

违反《文物保护法》的有关规定,有第七十二条所列行为,尚不构成犯罪的,由工商行政管理部门依法予以制止,没收违法所得、非法经营的文物,违法经营额五万元以上的,并处违法经营额二倍以上五倍以下的罚款;违法经营额不足五万元的,并处二万元以上十万元以下的罚款。

违反《文物保护法》的有关规定,第七十三条所列4种情形之一,由工商行政管理部门没收违法所得、非法经营的文物,违法经营额五万元以上的,并处违法经营额一倍以上三倍以下的罚款;违法经营额不足五万元的,并处五千元以上五万元以下的罚款;情节严重的,由原发证机关吊销许可证书。

在文物保护单位的保护范围内或者建设控制地带内,建设污染文物保护单位及其环境的设施的;或者对已有的污染文物保护单位及其环境的设施未在规定的期限内完成治理的,由环境保护行政部门依照有关法律、法规的规定给予处罚。

违反《文物保护法》规定,构成走私行为,尚不构成犯罪的,由海关依照有关法律、行政法规的规定给予处理;构成违反治安管理行为的,由公安机关依法给予治安管理处罚。

违反《文物保护法》规定,造成文物灭失、损毁的,依法承担民事责任。

2)刑事处罚规定

违反《文物保护法》第六十四条规定的行为之一,构成犯罪的,依法追究刑事责任:盗掘古文化遗址、古墓葬的;故意或者过失损毁国家保护的珍贵文物的;将国有馆藏文物擅自出售或者私自送给非国有单位或者个人的;将国家禁止出境的珍贵文物私自出售或者送给外国人的;以牟利为目的倒卖国家禁止经营的文物的;走私文物的;盗窃、哄抢、私分或者非法侵占国有文物的,应当追究刑事责任的其他妨碍文物管理行为。

3)对有关部门和人员的处罚规定

对违反《文物保护法》第七十六条规定的文物行政部门、文物收藏单位、文物商店、经营文物拍卖的拍卖企业的工作人员,依法给予行政处分,情节严重的,依法开除公职或者吊销其从业资格;构成犯罪的,依法追究刑事责任。凡被开除公职或者被吊销从业资格的人员,自被开除公职或者被吊销从业资格之日起10年内不得担任文物管理人员或者从事文物经营活动。

对公安机关、工商行政管理部门、海关、城乡建设规划部门和其他国家机关,违反《文物保护法》规定滥用职权、玩忽职守、徇私舞弊,造成国家保护的珍贵文物损毁或者流失的,对负有责任的主管人员和其他责任人员依法给予行政处分;构成犯罪的,依法追究刑事责任。

思考题

1.简述城乡规划的原则。

2.简述城乡规划的管理体制。

3.简述建设项目的环境保护规定。

4.简述文物保护的基本要求。

5.简述文物保护的措施。

8.15 典型案例

附　录

附录 1　相关法律法规

1.1　《中华人民共和国野生植物保护条例》

1.2　《城市绿线管理办法》

1.3　《国家重点公园管理办法》（试行）

1.4　《城市湿地公园管理办法》

1.5　《城市动物园管理规定》

1.6 《中华人民共和国土地管理法实施条例》

1.7 《中华人民共和国森林法实施条例》

1.8 《中华人民共和国文物保护法实施条例》

1.9 《中华人民共和国行政处罚法》

1.10 《中华人民共和国安全生产法》

1.11 《中华人民共和国固体废物污染环境防治法》

1.12 《历史文化名城名镇名村保护条例》

附录 2　重要文件

2.1　《全国城市公园工作会议纪要》

2.2　《国务院关于加强城市绿化建设的通知》

2.3　《关于加强城市生物多样性保护工作的通知》

2.4　《关于加强公园管理工作的意见》

2.5　《关于建设节约型城市园林绿化的意见》

2.6　《住房城乡建设部办公厅关于做好取消城市园林绿化企业资质核准行政许可事项相关工作的通知》

参考文献

[1] 汪菊渊. 中国古代园林史[M]. 北京:中国建筑工业出版社,2006.

[2] 朱钧珍. 中国近代园林史:上篇[M]. 北京:中国建筑工业出版社,2012.

[3] 贾祥云,戚海峰,乔敏. 山东近代园林[M]. 上海:上海科学技术出版社,2012.

[4] 上海市绿化管理局,上海市风景园林学会. 公园工作手册[M]. 北京:中国建筑工业出版社,2009.

[5] 上海市绿化管理局,上海市风景园林学会. 风景名胜区管理手册[M]. 北京:中国建筑工业出版社,2009.

[6] 上海市绿化管理局,上海市风景园林学会. 城市绿化管理工作手册[M]. 北京:中国建筑工业出版社,2009.

[7] 浙江省建设厅城建处,杭州蓝天职业培训学校. 园林施工安全管理[M]. 北京:中国建筑工业出版社,2005.

[8] 丁绍刚. 风景园林·景观设计师手册[M]. 上海:上海科学技术出版社,2009.

[9] 章士巍,吴正平. 园林绿化施工与养护管理[M]. 上海:上海科学技术出版社,2009.

[10] 姜虹,任君华,张丹. 风景园林建筑管理与法规[M]. 北京:化学工业出版社,2010.

[11] 蒲亚锋. 园林工程建设施工组织与管理[M]. 北京:化学工业出版社,2005.

[12] 李静. 园林概论[M]. 南京:东南大学出版社,2009.

[13] 黄安永. 建设法规[M]. 2版. 南京:东南大学出版社,2010.

[14] 杜德鱼,董三孝. 园林建设法规[M]. 北京:化学工业出版社,2007.

[15] 张文英. 风景园林工程[M]. 2版. 北京:中国农业出版社,2022.

[16] 韩玉林,张万荣. 风景园林工程[M]. 重庆:重庆大学出版社,2011.

[17] 王翔. 园林绿化工程建设招标投标管理新探索——团体标准《园林绿化工程施工招标投标管理标准》解读[J]. 中国园林,2021,37(1):95-98.

[18] 中华人民共和国住房和城乡建设部,中华人民共和国国家质量监督检验检疫总局. 城市用地分类与规划建设用地标准:GB 50137—2011[S]. 北京:中国建筑工业出版社,2011.

[19] 中华人民共和国住房和城乡建设部. 住房和城乡建设部关于印发国家园林城市申报与评选管理办法的通知[EB/OL]. (2022-01-06).

[20] 国务院. 风景名胜区条例[DB/OL]. (2016-02-06).

［21］国家市场监督管理总局,国家标准化管理委员会.国家森林城市评价指标:GB/T 37342—2019［S］.北京:中国标准出版社,2019.

［22］严赋憬.新华社北京12月29日电 题:高质量推动国家公园建设——解读《国家公园空间布局方案》［R/OL］.(2022-12-30).

［23］国家市场监督管理总局,国家标准化管理委员会.国家公园设立规范:GB/T 39737—2020［S］.北京:中国标准出版社,2021.

［24］国家市场监督管理总局,国家标准化管理委员会.国家公园考核评价规范:GB/T 39739—2020［S］.北京:中国标准出版社,2020.

［25］国家林业和草原局.国家公园资源调查与评价规范:LY/T 3189—2020［S］.北京:中国标准出版社,2020.

［26］国家市场监督管理总局,国家标准化管理委员会.国家公园监测规范:GB/T 39738—2020［S］.北京:中国标准出版社,2020.

［27］国家市场监督管理总局,国家标准化管理委员会.自然保护地勘界立标规范:GB/T 39740—2020［S］.北京:中国标准出版社,2020.

［28］国家林业和草原局.国家公园功能分区规范:LY/T 2933—2018［S］.北京:中国标准出版社,2018.

［29］国家林业和草原局.国家公园总体规划技术规范:LY/T 3188—2020［S］.北京:中国标准出版社,2020.

［30］国家林业和草原局.国家公园勘界立标规范:LY/T 3190—2020［S］.北京:中国标准出版社,2020.

［31］国家林业和草原局.国家公园标识规范:LY/T 3216—2020［S］.北京:中国标准出版社,2021.

［32］中华人民共和国住房和城乡建设部.住房城乡建设部印发《园林绿化工程建设管理规定》的通知［EB/OL］.(2017-12-20).

［33］中国风景园林学会.园林绿化工程施工招标投标管理标准:T/CHSLA 50001—2018［S］.北京:中国建筑工业出版社,2019.

［34］中国风景园林学会.园林绿化施工企业信用信息和评价标准:T/CHSLA 10001—2019［S］.北京:中国建筑工业出版社,2020.

［35］中共中央办公厅、国务院办公厅.中共中央办公厅 国务院办公厅印发《关于分类推进人才评价机制改革的指导意见》［EB/OL］.(2018-02-26).

［36］中国风景园林学会.园林绿化工程项目负责人评价标准:T/CHSLA 50004—2019［S］.北京:中国建筑工业出版社,2020.

［37］中华人民共和国住房和城乡建设部,国家市场监督管理总局.住房和城乡建设部 市场监管总局关于印发园林绿化工程施工合同示范文本(试行)的通知［EB/OL］.(2020-10-23).

［38］中华人民共和国住房城乡建设部,国家工商行政管理总局.建设工程施工合同:GF—2017—0201［S］.北京:中国城市出版社,2017.

［39］中国风景园林学会.中国风景园林学会发布《园林绿化工程施工招标资格预审文件示范文本》和《园林绿化工程施工招标文件示范文本》［EB/OL］.(2020-11-14).

［40］全国人民代表大会常务委员会.中华人民共和国招标投标法［DB/OL］.(2017-12-27).

［41］中华人民共和国国务院.中华人民共和国招标投标法实施条例［DB/OL］.（2019-03-02）.

［42］中华人民共和国国家发展和改革委员会,中华人民共和国工业和信息化部,中华人民共和国住房和城乡建设部,中华人民共和国交通运输部,中华人民共和国水利部,中华人民共和国农业农村部,中华人民共和国商务部,国家市场监督管理总局.招标投标领域公平竞争审查规则［EB/OL］.（2024-03-25）.

［43］中华人民共和国住房和城乡建设部,国家市场监督管理总局.住房和城乡建设部市场监管总局关于印发园林绿化工程施工合同示范文本（试行）的通知［EB/OL］.（2020-10-23）.

［44］中华人民共和国国务院.建设工程质量管理条例［DB/OL］.（2019-04-23）.

［45］中华人民共和国住房和城乡建设部.住房城乡建设部印发《园林绿化工程建设管理规定》的通知［EB/OL］.（2017-12-20）.

［46］中华人民共和国国务院.生产安全事故报告和调查处理条例［DB/OL］.（2007-04-09）.

［47］北京市质量技术监督局.园林绿化工程施工及验收规范:DB11/T 212—2017［S/OL］.（2018-05-04）.

［48］北京市园林绿化局.北京市园林绿化局关于印发《北京市公共绿地建设管理办法》的通知.［EB/OL］.（2020-02-01）.

［49］重庆市林业局.重庆市林业局关于印发《重庆市市级自然公园管理办法（试行）》的通知［EB/OL］.（2024-06-04）.

［50］国家市场监督管理总局,国家标准化管理委员会.公园服务基本要求:GB/T 38584—2020［S］.北京:中国标准出版社,2020.

［51］广西壮族自治区质量技术监督局.矿山公园服务规范:DB 45/T 1839—2018［S/OL］.（2018-10-20）.

［52］广西壮族自治区市场监督管理局:湿地公园服务规范:DB 45/T 2162—2020［S/OL］.（2020-10-12）.

［53］北京市市场监督管理局.主题公园服务规范:DB11/T 2067—2022［S/OL］.（2022-12-27）.

［54］国家林业局.中国森林认证 森林公园生态环境服务:LY/T 2277—2014［S］.北京:中国标准出版社,2014.

［55］中共中央办公厅,国务院办公厅.中共中央办公厅 国务院办公厅印发《关于建立以国家公园为主体的自然保护地体系的指导意见》［EB/OL］.（2019-06-26）.

［56］中华人民共和国国务院.风景名胜区条例［EB/OL］.（2016-02-06）.

［57］湖北省人民代表大会常务委员会.湖北省风景名胜区条例［Z］.（2018-01-18）.

［58］贵州省人民代表大会常务委员会.贵州省风景名胜区条例［Z］.（2018-11-29）.

［59］重庆市人民代表大会常务委员会.重庆市风景名胜区条例［Z］.（2022-09-28）.

［60］云南省人民代表大会常务委员会.云南省风景名胜区条例［Z］.（2021-09-29）.

［61］国家林业和草原局.《国家公园法（草案）》（征求意见稿）公开征求意见［EB/OL］.［2022-08-19］.

［62］中华人民共和国国务院.城市绿化条例［DB/OL］.（2017-03-01）.

［63］全国人民代表大会常务委员会.中华人民共和国森林法［DB/OL］.（2019-12-28）.

［64］全国人民代表大会常务委员会.中华人民共和国环境保护法［DB/OL］.（2014-4-24）.

［65］全国人民代表大会常务委员会.中华人民共和国城市规划法［EB/OL］.（1989-12-26）

（2007-04-24）.

［66］全国人民代表大会.第五届全国人民代表大会第四次会议关于开展全民义务植树运动的决议［EB/OL］.（1981-12-13）［2021-02-24］.

［67］中华人民共和国国务院.国务院关于开展全民义务植树运动的实施办法［EB/OL］.（1982-02-27）.

［68］中共中央,国务院.中共中央 国务院关于深入扎实地开展绿化祖国运动的指示［EB/OL］.（1998-03-01）.

［69］中华人民共和国建设部.建设部关于印发《城市园林绿化当前产业政策实施办法》的通知［EB/OL］.（1992-05-27）.

［70］中华人民共和国建设部,城市绿化规划建设指标的规定［EB/OL］.（1994-01-01）.

［71］中华人民共和国住房和城乡建设部,中华人民共和国国家质量监督检验检疫总局.城市用地分类与规划建设用地标准:GB 50137—2011［S］.北京:中国建筑工业出版社,2011.

［72］北京市人民代表大会常务委员会.北京市绿化条例［DB/OL］.（2019-07-26）.

［73］中华人民共和国建设部.关于印发《城市古树名木保护管理办法》的通知［EB/OL］.（2000-09-01）.

［74］全国人民代表大会常务委员会.中华人民共和国民法总则［DB/OL］.（2017-03-15）.

［75］全国人民代表大会常务委员会,中华人民共和国城乡规划法［DB/OL］.（2019-04-23）［2019-05-07］.

［76］全国人民代表大会常务委员.中华人民共和国建筑法［DB/OL］.（2019-04-23）.

［77］全国人民代表大会常务委员会.中华人民共和国文物保护法［DB/OL］.（2017-11-04）.

［78］全国人民代表大会常务委员会.中华人民共和国会计法［DB/OL］.（2024-06-28）.

［79］中华人民共和国文化部.文物藏品定级标准［EB/OL］.（2001-04-09）.

［80］中华人民共和国文化部.文物保护工程管理办法［J］.中华人民共和国国务院公报,2003（26）:40-41.

［81］国家文物局.文物保护工程施工资质管理办法（试行）［EB/OL］.（2014-04-08）.